高职高专"十二五"规划教材

机械制图

主　编　徐剑锋　周　青　王　芃
副主编　文　颖　刘花兰　杨瑛华
　　　　王国阳

合肥工业大学出版社

内容提要

本教材是根据机械制图课程教学基本要求和国家标准局最新发布的新标准,在充分总结各院校机械制图课程教学改革研究与实践的成果和经验基础上编写而成的。内容包括机械制图的基本知识、正投影的基础知识、立体的投影、轴测图、组合体、机件的常用表达方法、标准件和常用件、零件图、装配图和相关附录,全书以培养学生读图和绘图能力为主,精选制图内容与例题,力求适时、精练、实用。

本教材涵盖面广,适用范围全。为适应机械类、近机械类及非机械类各专业的不同教学需求,本书在内容编排、实例插图上具有一定的收缩性和灵活性,并力争涵盖各专业需求,以便教师、学生能够后根据自身需求加以取舍。

本教材可作为高等职业技术学院、高等专科学校、成人高校、应用型本科院校和中专学校机类和近机类专业教材,也可供有关的工程技术人员参考。

图书在版编目(CIP)数据

机械制图/徐剑锋,周青,王芃主编.—合肥:合肥工业大学出版社,2013.1
ISBN 978-7-5650-0882-5

Ⅰ.①机… Ⅱ.①徐… Ⅲ.①机械制图—高等职业教育—教材 Ⅳ.①TH126

中国版本图书馆 CIP 数据核字(2012)第 193086 号

机 械 制 图

徐剑锋 周青 王芃 主编　　　　　责任编辑 马成勋

出　版	合肥工业大学出版社	版　次	2013年1月第1版
地　址	合肥市屯溪路193号	印　次	2013年1月第1次印刷
邮　编	230009	开　本	787毫米×1092毫米　1/16
电　话	总 编 室:0551—62903038	印　张	21.75
	市场营销部:0551—62903198	字　数	502千字
网　址	www.hfutpress.com.cn	印　刷	合肥现代印务有限公司
E-mail	hfutpress@163.com	发　行	全国新华书店

ISBN 978-7-5650-0882-5　　　　　　　　　定价:42.00元

如果有影响阅读的印装质量问题,请与出版社市场营销部联系调换。

前 言

随着我国高等职业教育教学改革的深入，高职高专《机械制图》课程的教学内容和教学模式发生了相应的变化。本书根据《高职高专工程制图课程教学基本要求（机械类专业）》组织编写，以最新颁布的有关国家标准《技术制图》和《机械制图》为依据，由多年从事高职高专机械制图课程教学的教师编写而成，融入了编者多年的教学经验和典型实例，吸收了编者机械制图课程教学的教学经验、教学成果，内容上由浅入深，循序渐进。在本书的编写过程中，充分地考虑到高职高专的教学目标和教学特点，以强化应用、培养技能为教学重点，突出培养扎实的读图能力和必备的绘图能力。

本书具有以下特点：

（1）全部采用最新国家标准《技术制图》与《机械制图》及与制图有关的其他标准。

（2）突出读图、绘图能力的培养。这是本课程的教学重点，也是贯穿本书的主线。将读图和绘图结合在一起，并配与习题训练，强化学生的读图和绘图能力。

（3）以"够用"、"实用"为原则，以应用为宗旨，对传统教学体系进行了结构调整。教材内容的选择及体系结构，适应高职高专教育教学特点，体现高职高专特色。

（4）力求文字通俗、精练，图例丰富。

（5）重视培养学生形象思维能力、空间想象力和表达创新设计思想的能力。

（6）涵盖面广，适用范围全。为适应机械类、近机械类及非机械类各专业的不同教学需求，本书在内容编排、实例插图上具有一定的收缩性和灵活性，并力争涵盖各专业需求，以便教师、学生能够后根据自身需求加以取舍。

本书可作为高职高专院校的机械类、近机类各专业及非机械类的通用教材，也可作为应用型高等院校及中等职业学校相近专业的教材或参考书，还可供工程技术人员参考。与本书配套的《机械制图习题集》由合肥工业大学出版社同时出版，可供选用。

本教材由江西航空职业技术学院徐剑锋、江西科技学院周青、江西航空职业技术学院王芃担任主编；江西工业工程职业技术学院文颖，江西航空职业技术学院刘花兰、杨瑛华、王国阳担任副主编。全书由徐剑锋修改、统稿。

由于编者水平有限，加上时间仓促，书中难免存在不足和错误之处，恳请广大读者批评指正。

编 者

2013 年 1 月

目 录

绪论 ……………………………………………………………………………………… (1)

第 1 章 机械制图的基本知识和技能 ………………………………………… (4)

1.1 制图国家标准的基本规定 …………………………………………………… (4)
1.2 绘图工具的使用 ……………………………………………………………… (18)
1.3 几何作图 ……………………………………………………………………… (23)
1.4 平面图形的画法 ……………………………………………………………… (28)
本章小结 …………………………………………………………………………… (34)

第 2 章 正投影的基本知识 ………………………………………………………… (36)

2.1 投影法和三视图的形成 ……………………………………………………… (36)
2.2 点的投影 ……………………………………………………………………… (38)
2.3 直线的投影 …………………………………………………………………… (42)
2.4 平面的投影 …………………………………………………………………… (50)
2.5 几何元素间的相对位置 ……………………………………………………… (54)
本章小结 …………………………………………………………………………… (66)

第 3 章 基本体 ……………………………………………………………………… (67)

3.1 基本体 ………………………………………………………………………… (67)
3.2 基本体的截交线 ……………………………………………………………… (77)
3.3 两立体表面的相贯线 ………………………………………………………… (87)
本章小结 …………………………………………………………………………… (100)

第 4 章 组合体 ……………………………………………………………………… (102)

4.1 三视图的形成及其投影规律 ………………………………………………… (102)
4.2 组合体的组合形式及其形体分析 …………………………………………… (103)

4.3 画组合体三视图的方法和步骤 ………………………………… (106)

4.4 组合体的尺寸注法 ……………………………………………… (111)

4.5 组合体读图 ……………………………………………………… (124)

本章小结 ……………………………………………………………… (128)

第5章 轴测投影图 …………………………………………………… (129)

5.1 基本概念 ………………………………………………………… (129)

5.2 正等测轴测图 …………………………………………………… (130)

5.3 斜二测轴测图 …………………………………………………… (139)

5.4 轴测图草图画法 ………………………………………………… (141)

本章小结 ……………………………………………………………… (143)

第6章 机件常用的表示法 …………………………………………… (144)

6.1 视 图 …………………………………………………………… (144)

6.2 剖视图 …………………………………………………………… (150)

6.3 断面图 …………………………………………………………… (163)

6.4 其他表达方法 …………………………………………………… (167)

6.5 读剖视图 ………………………………………………………… (173)

6.6 各种表达方法的综合应用 ……………………………………… (174)

6.7 轴测剖视图 ……………………………………………………… (175)

6.8 第三角投影 ……………………………………………………… (176)

本章小结 ……………………………………………………………… (181)

第7章 标准件和常用件 ……………………………………………… (183)

7.1 螺纹和螺纹连接 ………………………………………………… (183)

7.2 键、销连接 ……………………………………………………… (201)

7.3 齿轮的画法 ……………………………………………………… (207)

7.4 滚动轴承和弹簧的画法 ………………………………………… (217)

本章小结 ……………………………………………………………… (223)

第8章 零件图 ………………………………………………………… (224)

8.1 零件图的作用与内容 …………………………………………… (224)

8.2 零件表达方案的确定 …………………………………………… (225)

8.3 零件图的尺寸标注 ……………………………………………… (233)

8.4 零件图上的技术要求 …………………………………………… (241)
8.5 零件工艺结构简介 ……………………………………………… (256)
8.6 识读零件图 ……………………………………………………… (261)
8.7 零件测绘 ………………………………………………………… (265)
本章小结 …………………………………………………………… (265)

第9章 装配图 …………………………………………………… (271)

9.1 装配图概述 ……………………………………………………… (271)
9.2 装配图的画法 …………………………………………………… (272)
9.3 装配图中的尺寸标注和技术要求 ……………………………… (278)
9.4 装配图上零、部件的序号和明细栏 …………………………… (279)
9.5 绘制装配图的方法和步骤 ……………………………………… (281)
9.6 读装配图和由装配图拆画零件图 ……………………………… (289)
本章小结 …………………………………………………………… (293)

附录 ……………………………………………………………… (295)

参考文献 ………………………………………………………… (339)

绪 论

机械制图是用图样确切表示机械的结构形状、尺寸大小、工作原理和技术要求的学科。图样由图形、符号、文字和数字等组成，是表达设计意图和制造要求以及交流经验的技术文件，常被称为工程界的语言。

有史以来，人类就试图用图形来表达和交流思想，从远古的洞穴中的石刻可以看出在没有语言、文字前，图形就是一种有效的交流思想的工具。考古发现，早在公元前2600年就出现了可以成为工程图样的图，那是一幅刻在泥板上的神庙地图。直到公元1500年文艺复兴时期，才出现将平面图和其他多面图画在同一幅画面上的设计图。1795年，法国著名科学家加斯帕·蒙日将各种表达方法归纳，发表了《画法几何》著作，蒙日所说明的画法是以互相垂直的两个平面作为投影面的正投影法。蒙日方法对世界各国科学技术的发展产生巨大影响，并在科技界，尤其在工程界得到广泛的应用和发展。

我国在两千多年前就有了正投影法表达的工程图样，1977年冬在河北省平山县出土的公元前323～309年的战国中山王墓，发现在青铜板上用金银线条和文字制成的建筑平面图，这也是世界上罕见的最早工程图样。该图用1∶500的正投影绘制并标注有尺寸。中国古代传统的工程制图技术，与造纸术一起于唐代同一时期(公元751年后)传到西方。公元1100年宋代李诫所著的雕版印刷书《营造法式》中有各种方法画出的约570幅图，是当时的一部关于建筑制图的国家标准、施工规范和培训教材。在这本书中已具有正投影法的画法了。

此外，宋代天文学家、药学家苏颂所著的《新仪象法要》，元代农学家王桢撰写的《农书》，明代科学家宋应星所著的《天工开物》等书中都有大量为制造仪器和工农业生产所需要的器具和设备的插图。清代和民国时期，我国在工程制图方面有了一定的发展。

新中国成立后，随着社会主义建设蓬勃发展和对外交流的日益增长，工程制图学科得到飞快发展，学术活动频繁，画法几何、射影几何、透视投影等理论的研究得到进一步深入，并广泛与生产、科研相结合。与此同时，由于生产建设的迫切需要，由国家相关职能部门批准颁布了一系列制图标准，如技术制图标准、机械制图标准、建筑制图标准、道路工程制图标准、水利水电工程制图标准等。

20世纪前，图样都是利用一般的绘图用具手工绘制的。20世纪初出现了机械结构的绘图机，提高了绘图的效率。20世纪70年代，计算机图形学、计算机辅助设计(CAD)、计算机绘图在我国得到迅猛发展，除了国外一批先进的计算机辅助设计软件如AutoCAD、Catia、Pro/E和UG等得到广泛使用外，我国自主开发的一批国产绘图软件，如 CAXA、中望 CAD、开目 CAD、凯图 CAD 等也在设计、教学、科研生产单位得到广泛使用。随着我国现代化建设的迫切需要,计算机技术将进一步与机械制图结合,计算机绘图和智能 CAD 技术将进一步得到深入发展。

一、机械制图课程的研究对象

在工程技术中,准确表达物体的形状、尺寸及技术要求的图纸,称为工程图样。其中用于各种机器的设计和制造的图样称为机械工程图样,简称机械图样。图样是制造机器、仪器和进行工程施工的主要依据。在机械制造业中,设计者通过图样表达设计意图、描述设计对象;生产者依据图样了解设计要求,组织和指导生产;使用者通过图样了解机器的结构和性能进行使用和维修。例如要生产一部机器,首先必须画出表达该机器的装配图和所有零件的零件图,然后根据零件图制造出全部零件,再按装配图装配成机器。

图样不单是指导生产的重要技术文件,而且是进行技术交流的重要工具。因此,图样被称为"工程界共同的技术语言",是每一个工程技术人员和管理人员必须掌握的一种工具。

机械制图是一门研究如何运用正投影法绘制和阅读机械图样的技术基础课。主要内容是正投影理论和国家标准"技术制图"、"机械制图"的有关规定。

二、机械制图课程的学习目标

(1)掌握正投影法的基本理论及其应用。
(2)掌握用仪器绘图和手工绘制草图的能力。
(3)学习和严格遵守机械制图的国家标准,具备查阅有关标准和手册的能力。
(4)能根据国家标准有关规定及所学的投影知识,具备绘制和阅读中等复杂程度的机械图样的能力。
(5)具备一定的空间想象的能力。
(6)具有认真负责的工作态度和严谨细致的工作作风。
(7)具备形象思维能力、空间想象力和表达创新设计思想的能力。
(8)本课程主要学习机械制图相关理论知识,也为学习后续计算机绘图课程打下良好基础。

三、机械制图课程的特点和学习方法

机械制图课程是一门既有系统理论,又比较注重实践的技术基础课。本课程的各部分内容既紧密联系,又各有特点。在本课程的学习过程中,应注意:

(1)准备一套符合要求的制图工具,并认真完成作业。
(2)理论联系实际,提高"两个能力"。

要理论与实践相结合,多看、多想、多画,不断地"由物画图,由图想物",将投影分析与空间分析相结合,逐步提高空间想象能力和投影分析能力。

(3)重视和强化实践环节

对习题和作业应高度重视,要认真、按时、优质地完成。在学习本课程时独立完成一定数量的制图作业是巩固基本理论和培养画图、读图能力的保证,必须高度重视。养成正确使用绘图仪器和工具的习惯,按正确的方法和步骤作图,逐步熟练并提高水平。

(4)严格遵守国家标准

从开始学习时就要强化标准化意识,认真学习并严格贯彻国家标准的各项规定。

(5)与工程实际相结合

本课程最终要服务于工程实际,因此,学习和积累相关工程实际知识,对于提高读图和绘图能力可以起到重要的作用。

(6)在学习过程中必须养成认真负责的工作态度和严谨细致的工作作风。

第1章 机械制图的基本知识和技能

机械图样是机械产品设计、加工、装配和检验的重要依据,是交流技术思想的语言,因此其画法必须作统一的规定。国际标准化组织(ISO)制定了有关机械制图标准,但是,由于各个国家或地区的技术发展水平各不相同,所以几乎每个国家都在国际标准的基础上制定了符合本国特点的国家标准。比如,ANSI 为美国国家标准的缩写;BSI 英国国家标准的缩写;DIN 为德国国家标准的缩写;JIS 为日本国家标准的缩写等。GB 是《中华人民共和国国家标准》的缩写,是由国标两字的第一大写拼音字母组成的。机械图样是按照国家标准的规定和投影原理绘制的,用于表达机器和机械零件的结构形状和技术要求,它是制造机器和加工零件的依据。现行的国家标准《技术制图》和《机械制图》是阅读和绘制机械图样的准则和依据。

我国标准编号是由标准代号、标准顺序号和批准的年号构成的。国家标准分强制性国家标准(代号是"GB")和推荐性国家标准(代号是"GB/T")。

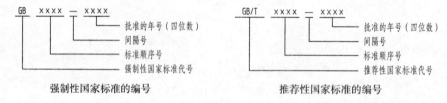

强制性国家标准的编号　　　　推荐性国家标准的编号

要正确地绘制出机械图样,除了熟悉国家标准的有关规定外,还要能正确地使用绘图工具,掌握几何作图的方法和技巧,并通过绘图技能的训练以保证绘图质量,提高绘图速度。

1.1 制图国家标准的基本规定

我国由1959年首次颁布国家标准《机械制图》,后来又作了多次修订。随着科学技术的高速发展和相互渗透,出现了各专业制图范畴内基础部分重复和矛盾的现象。因此,自1998年起,我国开始制订并陆续颁布了《技术制图》国家标准。《技术制图》国家标准在技术内容上打破以前的机械、土木建筑、电气、造船等行业间的界限,尽可能使基础部分达到统一。对于一些专业画法、注法、代号和符号等不能统一的部分,均同时纳入专业标准。如《机械制图》标准就是在贯彻执行《技术制图》标准的前提下,作为机械行业的制图标准发布的。

本节仅简要介绍国家标准《技术制图》和《机械制图》中有关图纸幅面和格式、比例、字体、图线以及尺寸注法等基本规定。

1.1.1 图纸幅面及格式(GB/T 14689—2008)

为了便于图纸的装订和保管,国家标准"技术制图"对图纸幅面尺寸和图框格式、标题栏及附加符号作了统一规定。

1. 图纸的幅面及选用

(1)图纸的基本幅面

基本幅面代号由字母"A"和相应的幅面号组成,分别为 A0、A1、A2、A3、A4 共 5 种,其尺寸如表 1-1 所示。

表 1-1 基本幅面的代号及尺寸(第一选择)　　　　(单位:mm)

基本幅面代号	A0	A1	A2	A3	A4
尺寸 $B×L$	841×1189	594×841	420×594	297×420	210×297

注:B 是英文 Breadth 的第一个字母,表示图纸宽度;L 是英文 Length 的第一个字母,表示图纸长度。

基本幅面面积 $A0=1m^2$,$B/L=1/\sqrt{2}$,由此可计算出 A0 幅面的尺寸。此外,$A1=0.5m^2$,$A2=0.25m^2$…,各图幅面积之间成倍数关系。

(2)图纸幅面的选用

绘图时,一般应优先选用图 1-1 中粗实线所示的 5 种基本幅面(第一选择);必要时也允许选用图 1-1 中细实线所示(第二选择)或细虚线所示(第三选择)的规定加长幅面。

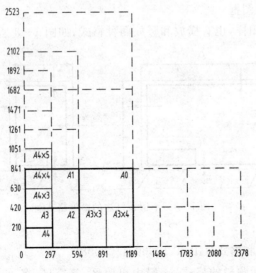

图 1-1　图纸各种幅面的相互关系

2. 图框格式和尺寸

在图纸上必须用粗实线绘制图框线,图框线与纸边界线之间的区域称为周边,其尺寸如表1-2所示。对于加长幅面的图框,一般应按比所用基本幅面大一号的周边尺寸绘制。

图框的格式分为保留装订边和不留装订边两种,一般同一产品的图样只能采用一种格式。

表1-2 图框周边尺寸 (单位:mm)

幅面代号		A0	A1	A2	A3	A4
周边尺寸	a	25				
	c	10			5	
	e	20			10	

(1) 保留装订边的图框

当图样需要装订时,可采用这种方式。图纸的装订形式一般采用A3幅面横装(X型)或A4幅面竖装(Y型),两种格式如图1-2所示。

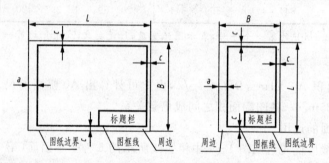

图1-2 保留装订边的图框格式

(2) 不留装订边的图框

用于不需装订的图样,也有横放和竖放两种格式,如图1-3所示。

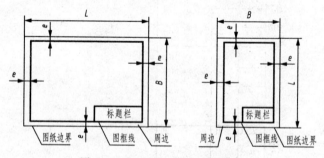

图1-3 不留装订边的图框格式

3. 标题栏的格式

(1) 标题栏的内容和格式(GB/T 10609.1—2008)

国家标准规定了标题栏的格式,一般由更改区、签字区、名称及代号区等组成,各区所处的位置如图1-4所示。在正规的图纸上,标题栏的格式和尺寸应按国家标准的规定绘制。一般在学校的制图作业中可采用图1-5所示的学生用标题栏。

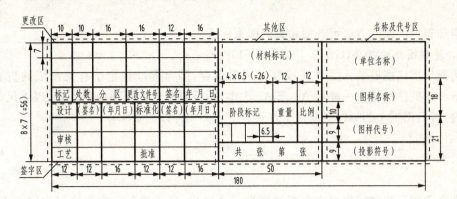

图1-4 标题栏的格式

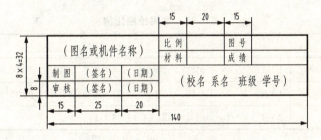

图1-5 学生用标题栏格式

(2)标题栏的方位

每张图纸都必须画出标题栏,一般放在图纸的右下角。看图的方向与看标题栏的方向一致。为了利用预先印制好图框及标题栏的图纸,允许按图1-6所示的位置绘图及看图。

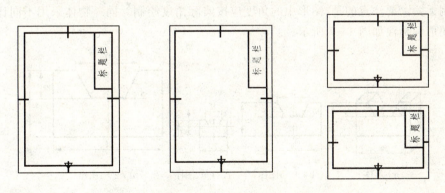

图1-6 标题栏的方位和对中符号、方向符号

4. 附加符号

(1)对中符号 为了使图样复制和缩微摄影时定位方便,应在图纸各边长的中点处分别画出对中符号。

(2)方向符号 对于按图1-6所示使用的预先印制的图纸时,为了明确绘图与看图时图纸的方向,应在图纸的下边对中符号处画出一个方向符号。

(3) 剪切符号 为使复制图样时便于自动切剪,可在图纸的四个角上分别绘出剪切符号。

附加符号的绘制方法可查阅相关的国家标准。

5. 复制图纸的折叠(GB/T 10609.3—1989)

为便于图纸能够装入文件袋或装订成册保存,国家标准规定了有关图纸的折叠方法。折叠后的图纸幅面一般是 A4 或 A3 大小,折叠时图纸的图面应朝外,并以手风琴式样折叠,折后图纸上的标题栏应位于首页右下方并朝外以便查阅。

1.1.2 比例(GB/T14690—1993)

图样中图形与其实物相应要素的线性尺寸之比,称为比例。常用绘图比例见表 1-3,表中列出了优先选用和允许选用(带括号的数值)2 个系列。

表 1-3 常用绘图比例

种类	比 例
原值比例	1∶1
缩小比例	1∶2　1∶5　1∶10　(1∶1.5)　(1∶2.5)　(1∶3)　(1∶4)　(1∶6)
放大比例	2∶1　5∶1　10∶1　(2.5∶1)　(4∶1)

绘图时,应尽量采用原值比例,且同一图样上的各图形一般采用相同的比例绘制,并将所选的比例填写在图纸的标题栏内。选用比例的原则是使图形的表达效果最佳和图纸幅面的有效利用。

不论采用何种比例,图样上所标注的尺寸数值都是被表达机件的真实大小,与选用的比例无关。要注意的是,图形中的角度应按实际角度绘制。同一物体采用不同比例绘制的图形和标注如图 1-7 所示。

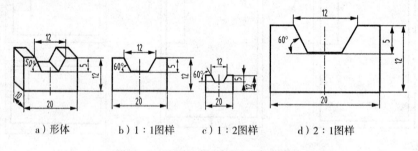

a) 形体　　b) 1∶1图样　　c) 1∶2图样　　d) 2∶1图样

图 1-7 不同比例的图形和尺寸注法

1.1.3 字体(GB/T 14691—1993)

1. 基本要求

(1) 国家标准规定图样中书写的字体必须做到:字体工整、笔画清楚、间隔均匀、排列整齐。

(2)字体的高度(用 h 表示)代表字体的号数。字体高度的公称尺寸系列为:1.8、2.5、3.5、5、7、10、14、20(单位:mm)等 8 种。若书写更大的字体,则字体高度应按相应的比率递增。图中字体大小应与图样大小、比例等相适应,从规定高度中选用。

(3)汉字应写成长仿宋体,并采用国家正式推行的《汉字简化方案》中规定的简化字。汉字的高度 h 不应小于 3.5mm,字宽一般为:$h/\sqrt{2}\approx 0.7h$。

长仿宋体的书写要领是:横平竖直、注意起落、结构匀称、填满方格。

(4)图样上常用的字母有英文和希腊字母,使用的数字有阿拉伯数字和罗马数字两种。字型以笔画的宽度分为 A、B 型两种,其中 A 型字体的笔画宽度 d 为字高(h)的 1/14,B 型字体的笔画宽度 d 为字高(h)的 1/10。同一张图样上只允许选用一种字型。

(5)字母或数字可写成斜体或直体,斜体字字头向右倾斜,与水平成约 75°。技术文件中字母和数字一般写成斜体。用来表示指数、分数、极限偏差、注脚等的字母及数字一般采用小一号的字体。

2. 常用字体示例

汉字、字母和数字的字体示例见表 1.4。它们组合的书写示例如下:

$$100\pm 0.5 \quad \emptyset 20^{+0.010}_{-0.023} \quad \emptyset 50\frac{H6}{m5} \quad R2\sim R3 \quad \frac{II}{5:1}$$

最大单位压力$p \leqslant 29\times 10^3 Pa$。轴表面工作温度应低于$120°C$。

表 1-4 字 体 示 例

字 体		示 例
长仿宋体汉字	7号	横平竖直 注意起落 结构均匀 填满方格
	5号	机械制图 航空集团 电工电子 汽车工业 土木建筑 矿山
	3.5号	飞机 螺纹 齿轮 端子 接线 飞行指导 驾驶 挖填 施工 引水 通风 闸阀
英文字母	大写	ABCDEFGHIJKLMNOPQRSTUVWXYZ
	小写	abcdefghijklmnopqrstuvwxyz
阿拉伯数字	斜体	0123456789
	直体	0123456789
罗马数字	斜体	I II III IV V VI VII VIII IX X XI XII
	直体	I II III IV V VI VII VIII IX X XI XII

1.1.4 图线(GB/T 17450—1998、GB/T 4457.4—2002)

机械图样中的图形是用各种不同粗细和型式的图线画成的,不同的图线在图样中表示不同的含义,应遵循国家标准中图线的有关画法。

1. 图线的型式及应用

国家标准《机械制图 图样画法 图线》(GB/T 4457.4—2002)中规定了绘制机械图样的9种线型及应用,如表1-5所示。

表1-5 机械制图的图线型式及应用 (单位:mm)

图线名称	图线型式	线宽	主要用途
粗实线		d	可见轮廓线
细虚线		$d/2$	不可见轮廓线
细点画线		$d/2$	轴线,轨迹线,对称中心线
细实线		$d/2$	尺寸线和尺寸界线;剖面线、重合断面轮廓线;指引线;过渡线
细波浪线		$d/2$	断裂处的边界线 视图与剖视的分界线
细双折线		$d/2$	断裂处的边界线
细双点画线		$d/2$	极限位置的轮廓线 相邻辅助零件的轮廓线 成形前的轮廓线等
粗点画线		d	有特殊要求或限定范围表示线
粗虚线		d	允许表面处理的表示线

2. 图线宽度

国家标准《机械制图 图样画法 图线》(GB/T4457.4—2002)中规定,在机械图样中采用粗线和细线两种线宽,粗、细图线的线宽比为2∶1。粗实线 d 应按图样的复杂程度和大小在 0.18,0.25,0.35,0.5,0.7,1.0,1.4,2.0(mm)系列中选择。

在实际绘制机械图样时,图中的粗实线 d 通常在 0.5～1.0mm 间选择,一般取0.7mm。各种图线的应用示例如图1-8所示。

3. 图线的画法

(1)图线线素的画法(见表1-5)

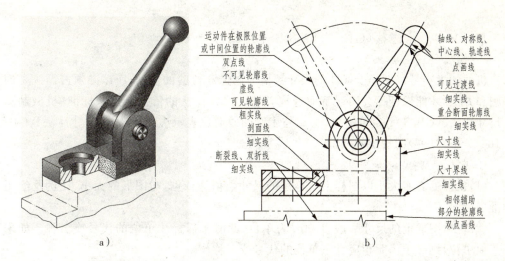

图1-8 各种图线的应用示例

同一图样中,同类图线的宽度应保持基本一致。虚线、点画线及双点画线的画长度和间隔距离应大致相同。

点画线和双点画线中的点应是极短的一横线(长约1mm),不应画成小圆点。当图形较小时,允许用细实线代替细点画线或细双点画线。

两平行线(含剖面线)之间的距离应不小于粗实线的两倍宽度。

(2)图线重叠时的画法

当两种以上的图线重合时,按可见轮廓线→不可见轮廓线→尺寸线→各种用途的细实线→轴线和对称中心线→假想线的顺序,只画出排列在前的图线。

(3)图线在相交处的画法

虚线、点画线与其他图线相交时,应在线段处相交,不应在空隙或短画处相交。当虚线是粗实线的延长线时,粗实线应画到分界点,而虚线与分界点之间应留有空隙。当虚线圆弧与虚线直线相切时,虚线圆弧的线段应画到切点处,虚线直线至切点之间应留有空隙,如图1-9所示,注意将正确和错误的图形进行对比。

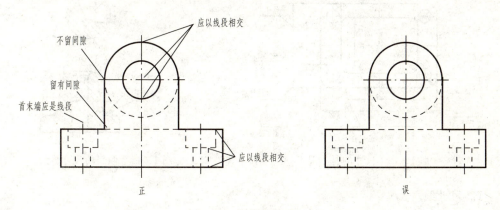

图1-9 图线的画法示例

1.1.5 尺寸注法(GB/T 4458.4—2003)

机件的大小是以图样上标注的尺寸数值为制造和检验的依据,所以必须遵循统一的规则和方法,才能保证不会因误解而造成差错。尺寸注法的依据是国家标准《机械制图 尺寸注法》(GB/T 4458.4—2003)、《技术制图 简化表示法第 2 部分:尺寸注法》(GB/T 16675.2—1996)的规定。

1. 基本规则

(1)机件的真实大小以图样上所标注的尺寸数值为依据,与图形的大小、比例及绘图的准确度无关。

(2)机械图样上的尺寸一般以 mm 为单位,此时不需标注单位的代号或名称。如采用其他单位,则必须注明相应计量单位的代号或名称。

(3)图样中所标注的尺寸一般是指该图样所示机件的最后完工尺寸,否则必须另加说明。

(4)机件的每一个尺寸,一般只标注一次,并应标注在反映该结构最清楚的图形上。

2. 尺寸的组成要素

一个完整的尺寸标注,一般由尺寸界线、尺寸线、尺寸线终端,以及尺寸数字(含符号和缩写词)四个要素所组成,如图 1-10 所示。

(1)尺寸界线

表示尺寸的度量范围。一般用细实线绘制,并应从图形的轮廓线、轴线或对称中心线处引出。必要时也可用轮廓线、轴线或对称中心线作尺寸界线。

尺寸界线一般应与尺寸线垂直并超过尺寸线约 2~3mm。特别需要时,尺寸界线还允许倾斜,但两尺寸界线必须相互平行,这种情况下尺寸界线与尺寸线尽可能画成 60°夹角,如图 1-11 所示。

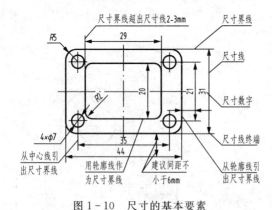

图 1-10 尺寸的基本要素　　　图 1-11 倾斜的尺寸界线

(2)尺寸线

表示尺寸的度量方向。尺寸线用细实线绘制,不能用其他图线代替,也不得与其他图线重合或画在其他图线的延长线上。尺寸线与所标注的线段平行。互相平行的尺寸线,小尺寸在里,大尺寸在外,依次排列整齐。

(3)尺寸线终端

尺寸线的终端有箭头和斜线两种形式,如图1-12a所示,机械图样一般用箭头形式。图1-12b列出了常见错误箭头的画法,应尽量避免。

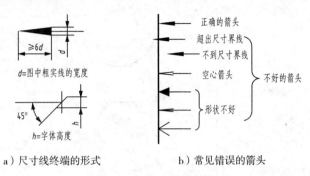

a)尺寸线终端的形式　　　　b)常见错误的箭头

图1-12　尺寸终端画法

(4)尺寸数字

用来表示所注尺寸的数值,是图样中指令性最强的部分。要求注写尺寸时一定要认真仔细、字迹清楚,应避免可能造成误解的一切因素。注写方法见表1-6。

表1-6　尺寸数字的注写方法

说　明	图　例
(1)线性尺寸的数字一般水平的应注写在尺寸线的上方,垂直的应注写在尺寸线的左方,也允许注写在尺寸线的中断处	
(2)尺寸数字的书写方法有两种: 方法一:如左图所示,水平方向的尺寸数字字头朝上;垂直方向的尺寸数字字头朝左;倾斜方向的尺寸数字字头保持朝上的趋势。尽可能避免在图示30°范围内标注尺寸,当无法避免时,可按右图的形式引出标注 方法二:对于非水平方向的尺寸,其数字可水平地注写在尺寸线的中断处 一般应采用第一种方法注写。当图形简单,尺寸较少时,也允许采用第二种方法。但在同一张图样中,应尽可能采用同一种方法	

(续表)

说 明	图 例
(3)尺寸数字不可被任何图线所通过,当不可避免时,必须把图线断开	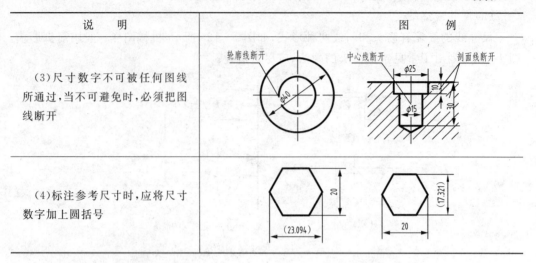
(4)标注参考尺寸时,应将尺寸数字加上圆括号	

3. 常用尺寸注法举例

根据国家标准的有关规定,表1-7列举了常见的尺寸注法示例以供参考。

表1-7 尺寸注法示例

尺寸种类	图 例	说 明
线性尺寸的注法	正 误	串列尺寸的相邻箭头应对齐,即应注在一条直线上
	正 误	并列尺寸应是小尺寸在内,大尺寸在外,尺寸间隔不小于6mm
直径尺寸的注法	φ30 φ30 φ30 φ30	圆或大于半圆的圆弧及跨于两边的同心圆弧的尺寸应标注直径;标注时,在尺寸数字前加注直径符号"φ"
半径尺寸的注法	R15 R15 R100 R200	小于或等于半圆的圆弧尺寸一般标注半径;标注时,在尺寸数字前加注半径符号"R"

(续表)

尺寸种类	图 例	说 明
球面的尺寸注法	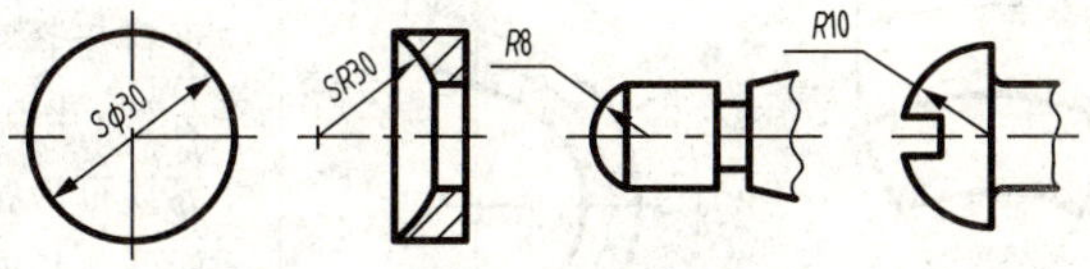	标注球面时,应在符号"φ"或"R"前加注符号"S";对于螺钉、铆钉等头部的球体,在不致引起误解时,可省略符号"S"
狭小尺寸的注法	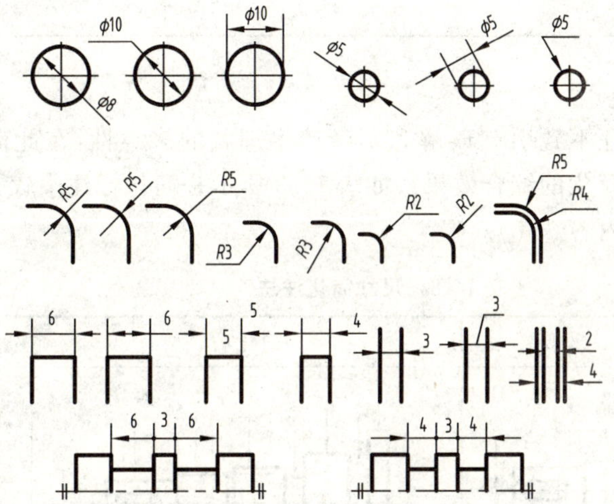	当没有足够位置注写数字和画箭头时,可把箭头或数字之一布置在图形外,也可把箭头与数字均布置在图形外;标注串列线性小尺寸时,可用小圆点代替箭头,但两端的箭头仍应画出
角度尺寸的注法	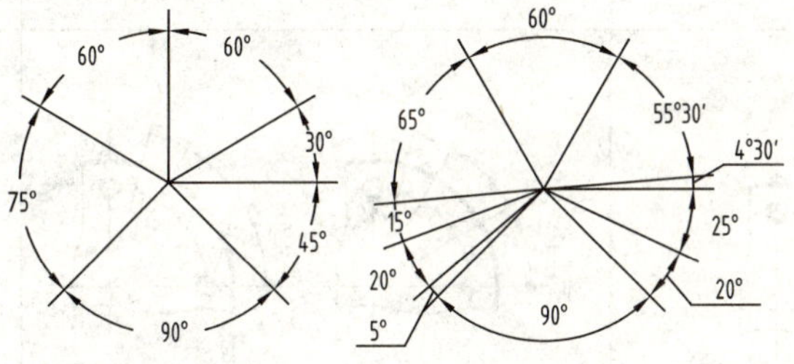	角度的尺寸界线应沿径向引出,尺寸线应画成圆弧,角的顶点是圆心;尺寸线的终端用箭头;角度的数字一律按水平方向注写,一般注写在尺寸线中断处。必要时,也可按右图的形式标注
对称图形尺寸的注法	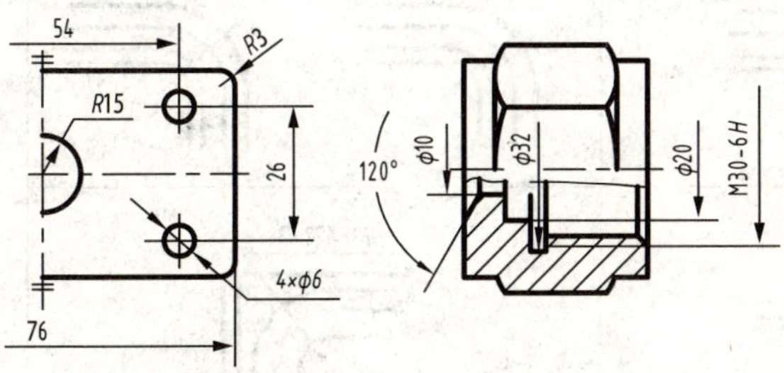	对称图形尺寸的标注为对称分布;当对称图形只画出一半或略大于一半时,尺寸线应略超过对称中心线或断裂处的边界线,尺寸线另一端画出箭头

(续表)

尺寸种类	图例	说明
弧长及弦长的尺寸注法	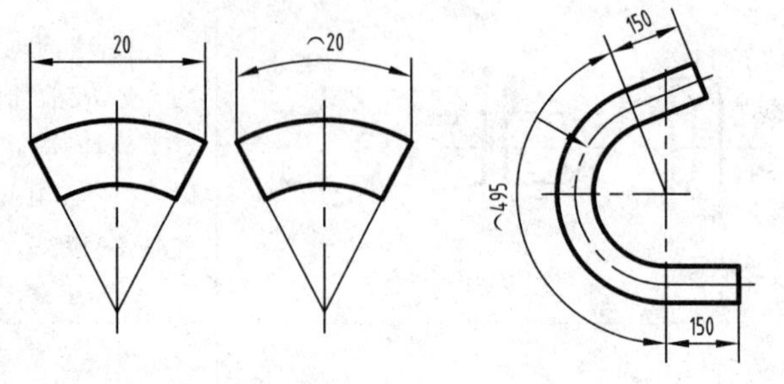	弧长及弦长的尺寸界线应平行于该弦或弧的垂直平分线；当弧度较大时，尺寸界线可沿径向引出； 标注弧长时，应在尺寸数字的左方加注弧长符号"⌒"

*4．尺寸的简化注法

简化标注尺寸必须保证不致引起误解和不会产生理解的多意性，在此前提下，力求制图简便，全面考虑，注重简化的综合效果。如表1-8所示是简化标注中较常见的内容。初学者可暂不学习这部分内容。

* 表1-8 尺寸简化注法

序号	简化前	简化后	说明
1	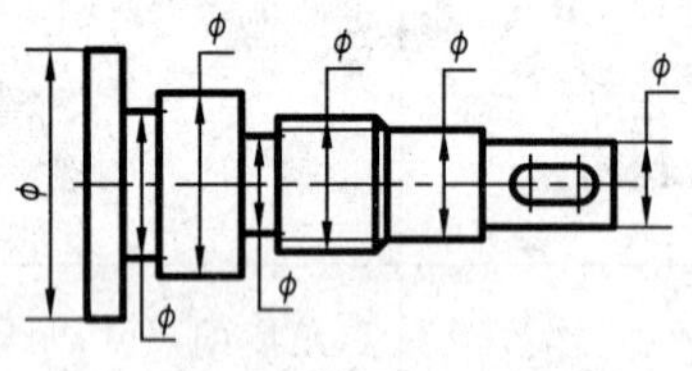	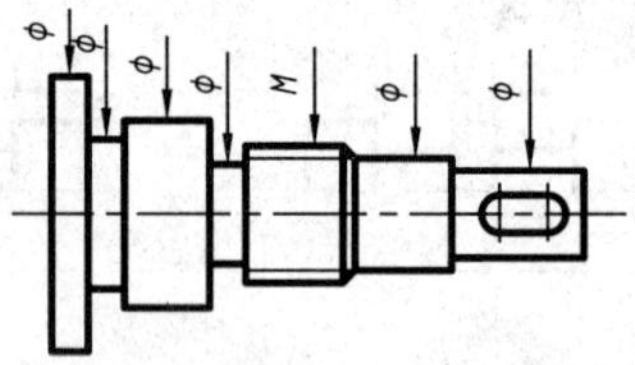	标注尺寸时，可采用带箭头的指引线
2	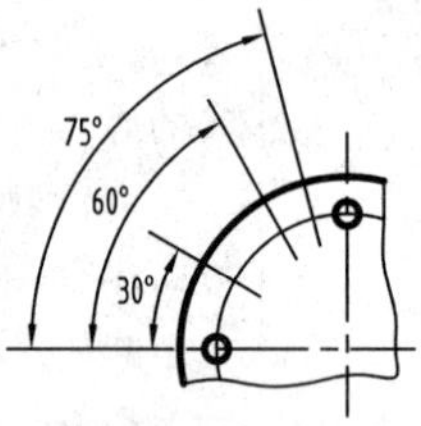	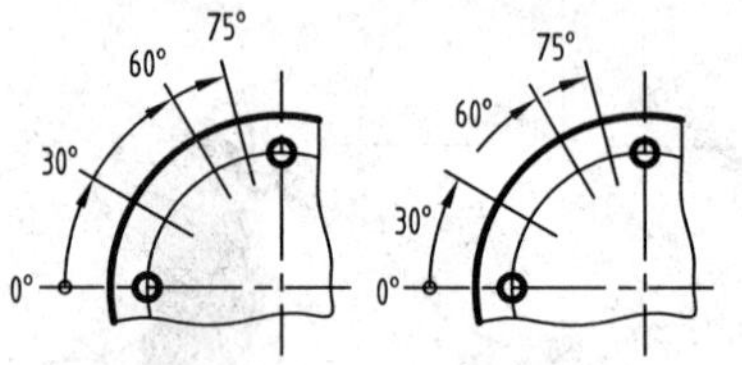	从同一基准出发的尺寸可按简化后的形式标注
3	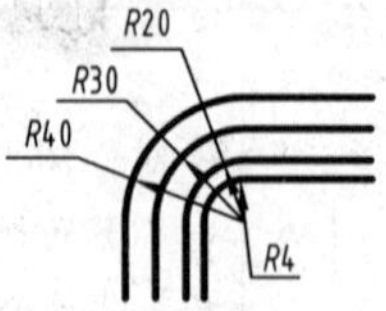	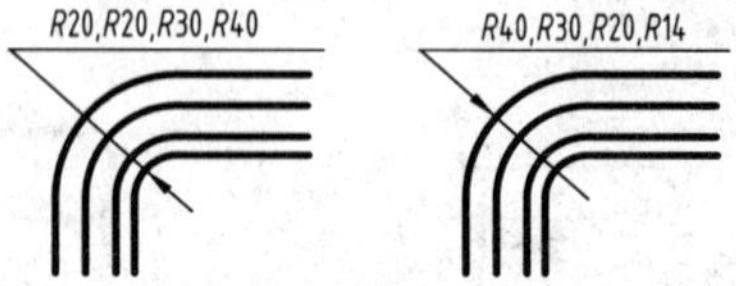	一组同心圆弧或圆心位于一条直线上的多个不同心圆弧的尺寸，可用共用的尺寸线箭头依次表示

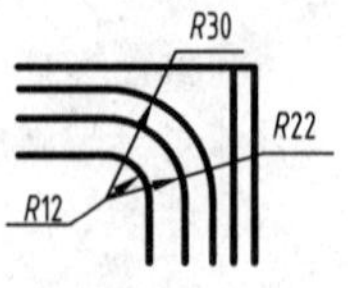

(续表)

序号	简化前	简化后	说 明
4	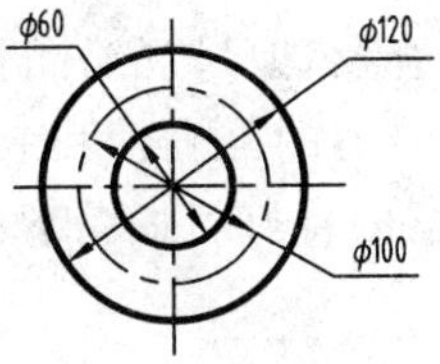	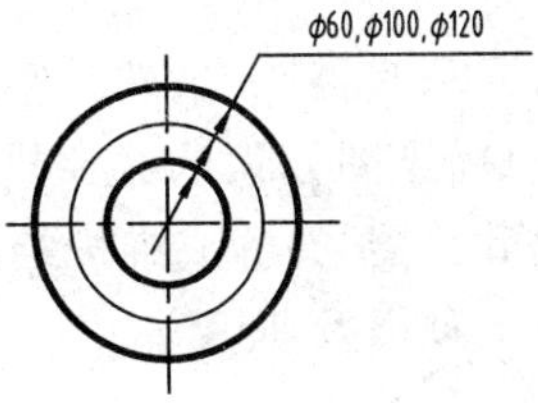	一组同心圆或尺寸较多的台阶孔的尺寸,也可用共用的尺寸线和箭头依次表示

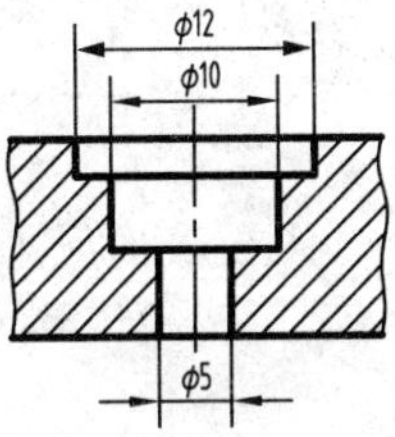

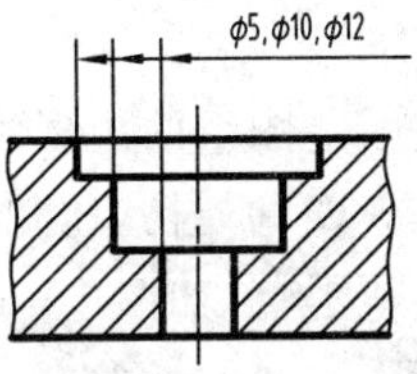

5. 尺寸标注中的符号

标注尺寸时,应尽可能使用符号和缩写词。常用的符号和缩写词见表 1-9。其中"ϕ"与"R"的使用规则是:当圆心角大于 180°时,要标注圆的直径,且尺寸数字前加"ϕ";当圆心角小于等于 180°时,要标注圆的半径,且尺寸数字前加"R",球直径和球半径的标法与圆弧直径和半径的标法相同。

* 表 1-9 常用的符号和缩写词

名　称	符号和缩写词
直径	ϕ
半径	R
球直径	$S\phi$
球半径	SR
厚度	t
正方形	□
45°倒角	C
深度	↓
沉孔或锪平	⊔
埋头孔	∨

1.2 绘图工具的使用

"工欲善其事,必先利其器"。虽然计算机绘图已经普及,但尺规绘图仍然是必备的基本技能,是学习和巩固绘图知识的必要措施。要提高绘图的准确性和效率,必须正确地使用各种绘图工具和仪器,并养成维护绘图工具和仪器的良好习惯。下面介绍手工绘图时绘图工具和仪器的种类及使用方法。

1.2.1 常用绘图工具的种类和使用方法

1. 图板

图板是用来铺放及固定图纸的矩形木板。

图板一般分 A0～A3 四种规格,比相应的图纸略大些。图板表面应平坦光洁软硬适中,左右两边为导边,必须平直,如图 1-13 所示。

一般图纸用胶带纸固定在图板的左下角。

画完图后,不要撕去胶带纸,只需将其向后卷帖在图纸的反面即可。不要使用图钉固定图纸,以免损坏板面。

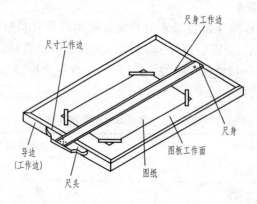

图 1-13 图板、丁字尺及图纸的固定

2. 丁字尺

丁字尺由尺头和尺身组成,主要用于绘制水平线。作图时,尺头应紧靠图板左侧,并上下移动尺身至画线位置,如图 1-14a①所示;然后用左手按住尺身,再自左至右在尺身工作边画线,如图 1-14a②所示;铅笔沿尺身工作边从左往右运笔角度如图 1-14b 所示。禁止用丁字尺画垂直线及用尺身下缘画水平线。

3. 三角板

一副三角板是由两块组成的,其中一块是两锐角均为 45°的直角三角形,另一块是两锐角分别为 30°、60°的直角三角形。三角板与丁字尺配合,可左右移动至画线位置,自下而上画出一系列垂直线,如图 1-15 所示。

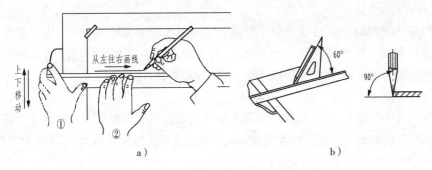

图1-14 用丁字尺画水平线

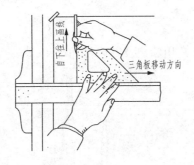

图1-15 用三角板和丁字尺画垂直线

此外,用三角板和丁字尺配合,还可以画出各种15°倍数角度的斜线,如图1-16所示。如将两块三角板配合使用,还可画任意方向已知线的平行线和垂直线,见图1-17。

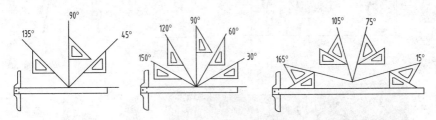

图1-16 用三角板画15°倍数角的斜线

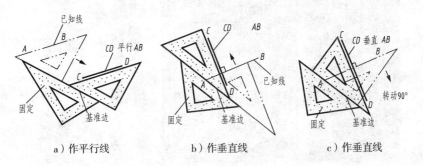

a)作平行线　　　b)作垂直线　　　c)作垂直线

图1-17 用两块三角板配合画任意方向已知线的平行线和垂直线

4. 曲线板

曲线板用于绘制非圆曲线。使用时应先定出曲线上足够数量的吻合点（不少于 4 个点），再选择曲线上曲率与其相吻合部分，然后分段画出各段曲线。应注意某段曲线的末端应留一小段，当画下一段曲线时应使一小段与其重合，这样曲线才会圆滑。

5. 比例尺

比例尺又叫三棱尺，是将标准尺寸刻度换算成比例刻度刻在尺上。它的三个棱面上刻有 6 种不同比例的刻度，画图时，可按所需比例从比例尺上直接量取尺寸，不需要另行计算。

1.2.2 常用绘图仪器的种类和使用方法

1. 圆规

圆规用于画圆和圆弧。常用圆规及其附件如图 1-18 所示。

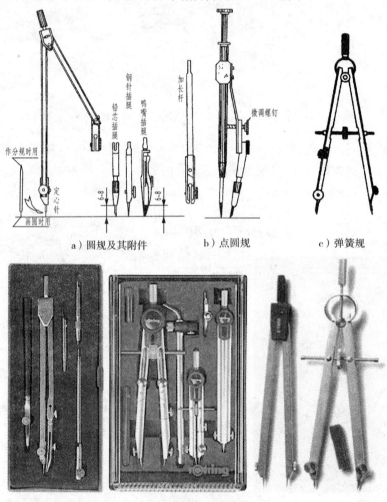

图 1-18 圆规的种类

圆规有大圆规和小圆规(包含点圆规和弹簧规)两种。大圆规有三个可更换的插腿和加长杆:铅芯插腿可画一般铅笔图上的圆或圆弧;钢针插腿可代替分规量取尺寸;鸭嘴插腿可用于描图;加长杆可画大圆。画圆时,圆规的钢针应使用有台肩的一端,并使台肩与铅芯尖平齐。大圆规的使用方法如图1-19a~d所示。

小圆规主要用于画5mm以下的小圆。用微调螺钉进行调节,使所画圆精确,其使用方法如图1-19e所示。

圆规的铅芯应削成与纸面成75°锲形,以使圆弧粗细均匀如图1-19f所示

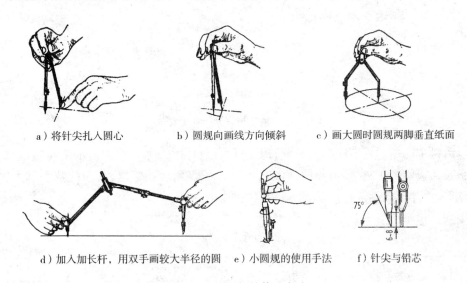

a)将针尖扎入圆心　　b)圆规向画线方向倾斜　　c)画大圆时圆规两脚垂直纸面

d)加入加长杆,用双手画较大半径的圆　　e)小圆规的使用手法　　f)针尖与铅芯

图1-19　圆规的使用方法

2. 分规

分规主要用于等分线段和量取尺寸等。使用前应检查分规的两钢针脚,尽量使两钢针尖并拢时对齐,如图1-20所示。量取尺寸时,先张开至大于被量尺寸距离,再逐步压缩至被量尺寸大小,注意钢针不要扎进尺的刻度内,避免损坏尺上的刻度,具体手法如图1-21所示。

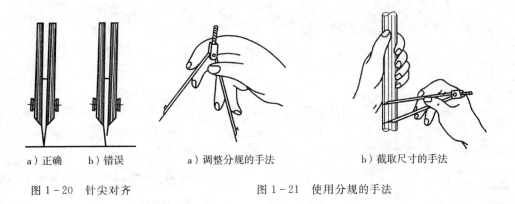

a)正确　　b)错误　　　　a)调整分规的手法　　　　b)截取尺寸的手法

图1-20　针尖对齐　　　　图1-21　使用分规的手法

1.2.3 常用绘图用品的种类和使用方法

1. 铅笔

铅笔有木杆和活动铅笔两种,绘制图样通常用木杆。铅笔应削制成圆锥形或矩形,木杆用小刀削,铅芯用砂纸打磨成所需形状,如图1-22所示。

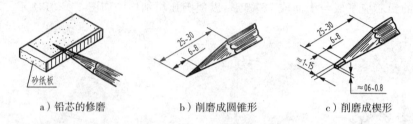

a) 铅芯的修磨　　　　b) 削磨成圆锥形　　　　c) 削磨成楔形

图1-22　铅笔的磨削方法及尺寸

绘图铅笔的铅芯有不同的软硬度,用字母"H"和"B"表示。"H"表示硬性铅笔,其前的数字越大表示铅芯越硬,所画图线颜色越淡;"B"表示软性铅笔,其前的数字越大表示铅芯越软,所画图线越黑;"HB"表示铅芯软硬适中。

不同规格铅芯的用途,推荐按表1-10选用。

* 表1-10　铅芯硬度的选用

类别	铅笔				圆规铅芯		
铅芯软硬	2H	H	HB	HB　B	H	HB	B　2B
铅芯	(圆锥)	(圆锥)	(四棱锥台)	(四棱锥台)	(圆锥)	(圆锥、圆柱斜切)	(四棱锥台)
用途	画底稿线	描深细实线、点画线	写字、画箭头	描深粗实线	画底稿线	描深点画线、细实线、虚线等	描深粗实线

2. 绘图纸

绘图纸要求质地坚实,用橡皮擦拭不易起毛。画图时,将丁字尺尺头紧靠图板的导边,以丁字尺的工作边为准,将图纸摆正;图纸四个角一般用胶带纸固定在图板的左下方,图纸下方应留出放置丁字尺的位置。

使用图纸时,首先要判断图纸的正面。判断的方法是:用橡皮擦拭,不易起毛的是正面。

3. 模板

模板上制有多种不同尺寸的专用图形,如正六边形、圆、椭圆、字格等。绘图时可直接从模板上描绘图形。模板作图快速简便,但是作图时应注意对准定位线,绘图笔应垂直纸面,沿图形孔的周边绘制。

4. 软毛刷

修改图形后,在图面上会留有很多细屑,可用软毛刷将其刷去,不要用嘴吹或用手掸掉,以免弄脏图面,影响图面质量。

5. 鸭嘴笔和针管笔

鸭嘴笔和针管笔用于上墨后描图。

此外,绘图用品还有橡皮、小刀、擦图片、胶带纸、细砂纸等。

1.3 几何作图

图样中的图形是由直线或曲线组成的。因此,画好直线、曲线,并作好它们之间的连接,就能画出所需要的几何图形。只有熟练地掌握各种几何图形的作图方法,才能够保证绘图的质量和提高绘图速度。

1.3.1 等分圆周和作正多边形

1. 用计算法等分圆周及作正多边形

欲将圆周进行 n 等分,可计算等分后的圆心角 $=360°/n$,再用量角器量取各圆心角等分圆周,最后将各等分点依次连接可得正多边形。

2. 用作图法等分圆周及作正多边形

(1) 用圆规作圆的三、六、十二等分及作正多边形(如图1-23所示)。

 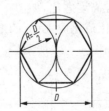 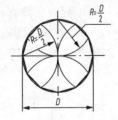

a) 三等分及作正三角形　　b) 六等分及作正六边形　　c) 十二等分及作正十二边形

图1-23　用圆规三、六、十二等分圆周及作正多边形

(2) 用丁字尺和三角板配合作圆的三、六等分及作正多边形(如图1-24所示)。

(3) 用圆规作圆的五等分及作正五边形(如图1-25所示)。调转等分方向再进行一次五等分就可以将圆进行十等分。

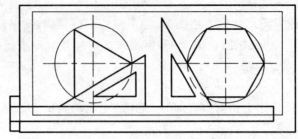

a）三等分及作正三边形 b）六等分及作正六边形

图1-24 用丁字尺和三角板配合三、六等分圆周及作正多边形

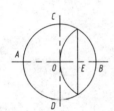
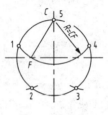
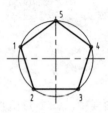

a）作OB的中点E　b）以E为圆心，EC为半径作圆弧与OA交点F，线段F即为圆周五等的弦长　c）以CF长依次截取圆周得五个等分点　（d）连接相邻各点，即得圆内接正五边形

图1-25 五等分圆周及作正五边形

1.3.2 斜度和锥度

1. 定义及符号

斜度：是指一直线（或平面）相对另一直线（或平面）的倾斜程度，其大小用两条直线（或平面）夹角的正切表示，如图1-26中，直线CD对直线AB的斜度$=H/L=(H-h)/l=\tan\alpha$。通常将比例前项化为1，以$1:n$的形式表示（n为正整数）。

锥度：是指正圆锥底圆直径与圆锥高度之比，如图1-27中，正圆锥或圆台的锥度$=D/L=(D-d)/l=2\tan(\alpha/2)$，同样把比值化成$1:n$的形式表示（$n$为正整数）。

符号：斜度和锥度的符号及画法如图1-28所示。

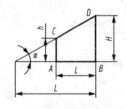
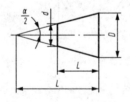

h为字体高度，符号的线宽为h/2

图1-26 斜度的概念　　图1-27 锥度的概念　　图1-28 斜度与锥度的符号

2. 画图方法和步骤

具体画图的方法和步骤如图1-29和图1-30所示。

第1章 机械制图的基本知识和技能

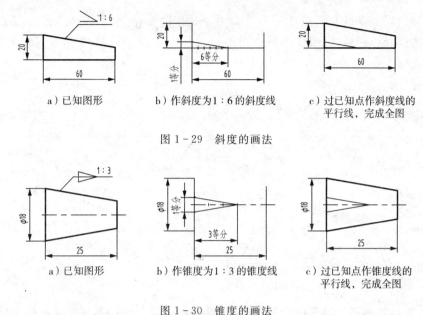

　　a）已知图形　　　b）作斜度为1:6的斜度线　　c）过已知点作斜度线的平行线，完成全图

图 1-29　斜度的画法

　　a）已知图形　　　b）作锥度为1:3的锥度线　　c）过已知点作锥度线的平行线，完成全图

图 1-30　锥度的画法

3. 标注的方法

斜度和锥度用符号和比例来标注。标注时，斜度和锥度符号的倾斜方向必须与图形的倾斜方向一致，如图 1-31 和图 1-32 所示。并且应特别注意斜度符号的水平线和斜线应和所标斜度的方向相对应。标注锥度时，将其符号画在基准直线上，如图 1-32 所示。

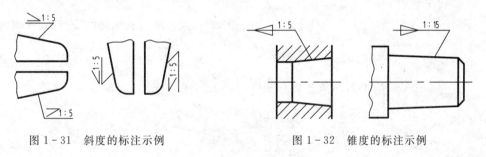

图 1-31　斜度的标注示例　　　　　　图 1-32　锥度的标注示例

*1.3.3　椭圆的近似画法

一动点到两定点（焦点）的距离之和为一常数（等于长轴），该动点的运动轨迹就是椭圆。常见椭圆的画法有焦点法、同心圆法和近似画法。常用的近似画法是用四段光滑连接的圆弧来近似地代替椭圆，因为四段圆弧有四个圆心，所以又称为四心法，这样画出的椭圆又称四心扁圆。具体作图步骤如下：

（1）画垂直平分的长轴 AB 和短轴 CD，连接 AC，并取 $CE=OA-OC$，如图 1-33a 所示。

（2）作 AE 的中垂线，与长、短轴分别交于 1、2 两点，作出与 1、2 两点对称的 3、4 点，并连接 12、23、34、41 各点，如图 1-33b 所示。

(3)分别以 1、3 点为圆心,1A(或 3B)为半径作圆弧;再分别以 2、4 点为圆心,以 2C(或 4D)为半径作圆弧,这四个圆弧两两相切,切点在 12、23、34、41 四条直线上,即得近似椭圆,如图 1-33c 所示。

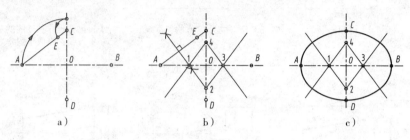

图 1-33 椭圆的近似画法

1.3.4 圆弧公切线的作图方法

直线光滑地相切于圆弧称为圆弧切线,如图 1-34a 所示。通常借助二块三角板配合作图,作图步骤如下:

(1)初定切线

将一块三角板的直角边调整成与两圆相切,另一块三角板紧靠在其斜边上,初步确定切线的位置,如图 1-34b 所示。

(2)找出切点

移动第一块三角板使另一直角边过圆心 O_1、O_2,该直角边和圆周的交点 A、B 即为切点,如图 1-34c 所示。

(3)连接切点

用一块三角板将 A、B 两点连接起来即得所求切线,如图 1-34d 所示。

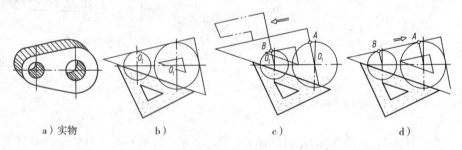

a)实物　　　b)　　　c)　　　d)

图 1-34 用三角板作两圆外公切线

1.3.5 圆弧连接

用一已知半径的圆弧光滑地连接相邻两已知线段(直线或圆弧)的作图方法,称为圆弧连接,这种起连接作用的已知圆弧称为连接弧。如图 1-35 所示的机器零件就具有光滑连接的表面,绘制这些零件的图形时,就会遇到圆弧连接的作图问题。

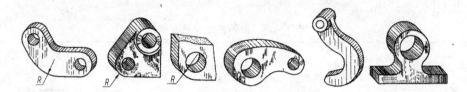

图 1-35 机器零件上光滑连接的表面

1. 圆弧连接的作图原理

由于所谓的光滑连接即为几何中的相切,所以画连接弧的关键是要准确地求出连接弧的圆心及切点,再按已知半径作连接弧。求连接弧的圆心和切点的基本作图原理如表 1-11 所示。

表 1-11 圆弧连接的作图原理

类别	圆弧与直线连接(相切)	圆弧外连接圆弧(外切)	圆弧内连接圆弧(内切)
图例			
连接弧圆心及切点	连接弧的圆心轨迹是平行于已知直线且相距为 R 的直线。切点为连接弧圆心向已知直线作垂线的垂足 T。	连接弧的圆心轨迹是已知圆弧的同心圆弧,其半径为 (R_1+R);切点为两圆连心线与已知圆弧的交点 T	连接弧的圆心轨迹是已知圆弧的同心圆弧,其半径为 (R_1-R);切点为两圆连心线的延长线与已知圆弧的交点 T

2. 圆弧连接作图的内容

(1) 用圆弧连接两直线,见表 1-12。

表 1-12 用圆弧连接两直线

类别	用圆弧连接锐角或钝角的两边	用圆弧连接直角的两边
图例		
作图步骤	(1) 作与已知角两边相距为 R 的平行线,交点 O 即为连接弧圆心; (2) 自 O 点分别向已知角两边作垂线,垂足 T_1、T_2 即为切点; (3) 以 O 为圆心,R 为半径在两切点 T_1、T_2 之间画连接圆弧即完成全图。	(1) 以角顶为圆心,R 为半径画弧,交直角两边于 T_1、T_2; (2) 以 T_1、T_2 为圆心,R 为半径画弧,相交得连接弧圆心 O; (3) 以 O 为圆心,R 为半径在 T_1、T_2 间画连接圆弧即完成作图。

(2) 用圆弧连接一直线和一圆弧，见表 1-13。

表 1-13 用圆弧连接两直线

已知条件	作图方法和步骤		
	(1) 求连接弧圆心 O	(2) 求连接点(切点) T_1、T_2	(3) 画连接弧并描深

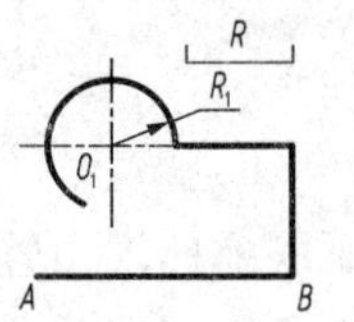

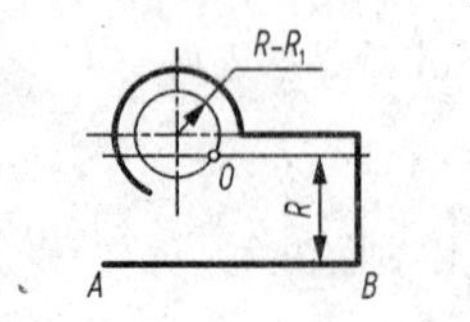

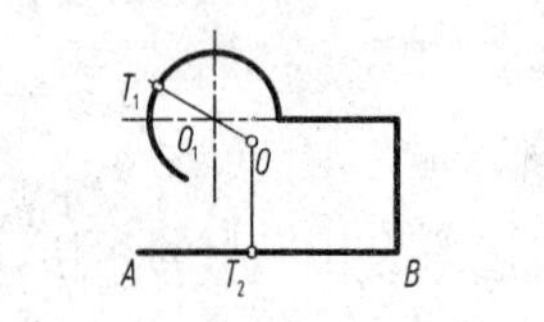

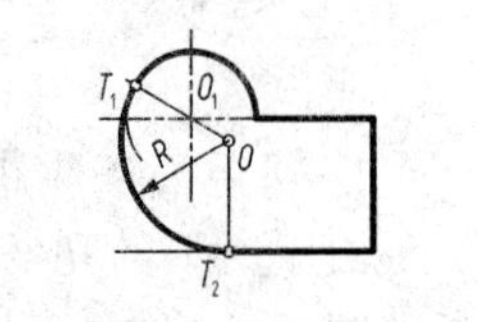

(3) 用圆弧连接两圆弧，见表 1-14。

表 1-14 用圆弧连接两圆弧

类别	已知条件	作图方法和步骤		
		(1) 求连接弧圆心	(2) 求连接点(切点)	(3) 画连接弧并描深
外连接	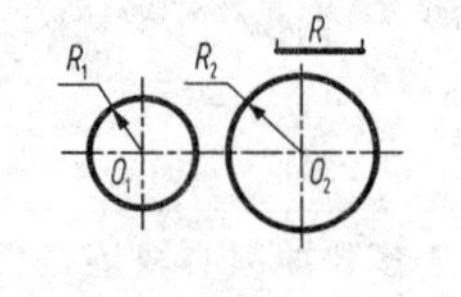	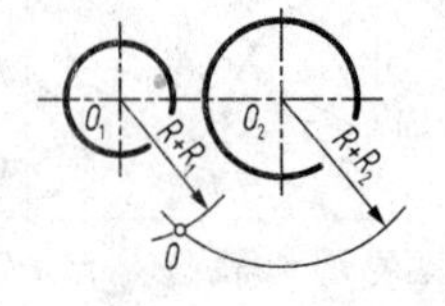	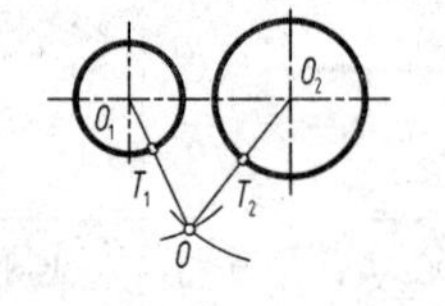	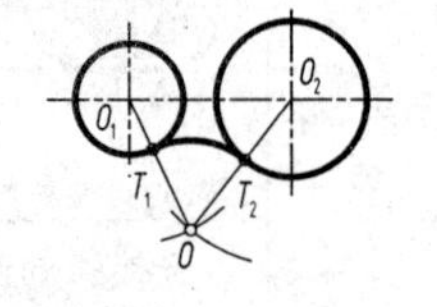
内连接	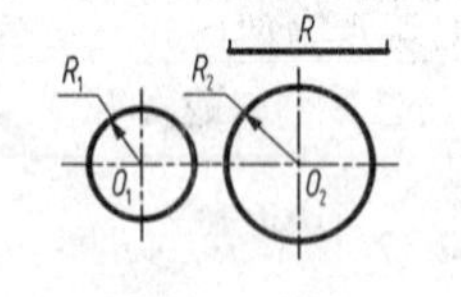	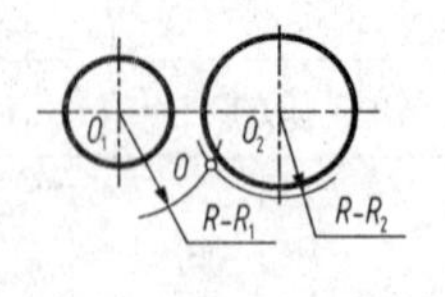	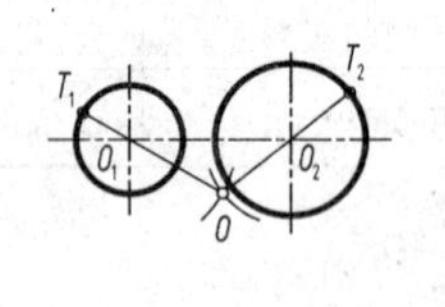	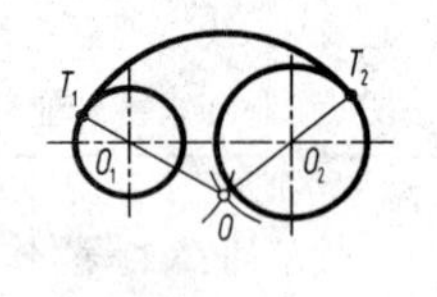
混合连接	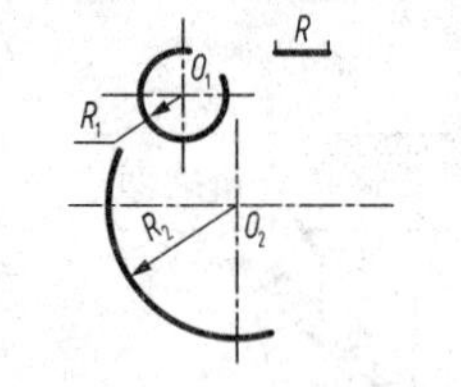	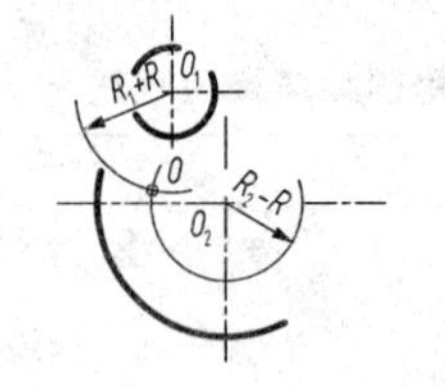	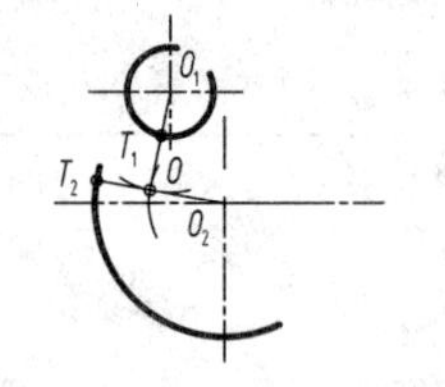	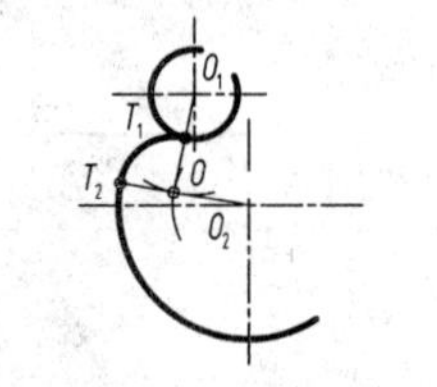

1.4 平面图形的画法

平面图形一般是由一个或多个封闭图形组成的，而每一个封闭图形又是由若干线段（这里指直线或圆弧）所组成。因此，画平面图形之前，必须先对图形的尺寸进行分析，确定线段的性质，明确作图顺序，才能正确快速地画出图形和标注尺寸。

1.4.1 平面图形的尺寸分析

平面图形的尺寸分定形尺寸和定位尺寸两种。在进行尺寸分析时,还应建立尺寸基准的概念。

1. 定形尺寸

定形尺寸是指平面图形中确定单一几何要素形状大小的尺寸。如图 1-36 中的 $\phi 15$、$\phi 30$、$R18$、$R30$、$R50$、80 和 10。确定几何图形所需的定形尺寸通常是一定的,如直线段的长度,圆和圆弧的直径和半径,矩形的长和宽,多边形的边长,角度的大小等都属定形尺寸。

2. 定位尺寸

定位尺寸是指确定图形中各部分之间相对位置的尺寸。确定平面图形的位置需有两个方向的定位尺寸,即左右和上下(或横向和竖向),如图 1-36 中 $\phi 30$ 圆的圆心的定位尺寸,其中尺寸 70 为左右(横向)定位尺寸,尺寸 50 为上下(竖向)定位尺寸。

应该指出,有时一个尺寸同时具有定形和定位两种作用。如图 1-36 中所示的尺寸 80,既是矩形的长度(定形尺寸),也是 $R50$ 圆弧尺寸的横向定位尺寸。

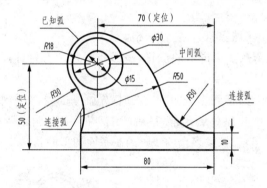

图 1-36　平面图形的尺寸分析和线段性质分析

3. 尺寸基准

标注定位尺寸时,还要考虑尺寸基准。所谓尺寸基准就是标注尺寸的起点,即标注定位尺寸的起始位置。平面图形一般应有水平和垂直两个坐标方向的尺寸基准,通常选择圆和圆弧的中心线、对称中心线、图形的底线及边线等作为尺寸基准。如图 1-36 中的底线和右边边线分别为定位尺寸 50 和 70 的基准。标注尺寸时,应首先确定图形的尺寸基准,然后依次注出各线段的定形和定位尺寸。

1.4.2 平面图形的线段性质分析

平面图形中的线段,一般根据其尺寸的完整程度分为 3 种:

1. 已知线段

定形、定位尺寸齐全的线段称为已知线段。画该类线段可按尺寸直接作图,如图 1-

36 中的 $\phi15$ 和 $\phi30$ 的圆、$R18$ 的圆弧、80 和 10 的直线等几个线段。

2. 中间线段

有定形尺寸但缺少一个定位尺寸的线段称为中间线段。画该类线段应根据其与相邻已知线段的几何关系，通过几何作图确定所缺的定位尺寸才能画出，如图 1-36 中的 $R50$ 圆弧。

3. 连接线段

只有定形尺寸而没有定位尺寸的线段称为连接线段。画该类线段应根据其与相邻两线段的几何关系，通过几何作图(上一节介绍的圆弧连接)的方法画出，如图 1-36 中的 $R30$ 圆弧。

1.4.3 平面图形的绘图步骤和尺寸标注

1. 准备工作

(1) 对平面图形进行尺寸分析和线段性质分析，然后根据其各自特点用不同的方法绘出。
(2) 根据图形的大小、数量确定比例，选用图幅，固定图纸。
(3) 拟定具体的作图顺序，即按先画已知线段，再画中间线段，最后画连接线段的顺序作图。

2. 绘制底稿

(1) 按国标规定画出图框线和标题栏框格。
(2) 合理布置各视图及文字说明的位置，图形布置应留有标注尺寸的位置，布局应做到匀称适中，不偏置或过于集中。
(3) 底稿线应轻、细、准确、线型分明。绘图时，先画基准线、对称中心线或轴线，再画主要轮廓线，按照由大到小、由整体到局部、最后画细节的顺序，画出所有轮廓线。完成底图后，仔细检查全图，修正错误，擦去多余的线。绘制平面图形的具体步骤为如图 1-37 所示。

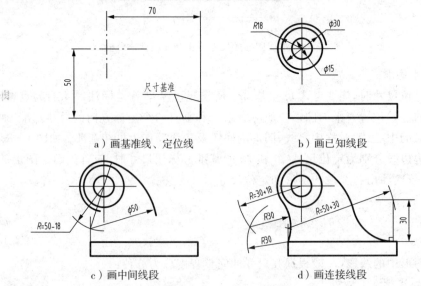

图 1-37 平面图形的作图步骤

3. 铅笔描深图线

(1) 线型加深按细点画线、细实线、细虚线,然后到粗实线的顺序进行,同类图线应保持粗细、深浅一致。

(2) 在描深同一种线型时,应先曲线后直线,以保证连接光滑。

(3) 描深直线的顺序应是先横后竖再斜,按水平线从上到下、垂直线从左到右的顺序一次完成。

4. 尺寸标注

对平面图形尺寸标注的基本要求是:

正确。指尺寸标注方法符合国家标准有关规定,并且尺寸数值正确不相互矛盾。

完整。指尺寸数值标注齐全,不遗漏不重复。

清晰。指尺寸配置在图形恰当处,布局整齐,标注清楚。

标注平面图形尺寸时,应首先分析图形的结构,明确图形的形状以及组成部分,并弄清各组成部分之间的相对位置关系;然后确定尺寸基准;最后依据线段性质分析的结果,按先注已知线段,再注中间线段,最后注连接线段的顺序,逐个注出平面图形的全部定形尺寸和定位尺寸。图1-38为平面图形的尺寸注法举例。

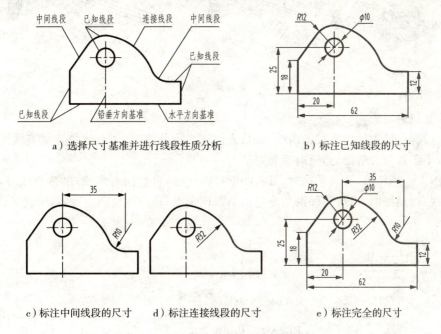

图1-38 平面图形的尺寸标注示例

6. 全面检查,填写标题栏

描深后再次全面检查,确认无误后,填写标题栏及文字说明,完成全图。

1.4.4 徒手绘制草图基础

以目测估计实物的形状、尺寸大小,不借助绘图工具徒手绘制的图样,称为草图。当现场测绘及绘制设计草图时,常常需要徒手绘图。因此,徒手绘图也是工程技术人员必须具备的一种基本技能。在学习本课程的过程中,应通过实践,逐步提高徒手画图的速度和技巧。

1. 草图的要求

草图虽不求几何精度,但也不得潦草。必须做到:图形正确,线型分明;图线清晰,画线要稳;目测准确,比例适当;标注正确,字体工整;绘图速度要快。

2. 草图的画法

绘制草图应采用铅芯较软的铅笔(HB、B、2B)铅芯削成圆锥形,粗细各一支,分别用于画粗、细线。

(1) 握笔的方法

握笔的位置应比用仪器绘图时高些,以利于运笔和观察目标。笔杆与纸面成 $45°\sim 60°$ 角,执笔要稳而有力。

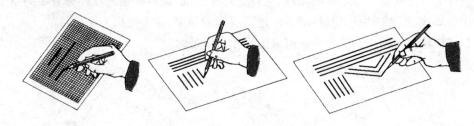

图 1-39 徒手画直线的技巧

(2) 直线的画法

画直线时,可先标出线段的两端点,目光注视线段的终点,匀速运笔连成直线。手执笔要稳,小手指靠着纸面,运笔时手腕灵活。

如图 1-40 所示,画水平线时,可将图纸微微左倾,自左向右画线;画垂直线时,自上向下画线;画斜线时,可按斜线的角度定出斜线两端点,然后连接两点,即为所画斜线。

a) 徒手绘制水平线　　b) 徒手绘制垂直线　　c) 徒手绘制斜线

图 1-40 徒手画直线的技巧

(2) 圆的画法

画圆时,应先定圆心,过圆心画两条互相垂直的中心线,根据目测圆半径的大小,在中心线上与圆心等距离位置取 4 个点,再过各点连成圆;当画较大圆时,可过圆心多做几条直径,取点后过点连成圆,如图 1-41 所示。当圆的直径很大时,可用手做圆规,以小手指轻压在圆心上,使铅笔尖与小手指的距离等于圆的半径,笔尖接触纸面,转动图纸,即可画出大圆。

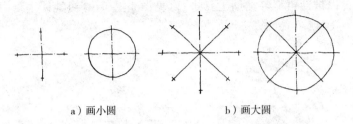

a）画小圆　　　　　　　b）画大圆

图1-41　徒手画圆的技巧

(3) 圆弧的画法

画圆弧时，先画角等分线，在该线上目测圆心位置，定出切点，然后向角两边引垂线，确定圆弧两个连接点。并在角平分线上定出圆弧上的点，然后过三点徒手画圆弧。对于半圆和1/4圆弧，先画辅助正方形再画圆弧与其相切，如图1-42所示。

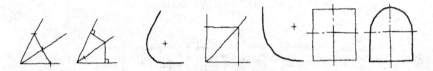

图1-42　徒手画圆角、圆弧的技巧

(4) 椭圆的画法

徒手画椭圆的方法如图1-43所示。

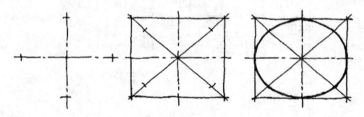

图1-43　徒手画椭圆的技巧

(5) 特殊角的画法

画特殊角的方法如图1-44所示。

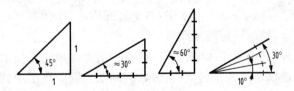

图1-44　特殊角或特殊角的斜线的作图技巧

草图的绘制步骤与尺规作图的步骤基本相同，即目测各部分比例，画作图基准线，画特征视图及其他视图，检查、描深。

草图图形的大小是根据目测估计画出的，没有确切比例，但图形上所显示的物体各部分大小比例应大体符合物体实际，这样才能不失物体的真实形状，所以目测尺寸比例要准确。目测可以借助铅笔等辅助工具进行(见图 1-45)。初学徒手绘图,可在方格纸上进行(如图 1-46 所示)。

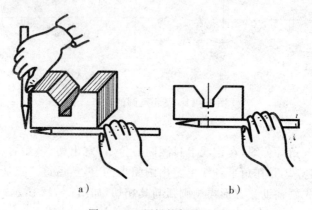

图 1-45　用铅笔帮助目测

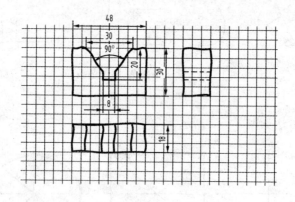

图 1-46　在方格纸上画物体视图

本章小结

(1)国家标准"技术制图"和"机械制图"中的图纸幅面及格式、比例、字体、图线、尺寸注法等内容是必须掌握的。在学习过程中,对于这些内容,无须死记硬背,在看图和绘图时只要多查阅、多参考,经过一定的实践后便可掌握。

(2)图线共有 8 种,其中粗实线、细实线、虚线和细点画线是常用的,要注意各图线的型式、宽度、画法、用途以及图线在相交、相切处的画法。同一张图中,同类型图线的宽度应相同。

(3)尺寸注法既是重点,也是难点,学习时建议:

① 牢记尺寸标注的基本规则,特别注意尺寸数字的单位是 mm,要改变中学里以 cm 为测量单位的习惯。

② 同一张图样中,尺寸数字和箭头的大小应相同。

③ 通过改正尺寸标注中的错误的练习，掌握尺寸界线、尺寸线、箭头和尺寸数字书写的规则。

④ 现阶段中，可通过抄注尺寸标注的练习，重点掌握直径尺寸、半径尺寸、角度尺寸和常用的小尺寸的标注方法。

(4) 常用绘图工具、仪器和用品主要是丁字尺、三角板、圆规、铅笔等，通过学习掌握正确的使用方法。在领会教材中的有关内容的基础上，要注意怎样应用绘图工具和仪器更简捷地作图，并通过实践，总结出作图的体会，以提高制图的技能。

(5) 几何作图主要是平面图形的作图原理和作图方法，学会常用的等分直线的方法和圆的三、四、五、六、八、十、十二等分及作相应正多边形的方法；掌握斜度和锥度及圆弧连接的画法及标注方法。

(6) 平面图形的画法中要求能通过对平面图形的尺寸分析、线段分析，拟定作图和尺寸标注的顺序，并了解绘制平面图形的方法和步骤。

(7) 正确地画底稿，掌握加深图线的方法、步骤和技能，对高速度、高质量地作图是十分重要的。初学者常见的错误习惯有：①不愿固定图纸，认为固定图纸费时费事，导致作图不准确；②不习惯使用丁字尺及丁字尺和三角板的配合使用，导致画图速度慢，质量差；③不注意选择合适的图纸幅面，也不注意图形的布局，使整个图面布置得不匀称；④边画底稿边加深；⑤不认真检查，以致产生许多不应有的错误。凡此种种，都应及早纠正。

第 2 章　正投影的基本知识

2.1　投影法和三视图的形成

2.1.1　投影法的基本知识

1. 投影法

用光线照射物体，便会在墙面产生物体的影子。人们从这一现象得到启示，经过科学抽象，概括出用物体在平面上的投影表示其物体形状的投影方法，如图 2-1 所示。这种现象叫做投影。常用的投影法分为中心投影法和平行投影法两大类。

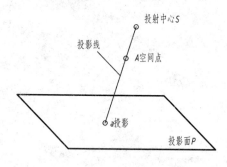

图 2-1　投影法

中心投影法（如图 2-2 所示）绘制的投影图具有较强直观性，立体感好，但不能反映物体表面的真实形状和大小，故工程上只用于土建工程及大型设备的辅助图样。平行投影法（如图 2-3 所示）因投影线与投影面之间垂直和倾斜，可分为正投影法（如图 2-4 所示）和斜投影法（如图 2-5 所示），平行投影法绘制的投影图直观性差，但度量性好，机械制图多采用。

第 2 章 正投影的基本知识

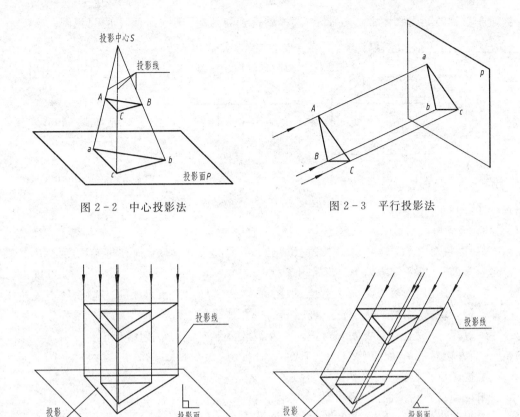

图 2-2 中心投影法   图 2-3 平行投影法

图 2-4 正投影法   图 2-5 斜投影法

2. 正投影法

正投影法是投射线与投影面相垂直的平行投影法。通过多面投影,采用相互垂直的两个或两个以上投影面,在每个投影面上分别用直角投影获得几何原形的投影,由这些投影便能完全确定该几何原形的空间位置和形状,如图 2-6a,正投影面 V、水平投影面 H 和侧投影面 W。

2.1.2 三视图及其对应关系

1. 三视图的形成

几何元素在 V、H 和 W 三个面垂直的三面投影体系中的投影称为几何元素的三面投影。在机械制图中规定,将机件向投影面投影所得的图形称为视图。因此,在三面投影体系中的正面投影称为主视图,水平投影称为俯视图,侧面投影称为左视图,统称为机件的三视图。

在视图中,规定物体表面的可见轮廓线的投影用粗实线表示,不可见轮廓线的投影用虚线表示。

为了使三视图能画在一张图纸上,标准规定正面保持不动,水平面向下旋转 90 度,侧面向右旋转90°,如图2-6b所示,这样就得到展开在同一水平面上的三视图。

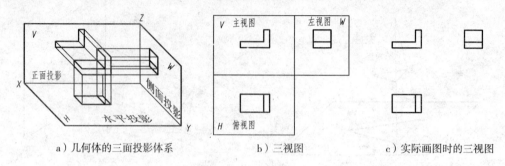

a) 几何体的三面投影体系　　b) 三视图　　c) 实际画图时的三视图

图2-6　三视图的形成

2. 三视图之间的对应关系

(1) 度量对应关系　物体有长、宽、高三个方向的尺寸,取 X 轴方向为长度尺寸,Y 轴方向为宽度尺寸,Z 轴方向为高度尺寸。

实际绘图时,一般采用无轴系统,如图2-6c。需要时,也可采用有轴系统。无论采用哪一种系统,绘图时必须保证三视图间的投影规律。

三等规律——主、俯视图长对正,主、左视图高平齐,俯、左视图宽相等。

(2) 方位对应关系　物体有上、下、左、右、前、后六个方位。

主视图反映物体的上、下和左、右方位;

俯视图反映物体的前、后和左、右方位;

左视图反映物体的上、下和前、后方位。

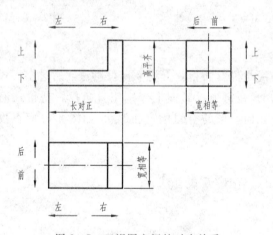

图2-7　三视图之间的对应关系

2.2　点的投影

点的空间位置确定后,在某一投影面上的投影便是唯一的。如图2-8点的单面投影 a 所示,过空间点 A 的投射线与投影面 P 的交点 a 叫做点 A 在投影面 P 上的投影。单面投影不能唯一确定点的空间位置,如图 2-8 点的单面投影 b 为了能唯一确定点的空间位置,常采用多面正投影。

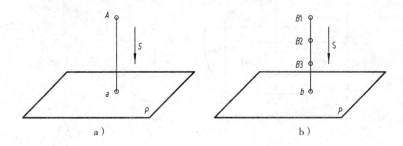

图 2-8 点的单面投影

2.2.1 点的三面投影

1. 三面投影体系

以相互垂直的三个面作为投影面,便组成了三面投影体系,如图 2-9 所示。正立投影面用 V 表示,水平投影面用 H 表示,侧立投影面用 W 表示。相互垂直的三个投影面的交线称为投影轴,分别用 OX、OY、OZ 表示。

如图 2-10 所示,投影面 V 和 H 将空间分成的各个区域称为分角,将物体置于第 I 分角内,使其处于观察者与投影面之间而得到的正投影的方法叫做第一角画法。将物体置于第 III 分角内,使投影面处于物体与观察者之间而得到正投影的方法叫做第三角画法。我国标准规定机械图样主要采用第一角画法。

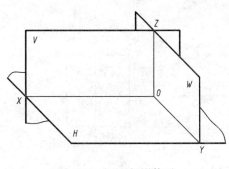   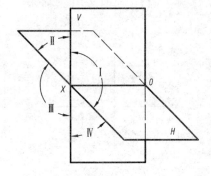

图 2-9 三面投影体系　　　　　图 2-10 四个分角

2. 点的三面投影

如图 2-11a 所示,将空间点 A 分别向 H、V、W 三个投影面投射,得到点 A 的三个投影 a、a'、a'',分别称为点 A 的水平投影、正面投影和侧面投影。

展开后为图 2-11b,不必画出投影面边框。

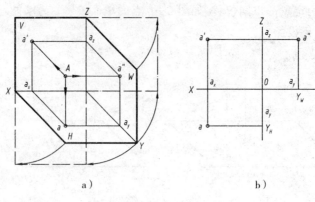

图 2-11 点的三面投影

2.2.2 点的空间位置

1. 点的三面投影图性质

(1)点的正面投影与侧面投影连线垂直于 OZ 轴($a'a'' \perp OZ$);点的正面投影与水平投影连线垂直于 OX 轴($aa'' \perp OX$)。

(2)点的水平投影 a 到 OX 轴的距离 aa_x 等于侧面投影 a'' 到 OZ 轴的距离 $a''a_z$,即:$aa_x = a''a_z = $ 点 A 到 V 面的距离。

另:$a'a_x = a''a_y = $ 点 A 到 H 面的距离,$a'a_z = aa_y = $ 点 A 到 W 面的距离。

根据上述投影性质,在点的三面投影中,只要知道任意两面投影,便可方便求出第三面投影。

【例 2-1】 如图 2-12a 所示,已知点 A 的正面投影 a' 和侧面投影 a'',求其水平投影 a。

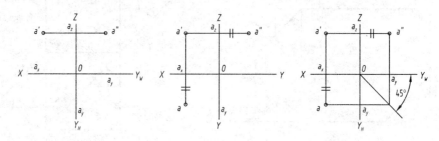

图 2-12 求点的第三投影

解: 由点的投影性质可知,$aa' \perp OX$,$aa_x = a''a_z$,故过 a' 作直线垂直于 OX 轴,交 OX 轴于 a_x,在 aa_x 延长线上量取 $aa_x = a''a_z$,如图 2-12(b)。也可采用作 45°斜线的方法转移宽度,如图 2-12(c)。

2. 点的投影与坐标系之间的关系

如图 2-13 所示,在三投影面体系中,三根投影轴可以构成一个空间直角坐标系,空间点 A 的位置可以用三个坐标值(X, Y, Z)表示,则点的投影与坐标之间的关系为:

$aa_y = a'a_z = x_A \qquad aa_x = a''a_z = y_A \qquad a'a_x = a''a_y = z_A$

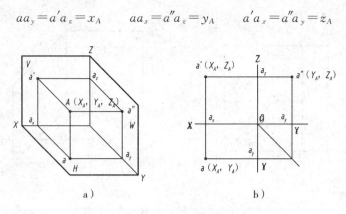

图 2-13 点的投影与坐标之间的关系

2.2.3 两点的相对位置

1. 两点的相对位置

两点的相对位置指空间两点的上下、前后、左右位置关系,可以通过两点在同一投影面上投影的相对位置或坐标的大小来判断。

即:X 坐标大的在左;Y 坐标大的在前;Z 坐标大的在上。

如图 2-14,由于 $x_A > x_B$,故 A 在 B 的左方,同理可判断出 A 在 B 的上方、后方。

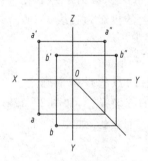

图 2-14 两点的相对位置

2. 重影点

【例 2-2】 已知两点 A 和 B 的投影图,试判断该两点在空间的相对位置(图 2-15a)。

解:由正面投影和水平投影得知,A 在 B 的左方。正面投影反映点的高低位置,得知 A 与 B 在 Z 方向的坐标差为零。水平投影反映点的前后位置,得知 A 与 B 在 Y 坐标方向的坐标差为零。由上,确定出 A 和 B 处在一条垂直于侧投影面的投影线上,故其侧面投影必重合。图 2-15b 为直观图。

若空间两点在某个投影面上的投影重合,则此两点称为对该投影面的重影点。如图 2-15,A、B 两点称为对侧投影面的重影点。

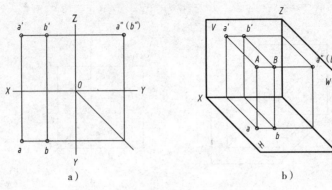

图 2-15 重影点

2.3 直线的投影

2.3.1 各种位置直线及其投影特征

1. 直线的投影

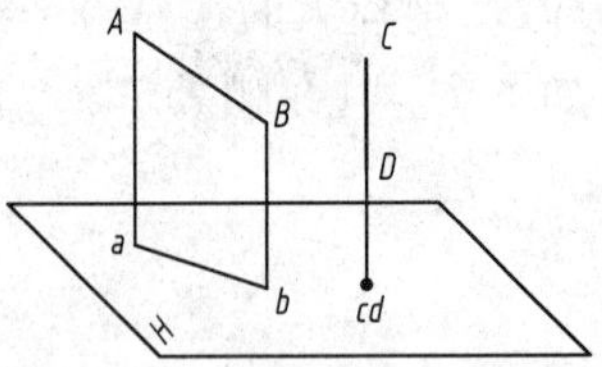

直线的投影仍为直线,特殊情况积聚为一点。如图 2-16,直线 AB 在水平面 H 上的投影为直线 ab;直线 CD 平行于投影线,投影 cd 积聚为一点。

2. 直线投影的确定

直线的投影可由直线上任意两点的投影来确定。

图 2-16 直线的投影

如已知直线 AB 上 A 和 B 两点的三面投影,如图 2-17a,则用直线连接 A、B 在同一投影面上的投影,即得到直线 AB 的三面投影,如图 2-17b。

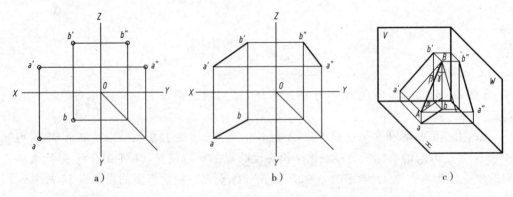

图 2-17 两点决定一直线

3. 直线对投影面的相对位置

在三面投影体系中,直线与投影的相对位置可分为三类:(1)倾斜于三个投影面的直线如图2-18c;(2)平行于一个投影面的直线,如图2-18b;(3)垂直于一个投影面的直线,如图2-18a。前一类称为一般位置直线,后两类统称为特殊位置直线。

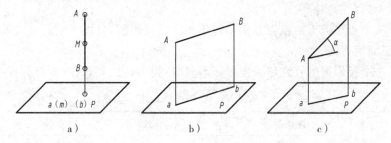

图2-18 直线对一个投影面的投影特性

(1)一般位置直线

一般位置直线的三个投影都倾斜于投影轴,如图2-17c所示,其与投影轴的夹角并不反映空间线段对投影面的夹角,且三个投影的长度小于实长(即 $ab=AB\cos\alpha$、$a'b'=AB\cos\beta$、$a''b''=AB\cos\gamma$),即都不反映空间线段的实长。

(2)投影面平行线

平行于一个投影面的直线称为投影面平行线,投影特性如表2-1所示。

表2-1 投影面平行线

名 称	直观图	投影图	特 性
水平线 (平行于 H 面)			(1)$a'b'//OX$ $a''b''//OY_W$ (2)$ab=AB$ 反映实长 (3)β、γ 反映实角
正平线 (平行于 V 面)			(1)$ab//OX$ $a''b''//OZ$ (2)$a'b'=AB$ 反映实长 (3)α、γ 反映实角
侧平线 (平行于 W 面)			(1)$ab//OY_H$ $a'b'//OZ$ (2)$a''b''=AB$ 反映实长 (3)α、β 反映实角

由表 2-1 内容,可知投影面平行线的投影特性为:
①在其平行的投影面上的投影反映实长,且投影对投影轴的夹角分别反映直线对另外两个投影面倾角的实际大小。
②另外两个投影面上的投影分别平行于相应的投影轴,且短于空间直线段。
(3)投影面垂直线
垂直于一个投影面的直线称为投影面垂直线,投影特性如表 2-2 所示。

表 2-2 投影面垂直线

名 称	直观图	投影图	特 性
铅垂线 (垂直于 H 面)	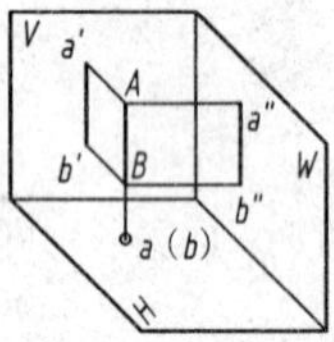	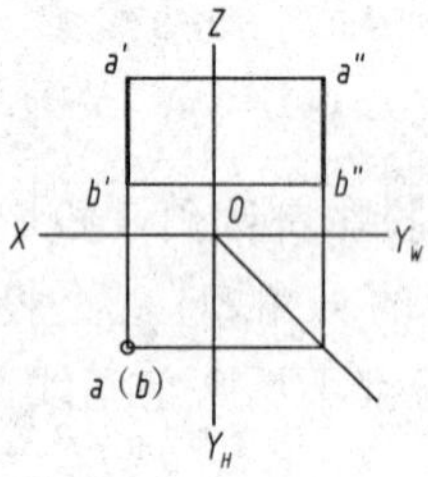	(1) ab 积聚成一点 (2) $a'b' \perp OX$ $a''b'' \perp OY_W$ (3) $a'b' = a''b'' = AB$ 反映实长
正垂线 (垂直于 V 面)	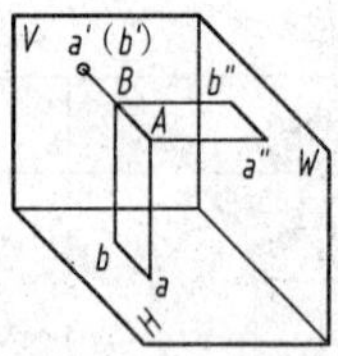	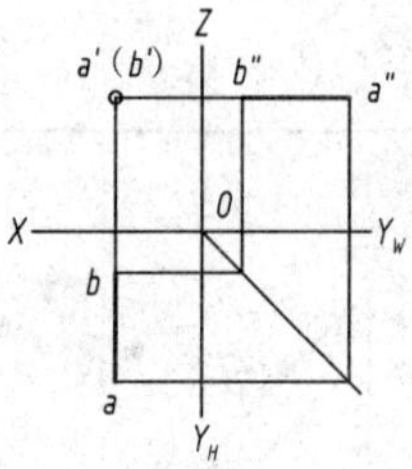	(1) $a'b'$ 积聚成一点 (2) $ab \perp OX$ $a''b'' \perp OZ$ (3) $ab = a''b'' = AB$ 反映实长
侧垂线 (垂直于 W 面)	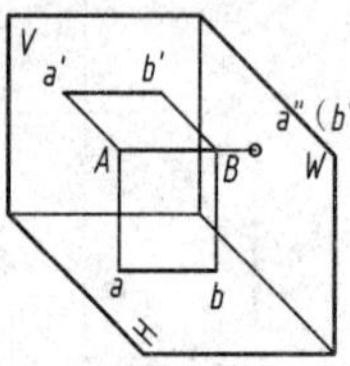	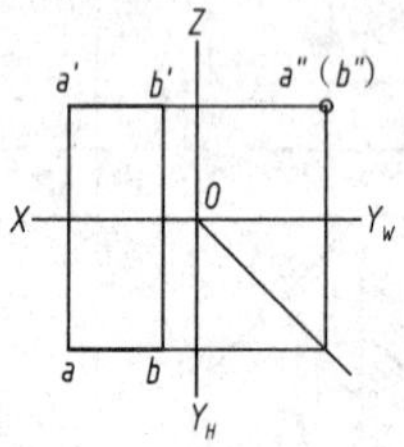	(1) $a''b''$ 积聚成一点 (2) $ab \perp OY_H$ $a'b' \perp OZ$ (3) $ab = a'b' = AB$ 反映实长

由表 2-2 内容,可知投影面垂直线的投影特性为:
① 在其垂直的投影面上的投影积聚为一点。
② 另外两个投影面上的投影反映空间直线段的实长,且分别垂直于相应的投影轴。
(4)从属于一个投影面的直线
该情况为投影面平行线和投影面垂直线的特殊情况,它具有两类直线的投影性质。其特殊性在于:必有一投影重合于直线本身,另两投影在投影轴上,如图 2-19ab。更特殊的情况是从属于投影轴的直线,这类直线必定是投影面的垂直线。它的投影特性是:必有两投影重合于直线本身,另一投影积聚在原点上,如图 2-19c。

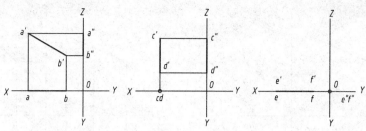

a）从属于V面的直线　　b）从属于V面的铅垂线　　c）从属于OX轴的直线

图 2-19　从属于一个投影面的直线

2.3.2　直线与点的相对位置

直线与其上点的关系如下：

(1) 直线上的点，它的三面投影分别属于直线的同名投影。反之，点的三面投影属于同名的直线三面投影，则该点在直线上。

如图 2-20 所示，已知 $C \in AB$，则 $c \in ab$、$c' \in a'b'$、$c'' \in a''b''$。

(2) 直线上的点，分线段之比等于其投影比。反之亦然。

如图 2-20 所示，已知 $C \in AB$，则 $ac/cb = a'c'/c'b' = a''c''/c''b'' = AC/CB$。

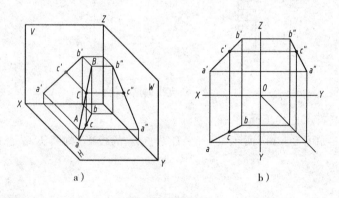

图 2-20　直线上的点

1. 求直线上点的投影

【例 2-3】　如图 2-21a 所示，已知点 K 在直线 AB 上，求作它们的三面投影。

解：由于 K 在 AB 上，所以 K 的三面投影分别处于 AB 的同名投影上，如图 2-21b 所示，求出 AB 的侧面投影 $a''b''$，即可确定 k 和 k''。

【例 2-4】　如图 2-22a 所示，已知点 K 在直线 CD 上，求 K 的正面投影。

解：方法一：求出 CD 的侧面投影，从而求出 k'（作图略）。

方法二：利用直线上的点分线段成定比，知 $ck/kd = c'k'/k'd'$，如图 2-22b 所示。

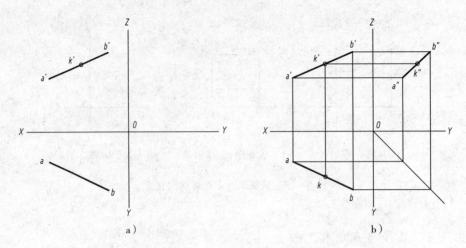

图 2-21 求直线上点的投影

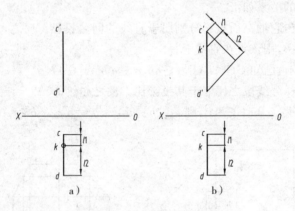

图 2-22 求直线上点的投影

2. 判断点是否在直线上

【例 2-5】 如图 2-23a 所示,已知 AB 及点 K 的投影,判断 K 是否在 AB 上。

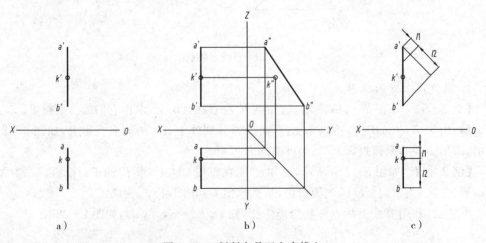

图 2-23 判断点是否在直线上

解：方法一：如图2-23b求出AB的侧面投影$a''b''$及K的侧面投影k'，$k'\notin a''b''$，故K不在AB上。

方法二：如图2-23c用点分线段成定比，判断出$ak/kb \neq a'k'/k'b'$，故K不在AB上。

2.3.3 两直线的相对位置

空间中两直线的相对位置有三种情况：平行、相交和交叉（异面）。

1. 两直线平行

(1) 平行两直线在同一投影面上的投影仍然平行，如图2-24。反之，三面投影都平行的两直线平行。

(2) 平行两线段之比等于其投影之比。这条投影特性反过来不一定成立，实际应用中，还必须检查两线段的倾斜方向是否相同。

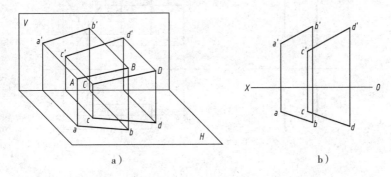

图2-24 两直线平行

判断空间两直线是否平行，一般情况下，只需判断两直线的任意两对同名投影是否分别平行即可。但当两直线同为某投影面平行线时，只有在该投影面上的投影是平行的才能判断两直线相互平行，或根据平行线投影保持定比的特性进行判断。

【**例2-6**】 判断两直线DE、FG在图2-25a、c所示的情况中是否平行。

解：方法一：根据两平行直线在同一投影面上投影仍平行，画出DE、FG的第三面投影。a中的两直线侧面投影平行，如图2-25b，所以DE、FG平行。c中两直线侧面投影不平行，如图2-25d，所以DE、FG不平行。

方法二：根据平行两线段之比与其投影之比相等，及判断两直线对投影面的方向是否相同的原则。c中DE、FG的两面投影字母符号顺序不一致，可知两线段倾斜方向不一致，故DE、FG不平行。

2. 两直线相交

相交两直线在同一投影面上的投影也相交，且交点同属于两直线，如图2-26。反之，三面投影均相交，且交点同属于两直线时，两直线相交。

判断空间两直线是否相交，一般情况下，只需判断直线的两组同名投影相交，且交点符合一个点的投影特性即可。但是，当两直线中有一条为投影面平行线时，需根据与直线不平行投影面上的投影进行判断。

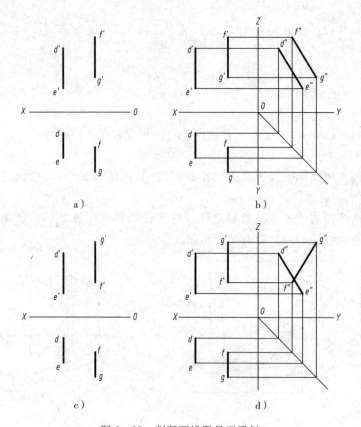

图 2-25 判断两线段是否平行

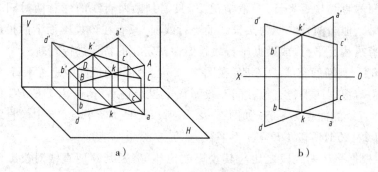

图 2-26 两直线相交

【例 2-7】 判断图 2-27a 中直线 AB、CD 是否相交。

解：方法一：求出侧面投影，如图 2-27b，虽然 a''、b'' 相交，但其交点不是 k''，即点 K 不是两直线共有点，故 AB、CD 不相交。

方法二：从投影图上可明显看出，$ak/kb \neq a'k'/k'b'$，故 K 不在 AB 上，故 AB、CD 不相交。

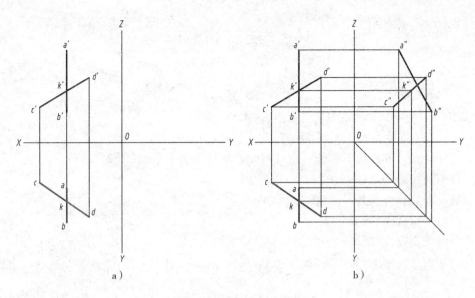

图 2-27 判断两直线是否相交

3. 两直线交叉

不平行也不相交的两条直线,称为交叉直线。

如图 2-28 所示,直线 AB 和 CD 为两交叉直线,虽然它们的同面投影也相交了,但"交点"不符合一个点的投影特性。

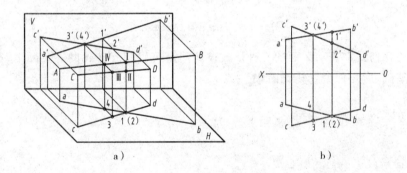

图 2-28 判断两直线是否相交

两交叉直线同面投影的交点是直线上一对重影点的投影,它可以判断空间两直线的相对位置。

在图 2-28 中,直线 AB、CD 的水平投影的交点是 AB 上的点Ⅰ和 CD 上的点Ⅱ(对 H 面的重影点)的水平投影 1(2),由正面投影可知,点Ⅰ在上,Ⅱ在下,故该处 AB 在 CD 上方。同理,AB 和 CD 的正面投影交点是直线 AB 上的点Ⅳ和 CD 上的点Ⅲ(对 V 面的重影点)的正面投影 3′(4′),由水平投影可知,点Ⅲ在前,Ⅳ在后,故该处 CD 在 AB 前方。

2.4 平面的投影

2.4.1 平面的表示法

在投影图上,可以用下列任一组几何元素的投影表示平面(图2-29):
(1)不同线的三点(图2-29a)。
(2)一直线和直线外一点(图2-29b)。
(3)两平行直线(图2-29c)。
(4)两相交直线(图2-29d)。
(5)平面几何图形,如三角形、四边形、圆等(图2-29e)。

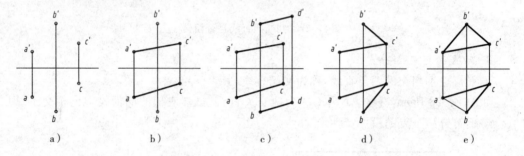

图2-29 平面的五种表示方法

以上用几何元素表示平面的五种形式彼此间是可以相互转化的。实际上,第一种表示方法是基础,后几种由它转化而来。

2.4.2 各种位置平面及其投影特征

1. 平面对投影面的相对位置

在三面投影体系中,平面对投影面的相对位置,可以分为三类:(1)一般位置平面,如图2-30c;(2)垂直于投影面的平面,如图2-30a;(3)平行于投影面的平面,如图2-30b。后两者统称为特殊位置平面。

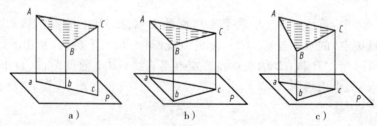

图2-30 平面对一个投影面的投影特性

对于三个投影面都倾斜的平面称为一般位置平面,如图 2-31 所示。

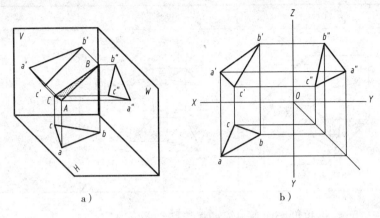

图 2-31 一般位置平面

一般位置平面的投影特性为:三个投影面的投影均为缩小的类似形(边数相等的类似多边形),不反映空间平面的实际形状。如图 2-31b,三个面投影都是三角形,即类似形。

2. 特殊位置平面

(1)投影面垂直面

垂直于某一投影面而与其余两投影面都倾斜的平面称为投影面垂直面,投影特性如表 2-3 所示。

表 2-3 投影面垂直面

名　称	直观图	投影图	特　性
铅垂面			(1)abc 积聚为直线 (2)$a'b'c'$ 和 $a''b''c''$ 为类似形 (3)β、γ 反映实角
正垂面			(1)$a'b'c'$ 积聚为直线 (2)abc 和 $a''b''c''$ 为类似形 (3)α、γ 反映实角

（续表）

名 称	直观图	投影图	特 性
侧垂面	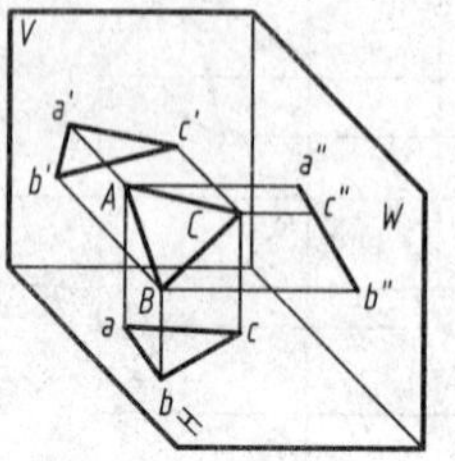	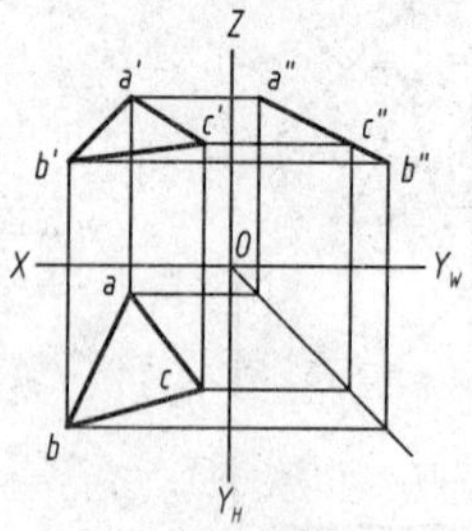	(1) $a''b''c''$ 积聚为直线 (2) abc 和 $a'b'c'$ 为类似形 (3) α、β 反映实角

由表 2-3 内容，可知投影面垂直面的投影特性为：

① 在与其垂直的投影面上的投影积聚成与该投影面内的两投影轴都倾斜的直线，该直线与投影轴的夹角反映空间平面与另两个投影面夹角的实际大小。

② 在另外两投影面上的投影为类似形。

(2) 投影面平行面

平行于某一投影面从而垂直于其余两个投影面的平面称为投影面平行面，投影特性如表 2-4 所示。

表 2-4 投影面平行面

名 称	直观图	投影图	特 性
水平面	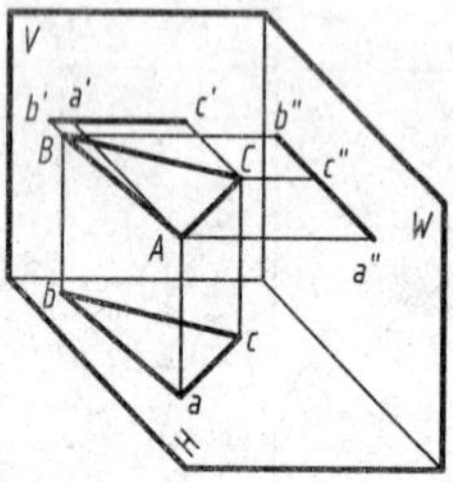	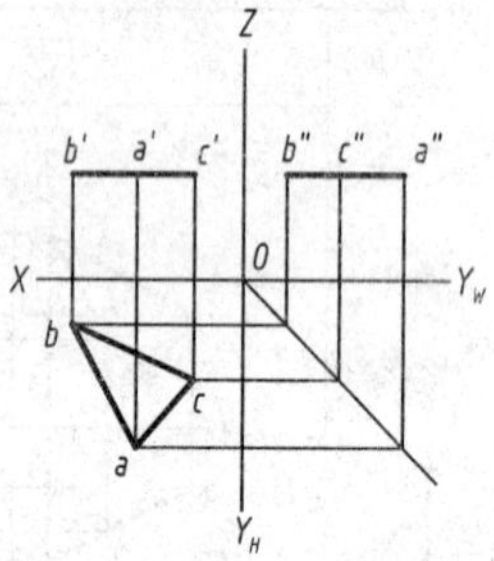	(1) abc 反映实形 (2) $a'b'c'$ 和 $a''b''c''$ 积聚成直线 (3) $a'b'c'//OX$ $a''b''c''//OY_W$
正平面	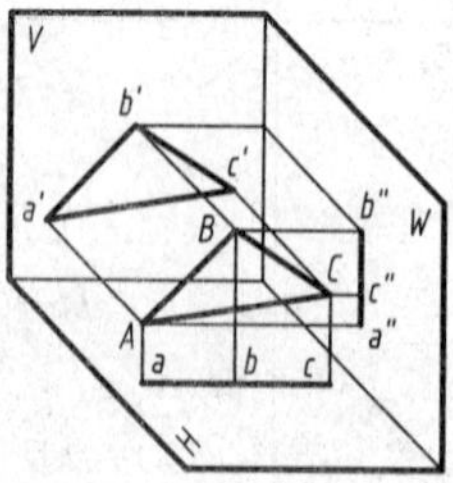	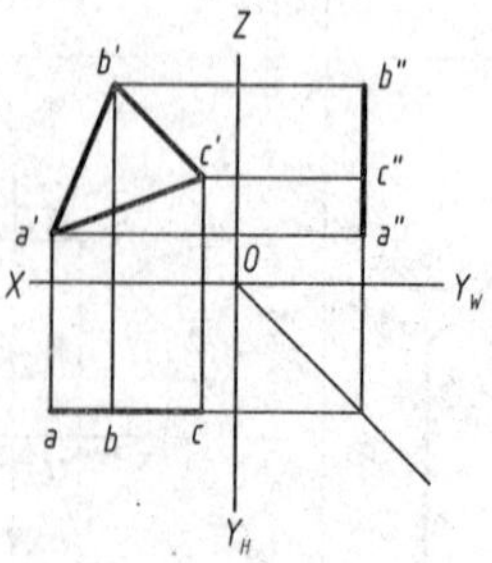	(1) $a'b'c'$ 反映实形 (2) abc 和 $a''b''c''$ 积聚成直线 (3) $abc//OX$ $a''b''c''//OZ$

(续表)

名　称	直观图	投影图	特　性
侧平面			(1) $a''b''c''$反映实形 (2) abc 和 $a'b'c'$ 积聚成直线 (3) $abc // OY_H$ $a'b'c' // OZ$

由表2-4内容,可知投影面平行面的投影特性为:
① 在与其平行的投影面上的投影反映平面的实际形状。
② 另外两投影面上的投影均积聚成直线,并平行于相应的投影轴。

2.4.3 平面上的直线和点

1. 平面内取直线

具备下列条件之一的直线,必位于给定的平面内:
(1)直线经过平面内已知的两点。
(2)直线经过平面内的一点且平行于平面内的一条直线。

【例2-8】 已知平面由相交两直线 AB、AC 给出,在平面内任意作一条直线(图2-32a)。

解: 方法一:在平面内任意找两点连线(图2-32b)。
方法二:过面内一点作面内已知直线的平行线(图2-32c)。

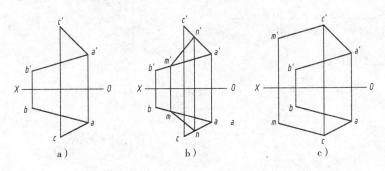

图2-32 平面内取任意直线

【例2-9】 已知平面由△ABC给出,在平面内作一条正平线,并使其到V面的距离为10mm(图2-33a)。

解: 该正平线的水平投影应平行于OX轴,与OX轴的距离为10mm,并且该直线处于平面内,作图如图2-33b示。

2. 平面内取点

平面内的点,要取自属于平面的已知直线。

【例 2-10】 已知点 K 位于△ABC 内,求点 K 的水平投影(图 2-34a)。

解:在平面过 K 作任意一条辅助直线,K 的投影必在该直线的同名投影上,作图如图 2-34b 所示。

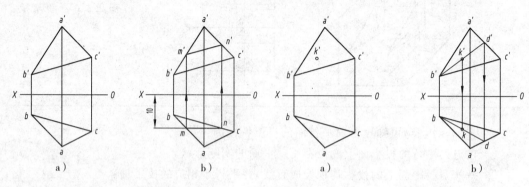

图 2-33 在平面内取正平面

图 2-34 平面内取点

【例 2-11】 已知△ABC 的两面投影,在△ABC 内取一点 M,并且使其到 H 面和 V 面的距离均为 10mm(图 2-35a)。

解:平面内的正平线是与 V 面等距离点的轨迹,故点 M 位于平面内距 V 面为 10mm 的正平线上。点的正面投影到 OX 的距离反映点到 H 面的距离,作图如图 2-35b 所示。

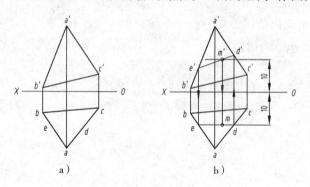

图 2-35 平面内取点

2.5 几何元素间的相对位置

直线与平面之间和两平面之间的相对位置可分为平行、相交及垂直三种情况。本节重点讨论下述三个问题。

(1) 在投影图上如何绘制及判别直线与平面平行和两平面平行的问题。

(2) 如果直线与平面及两平面不平行,在投影图上如何求出它们的交点或交线。

(3) 在投影图上如何绘制及判别直线与平面垂直和两平面垂直的问题。

2.5.1 平行问题

1. 直线与平面平行

由初等几何知道:若一直线平行于属于定平面的一直线,则直线与该平面平行。图 2-36 说明,直线 AB 平行于 CD,CD 在平面 P 内,所以直线 AB 平行于平面 P。

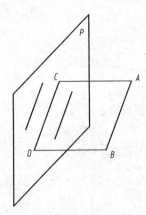

图 2-36 直线与平面平行

【例 2-12】 过已知点 K 作一水平线平行于已知平面 ABC(图 2-37a)。

解:过 K 点可作无数多条平行于已知平面的直线,其中只有一条水平线。如图 2-37(b),可先作平面内的任一水平线辅助线 CD,再过 K 引直线 EF 平行于 CD。EF//CD,CD 在平面 ABC 上,所以 CD//平面 ABC。

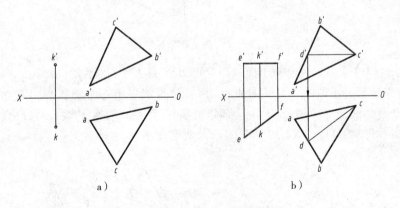

图 2-37 作直线平行于已知平面

【例 2-13】 试判断已知直线 AB 是否平行于定平面 CDE(图 2-36a)。

解:如果平面内能做出一条平行于 AB 的直线 FG,则 AB 平行于定平面 CDE,否则,AB 与定平面 CDE 不平行。如图 2-38(b),作平面内直线 FG,先使 fg//ab,再作出 f'g',察看 f'g'是否与 a'b'平行。f'g' 与 a'b' 不平行,即平面内没有与 AB 平行的直线,所以,AB 与定平面 CDE 不平行。

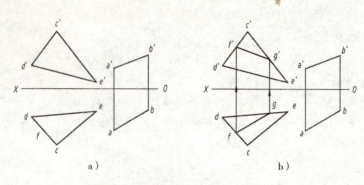

图 2-38 判断直线与平面是否平行

2. 两平面平行

由初等几何知道,若属于一平面的相交两直线对应平行于属于另一平面的两条相交直线,则此两平面平行。如图 2-39 所示,两对相交直线 AB、BC 和 DE、EF 分别属于平面 P 和 Q,若两对相交直线对应平行,则平面 P、Q 平行。

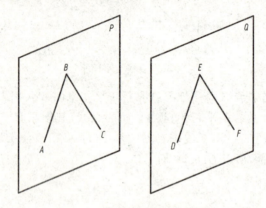

图 2-39 两平面相互平行

【例 2-14】 试判断两已知平面 ABC 和 DEF 是否平行(图 2-38a)。

解:可先作第一平面的一对相对直线,再看是否能在第二平面作出一对相交直线和它们对应平行。如图 2-40(b)所示,作分别属于两平面的水平线 CM、DK 和正平线 AN、EL,察看得知 CM//DK,AN//EL,所以两平面平行。

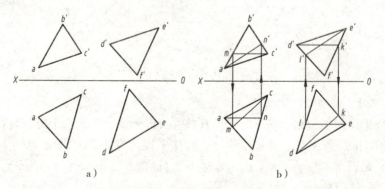

图 2-40 判断两平面是否平行

【例 2-15】 已知定平面由两直线 AB 和 CD 给定。试过 K 作一平面平行于已知平面（图 2-41a）。

解： 只要过点 K 作一对相交直线 EF、GH 对应平行于已知平面内的一对相交直线，EF、GH 便可代表所求平面。如图 2-41b 所示，引已知平面内一条直线 MN 和平行线相交，过 K 作 EF、GH 分别平行于 MN、AB，则直线 EF、GH 代表所求直线。

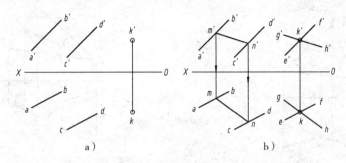

图 2-41 作平面平行于已知平面

判断平行问题时，若直线与投影面垂直面平行，或两平面均为投影面垂直面，则只检查具有积聚性的投影是否平行即可。如图 2-42 所示，已知平面 P 平行于平面 Q，且 P、Q 均垂直于平面 H，根据投影面垂直面的性质，属于 P、Q 上的所有直线的水平投影分别积聚在 P、Q 的水平投影 P_H、Q_H 上。

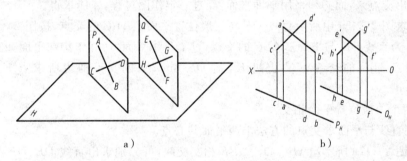

图 2-42 两特殊位置平面平行

2.5.2 相交问题

(1) 直线和平面相交的交点，是直线与平面的共有点，作图时，除了要求出交点的投影外，还要判别直线投影的可见性。

(2) 两平面相交的交线，是两平面的共有直线，作图时，除了要求出交线的投影外，还要判别两平面投影的可见性。

1. 特殊位置情况

利用积聚性求交点和交线。

(1) 直线与特殊位置平面相交

图 2-43 为直线 MN 和铅垂面 $\triangle ABC$ 相交，K 的水平投影 k' 属于 $\triangle ABC$ 的水平投

影，K 又属于直线 MN，所以 k' 为 $m'n'$ 与△ABC 水平投影的交点，从而得出 $K(k,k')$。

(2) 一般位置平面与特殊位置平面相交

常把求两平面交线的问题看做是求两个共有点的问题。若要求出图 2-44 中两平面的交线，只要求出属于交线的任意两点，如 K、L。

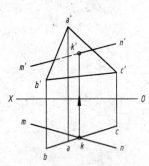

图 2-43 直线与特殊位置平面的交点

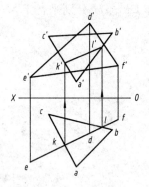

图 2-44 一般位置平面与特殊位置平面的交线

2. 一般位置情况

(1) 直线与一般位置平面相交

由于一般位置平面没有积聚性，所以当直线与一般位置平面相交时，不能在投影图上直接定出交点来，而必须采用辅助平面，经过一定作图过程，才能求得。

若要求图 2-45a 中所示直线 DE 与一般位置平面△ABC 的交点，按图 2-46 所示，假设点 K 为直线 DE 与平面△ABC 的交点，过 DE 作平面 S（可作特殊平面如正平面），平面 S 与△ABC 的交线 MN 也过 K，则 DE 与 MN 的交点即为所求点 K，作图如图 2-45bcd。

(2) 两个一般位置平面相交

① 用直线与平面求交点的方法求两平面共有点。

若求图 2-47a 所示△ABC 和△DEF 相交交线，可分别求出直线 DE、DF 与△ABC 的交点 L、K，直线 KL 便是两个三角形的交线。

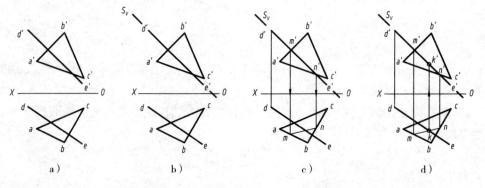

图 2-45 求直线与一般位置平面的交点

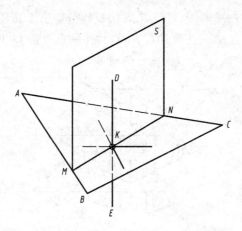

图2-46 求直线与平面共有点的示意图

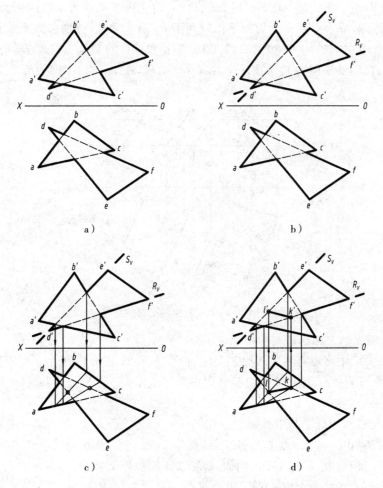

图2-47 两个一般位置平面的交线

② 用三面共点法求两平面共有点

图2-48是用三点共面法求两平面共有点的示意图,图中已给两平面 R、S。为求两

平面的共有点,取任意辅助平面 P,它与 R、S 的交线分别为 ⅠⅡ 和 ⅢⅣ,而 ⅠⅡ 和 ⅢⅣ 的交点 K_1 为三面共有,也为 R、S 两面共有。同理,作辅助平面 Q,可另找到一共有点 K_2。K_1K_2 即为 R、S 两平面交线。

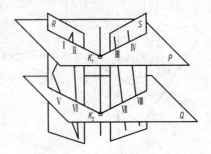

图 2-48 求两平面共有点的示意图

图 2-49 中 △ABC 和一对平行线 DE、FG 各决定一平面。为求该两平面的交线,根据图 2-48 原理,取水平面 P 为辅助平面。利用 P_v 有积聚性,分别求出平面 P 与原有两平面的交线 ⅠⅡ($12, 1'2'$) 和 ⅢⅣ($34, 3'4'$)。ⅠⅡ 和 ⅢⅣ 的交点 $K_1(k_1, k_1')$ 便为一个共有点。同理,以辅助平面 Q 再求出一个共有点 $K_2(k_2, k_2')$。K_1K_2 即为所求交线。

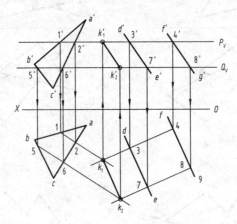

图 2-49 两个一般位置平面的交线

3. 投影图上的可见性问题

在图 2-50a 中已将直线 MN 和 △DEF 的交点 K 求出来了,但为了使图形更容易观看,可把直线 MN 被 △DEF 遮住的部分用虚线来表示,交点 K 是直线 MN 可见部分和不可见部分的分界点。

判断可见性的原理是利用重影点。在图 2-50(a) 上取一对位于同一正垂线上的重影点 Ⅰ($1, 1'$) 和 Ⅱ($2, 2'$)。点 Ⅰ 在 KN 上,点 Ⅱ 在 DE 上。从水平投影上观察得知,Ⅰ 比 Ⅱ 更远离 OX 轴,因此,KN 在 DE 前面,KN 在正面投影上可见。

同理,用同一铅垂线上的一对重影点 Ⅲ($3, 3'$) 和 Ⅳ($4, 4'$),可判定 MK 在 DE 的上面。也就是说,MK 在水平投影上可见。

它们的空间情况如图 2-50b 所示。

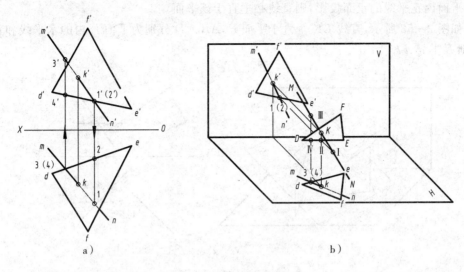

图 2-50 可见性问题

【例 2-16】 判别相交两平面的可见性(图 2-51a)。

解: 两平面交线是两平面在投影图上可见与不可见的交界线,根据平面的连续性,只要判别出平面一部分的可见性,另一部分自然就明确了,在每个投影上的四对重影点中任意选取一对判别即可,如图 2-51b 所示。

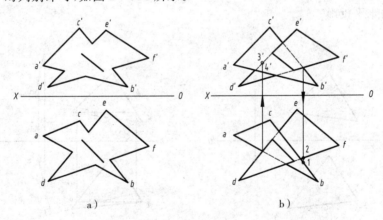

图 2-51 两相交平面的可见性

2.5.3 垂直问题

1. 直线与平面垂直

直线与平面垂直的投影关系可归纳为下列定理:

(1)若一直线垂直于一平面,则此直线的水平投影必垂直于该平面内水平线的水平投影;直线的正面投影必垂直于该平面内正平线的正面投影。

(2)若一直线的水平投影垂直于定平面内水平线的水平投影,直线的正面投影垂直于定平面内正平线的正面投影,则直线必垂直于该平面。

如图 2-52 所示,直线 LK 垂直于平面 P,AB、CD 分别为平面 P 内的水平线和正平线,则 $lk \perp ab, l'k' \perp c'd'$。

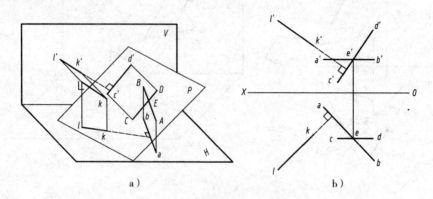

图 2-52 直线与平面垂直

【例 2-17】 已知 $\triangle ABC$,试过定点 S 作平面的法线(图 2-53a)。

解:根据上述两定理,若要在正投影图上确定平面法线的方向,必须先确定在该平面上的投影面平行线的方向。为此,如图 2-53b 所示,作 $\triangle ABC$ 上的任意正平线 BD 和水平线 CE。过 s' 作 $b'd'$ 的垂线 $s'f'$,便是所求法线的正面投影;过 s 作 ce 的垂线 sf,便是所求法线的水平投影。

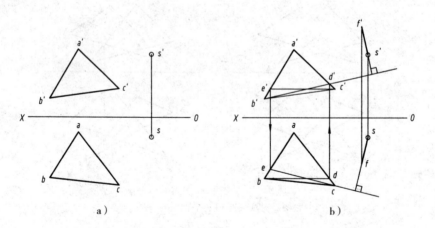

图 2-53 作定平面的法线

这里注意到,辅助线 BD 和 CE 与法线 SF 是不相交的。此处仅利用 BD 和 CE 的方向,和垂足无关。垂足是法线和平面的交点,必须按照直线与平面求交点的作图过程才能求得,其作法已在直线与平面的相交问题中讨论过。

若平面为特殊位置平面,则可使作图的方法简化。

如图 2-54a 所示,与正垂面垂直的法线必为正平线。如图 2-54b 所示,与铅垂面垂直的法线必为水平线。如图 2-54c 所示,与正平面垂直的法线必为正垂线。

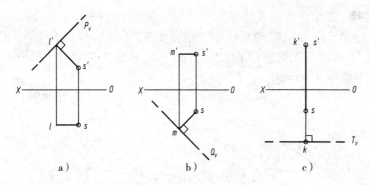

图 2-54 特殊位置平面的法线

【例 2-18】 已知定平面由两直线 AB 和 CD 给定,判断直线 MN 是否垂直于定平面(2-55a)。

解:直线 AB、CD 是正平线,作属于定平面的任意水平线 EF。如图 2-55b 所示,$m'n' \perp c'd'$,但 mn 与 ef 不垂直,故 MN 与定平面不垂直。

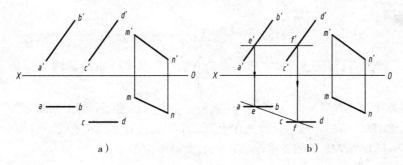

图 2-55 判断直线与平面是否垂直

2. 两平面相互垂直

由初等几何知道,若一直线垂直于一定平面,则这条直线所在的所有平面都垂直于该平面。反之,如果两平面互相垂直,则自第一个平面上任意点向第二个平面所作的垂线,一定在第一个平面上,如图 2-56 所示。

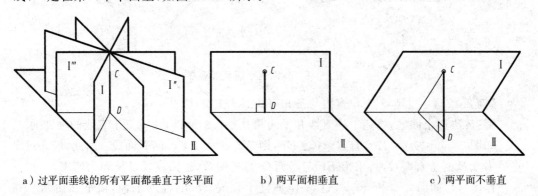

a) 过平面垂线的所有平面都垂直于该平面　　b) 两平面相垂直　　c) 两平面不垂直

图 2-56 两平面互相垂直示意图

【例 2-19】 过定点 S 作平面垂直于已知平面 $\triangle ABC$(图 2-57a)。

解：首先过点 S 作 $\triangle ABC$ 的垂线 SF，作法如图 2-53b，包含垂线 SF 的一切平面均垂直于 $\triangle ABC$。本题有无数解，如图 2-57b 所示，可作任意直线 SN 与 SF 相交，SN、SF 所确定的平面便是其中之一。

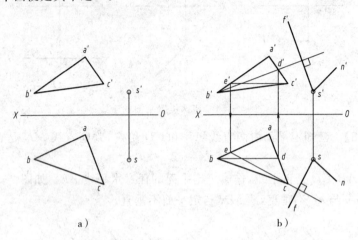

图 2-57　过定点作平面的垂直面

【例 2-20】 试判别 $\triangle KMN$ 与相交两直线 AB 和 CD 所给定的平面是否垂直(图 2-58a)。

解：任取平面 $\triangle KMN$ 的点 M，过 M 做第二个平面的垂线，再检查垂线是否属于平面 $\triangle KMN$。如图 2-58b，为作垂线，先作出第二个平面的正平线 CD(已有)和水平线 EF。作垂线 MS，经检查 MS 不属于平面 $\triangle KMN$，故两平面不垂直。

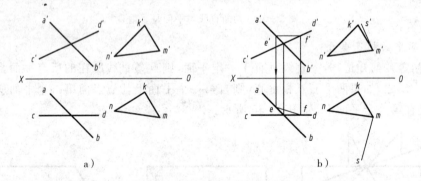

图 2-58　判断两平面是否垂直

【例 2-21】 过定点 A 作直线与已知直线 EF 正交(图 2-59a)。

解：解决这个问题，要用上述直线和平面相互垂直的原理，作垂直于直线的辅助面。

如图 2-59b 所示，若有直线 $AK \perp EF$，则 AK 必属于 EF 的平面 Q。因此，应先过定点 A 作 EF 的垂直面 Q，再求出 EF 与平面 Q 的交点 K，连接直线 AK 即为所求。

作图：(1)如图 2-59c 所示，过 A 作垂直于直线 EF 的辅助平面，该平面由水平线 AC 和正平线 AB 给定。(2)如图 2-59d 所示，求辅助垂直面与直线 EF 的交点。为此，过 EF 作辅助正垂面 S，求出交点 K。(3)连接 AK，则 $AK \perp EF$，即为所求。

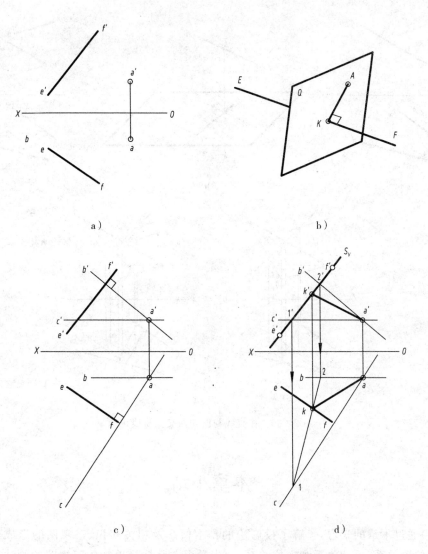

图 2-59 过定点作直线与一般位置直线正交

【例 2-22】 作一直线与交叉两直线 AB 和 CD 正交(图 2-60a)。

解:如图 2-60b 所示,过直线 CD 作一平面 P 与直线 AB 平行,平面 P 的法线方向即是交叉两直线的公垂线方向。再取 AB 上一点 M 作平面 P 的法线 MN,过垂足 N 作直线 EF 平行于 AB,EF 属于平面 P。直线 EF 与直线 CD 相交于一点 S。过点 S 作直线 ST 平行于直线 MN,ST 即为所求。

作图:(1)如图 2-60c 所示,过点 C 作直线 CG 平行于直线 AB,两相交直线 CD 与 CG 决定一平面 P,AB 平行于 P。(2)如图 2-60d 所示,过直线 AB 上任意点 M 作平面 P 的法线 MN,并运用辅助正垂面 Q 求出法线 MN 与平面 P 的垂足 N。(3)如图 2-60e 所示,过垂足 N 作直线 EF 平行于直线 AB,它与直线 CD 交于点 S。过 S 作 MN 的平行线 ST,它与 AB 交于点 T。直线段 ST 与两已知交叉直线同时垂直相交,即为所求。

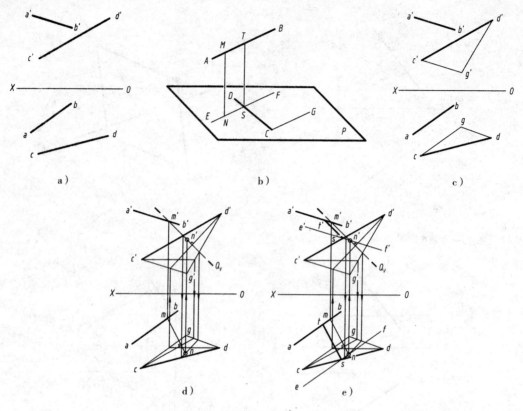

图 2-60 作直线与已知两交叉直线正交

本章小结

(1)通过本章的学习,了解了投影法的基本概念及相关知识、三视图的形成,掌握三视图的位置关系、尺寸关系和方位关系,初步学习并掌握简单物体三视图的画法。因此,熟练掌握基本体的投影特征,对今后画图、读图和标注尺寸都起着重要作用,在学习中应当重视。

(2)本章还学习了点、线、面的投影特性,熟练掌握各种位置直线及平面的投影特征,并且要求熟练掌握平面内取点、取线(包括平面内取投影面平行线)的作图方法,对下一章进一步分析基本体及基本体上取点、线和今后学习截交线的投影奠定基础。

第3章 基本体

在实际中,机件是由棱柱、棱锥、圆柱、圆锥、圆球、圆环等基本形体,或带切口、切槽等结构不完整的基本形体所组成的组合体。如图3-1a为一六角螺栓毛坯,它是由正圆柱和正六棱柱组合而成;图3-1b为一手柄,它是由圆球、圆锥台和正圆柱组合而成;图3-1c为一半圆头螺钉毛坯,它是由正圆柱和开有通槽的半圆球组合而成。由此可见,为了正确表达机件,必须对基本形体和经过组合后的组合体,进行形体分析和投影分析。

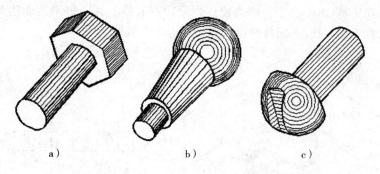

图3-1 常见的简单机器零件

根据立体的表面性质,基本体分为两类:一类其表面都是平面,称为平面立体;另一类其表面是曲面或曲面和平面,称曲面立体。

本章主要介绍基本体的形体特征、三视图投影分析及立体表面取点的基本作图方法,为组合体、机件表示奠定基础。

3.1 基本体

3.1.1 平面体

平面立体一般指棱柱和棱锥等。

由于平面立体是由平面围成。在投影图上表示平面立体就是把组成立体的平面和棱线根据其可见性表示出来。所以,图示平面立体就转化为一组平面多边形的投影问题,又可归结为绘制其表面棱线及各顶点的投影问题。而平面立体表面取点,取线的基本作图问题,也就是平面上取点、取线作图方法的应用。

1. 棱柱

(1)棱柱的形体特征

棱柱一般由上、下底面和侧棱面组成,直棱柱的顶面和底面是全等且互相平行的多边形,这两个多边形起着确定棱柱形状的主要作用,称为特征面;其矩形侧面、侧棱垂直于顶面和底面。

如图3-2a所示,正六棱柱的顶面、底面是全等和互相平行的正六边形(特征面),六个矩形侧面和六个侧棱垂直于正六边形平面。

(2)棱柱投影分析

在三面投影面体系中,为便于图示,一般放置上、下底面为投影面平行面,其他侧棱面为投影面垂直面或投影面平行面。

如图3-2b,正六棱柱上、下两底面均为水平面,它们的水平投影重合并反映实形,正面及侧面投影积聚为两条相互平行的直线。六个棱面中的前、后两个为正平面,它们的正面投影反映实形,水平投影及侧面投影积聚为一直线。其他四个棱面均为铅垂面,其水平投影均积聚为直线,正面投影和侧面投影均为类似形。

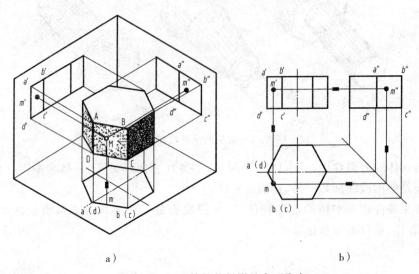

图3-2 正六棱柱的投影及表面取点

(3)棱柱三视图特点及作图步骤

棱柱三视图的特点是:在特征面所平行的投影面上投影为多边形,反映特征面的实形。这个多边形线框称为特征形线框,这个视图称为特征视图;另两个投影均为一个或多个相邻虚、实线的矩形组成,为一般视图。

画棱柱的三视图时,一般应先画特征视图(多边形),然后再画另两个一般视图(矩形)。当棱柱是对称形时,还应先画对称中心线。

(4)棱柱表面上点的投影

在平面立体表面上取点作图,关键是先找出点所在的平面在三视图中投影位置,然后利用平面上点的投影特性作图。

由于棱柱表面投影有积聚性,所以求棱柱表面上点的投影利用积聚性来作图。

如图3-2b所示,已知棱柱侧面 $ABCD$ 上点 M 的正面投影 m',求作另两面投影。

由于点 M 所属侧面 $ABCD$ 为铅垂面,因此,点 M 的水平投影必在该侧面在 H 面上的积聚性投影 $abcd$ 直线段上。由点 m' 可求得点 m,再由 m、m' 可求出 m''(见箭头所指)。

判断点投影可见性时,若点所在的面投影是可见的,则点同面投影也是可见的,反之不可见。在平面上积聚性投影的点,一般不必判断其可见性。

2. 棱锥

(1)棱锥的形体特征

棱锥表面由一底面和若干侧面组合而成。底面为多边形(特征面),各侧面为若干具有公共顶点的三角形,可以是投影面垂直面、投影面平行面或一般位置平面。从棱锥顶点到底面距离为棱锥的高。正棱锥的底面为正多边形。

(2)棱锥的投影分析

如图3-3a所示为一正三棱锥,它的表面由一个底面(正三边形)和三个侧棱面(等腰三角形)围成,设将其放置成底面与水平投影面平行,并有一个棱面垂直于侧投影面。

由于锥底面△ABC 为水平面,所以它的水平投影反映实形,正面投影和侧面投影分别积聚为直线段 $a'b'c'$ 和 $a''(c'')b''$。棱面△SAC 为侧垂面,它的侧面投影积聚为一段斜线 $s''a''(c'')$,正面投影和水平投影为类似形△$s'a'c'$ 和△sac,前者为不可见,后者可见。棱面△SAB 和△SBC 均为一般位置平面,它们的三面投影均为类似形。

棱线 SB 为侧平线,棱线 SA、SC 为一般位置直线,棱线 AC 为侧垂线,棱线 AB、BC 为水平线。

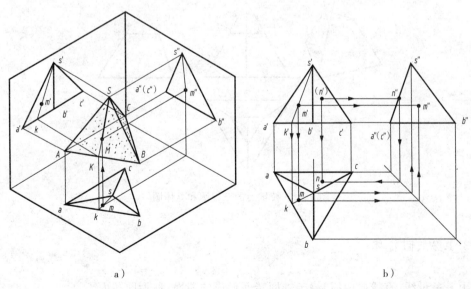

a) b)

图3-3 正三棱锥的投影及表面取点

(3)棱锥三视图特点及作图步骤

棱锥三视图特点:在与底面所平行的投影面上投影外形线框为多边形,反映底面实形,内线框由数个有公共顶点三角形所组成,这个视图称为特征形视图;另两个投影为单个或多个虚、实线具有公共顶点三角形组成,为一般视图。

画棱锥三视图时,一般先画底面的各个投影(先画反映底面实形,再画底面的积聚性直线段),然后定出锥顶 S 的各个投影,同时将它与底面各顶点的同面投影边线,得棱锥三视图。

(4)棱锥表面上点的投影

由于组成三棱锥的表面,既有特殊位置平面,也有一般位置平面。特殊位置平面上的点的投影,可利用积聚性投影直接作图。一般位置平面上的点的投影需通过辅助线法求得。

如图 3-3b 所示,已知正三棱锥表面上点 M 的正面投影 m' 和点 N 的水平面投影 n,求作 M、N 两点的其余投影。

因为 m' 可见,因此点 M 必定在△SAB 上。△SAB 是一般位置平面,采用辅助线法,过点 M 及锥顶点 S 作一条直线 SK,与底边 AB 交于点 K。图 3-2 中即过 m' 作 $s'k'$,再作出其水平投影 sk。由于点 M 属于直线 SK,根据点在直线上的从属性质可知 m 必在 sk 上,求出水平投影 m,再根据 m、m' 可求出 m''。

因为 n 可见,故点 N 必定在棱面△SAC 上。棱面△SAC 为侧垂面,它的侧面投影积聚为直线段 $s''a''(c'')$,因此 n'' 必在 $s''a''(c'')$ 上,由 n、n'' 即可求出 n'。

(5)棱台

棱台可看成平行于底面的平面截去棱锥顶部而形成的,如图 3-4 所示,棱锥台的形体特征、投影分析、三视图特点、作图步骤和求表面点投影的方法,可仿照棱锥进行。

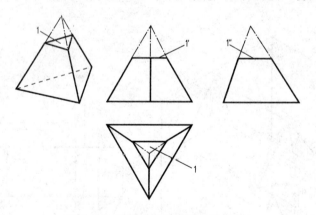

图 3-4 棱锥台的三视图和立体图

3.1.2 回转体

由一条母线(直线或曲线)绕定轴回转而形成的曲面,称为回转面。

表面是回转面或平面与回转面的立体,称为回转体。常见回转体有圆柱、圆锥、圆球和圆环等。由于回转面是光滑曲面,所以其投影图(视图)仅画出曲面对应投影面可见与不可见的分界线,这种分界线称为视图的轮廓线。

1. 圆柱

(1)圆柱面的形成

如图3-5所示,圆柱面可看成是由一条直线AA_1(母线)绕与其平行的轴OO_1回转而成的。圆柱面上任意一条平行轴线OO_1的直线,称为圆柱面素线。

圆柱的表面由圆柱面和上、下底面(圆平面)所围成。

(2)圆柱的投影

如图3-6a所示,圆柱轴线垂直于H面,圆柱上、下底面为水平面,其水平投影反映实形,正面和侧面投影积聚为横直线;圆柱面的水平投影积聚为圆周,在圆柱面上任何点、线的投影都重合在此圆周上,正面和侧面投影是相同矩形线框(表示不同方向圆柱面投影)。

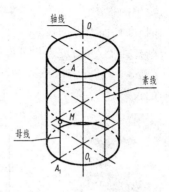

图3-5 圆柱面的形成图

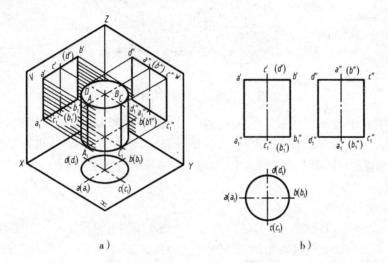

a) b)

图3-6 圆柱的三视图

图3-6b正面投影为矩形,其左右两边$a'a_1'$和$b'b_1'$是圆柱面最左和最右两条素线AA_1和BB_1的投影,也是圆柱面前半部可见、后半部不可见的分界线(即主视图圆柱面的轮廓线),它们的水平投影积聚为点$a(a_1)$、$b(b_1)$,侧面投影与轴线投影的点画线重合,由于圆柱面是光滑的,所以不再画线。

侧面投影为矩形,其左右两边$c''c_1''$和$d''d_1''$是圆柱面最前和最后两条素线CC_1和DD_1的投影,也是圆柱面左半部可见、右半部不可见的分界线,它们的水平投影积聚为点$c(c_1)$、$d(d_1)$,正面投影与轴线投影的点画线重合,由于圆柱面是光滑的,所以不再画线。

还应注意要用点画线表示圆柱对称中心线和轴线的投影,其他回转体都有类同要求。

(3)圆柱三视图特点及作图步骤

圆柱三视图特点:在圆柱轴线所垂直投影面上投影为圆,在轴线所平行两个投影面的投影为两个全等的矩形。

画圆柱的三视图时,应先画出圆的中心线和轴线,再画反映圆的视图,然后画两个投影为矩形的视图。

(4)圆柱面上点的投影

圆柱面上点的投影,均可借助圆柱面投影的积聚性求得。

【例 3-1】 已知如图 3-7 所示圆柱面上点 M 和 N 的正面投影 m' 和 n',求作其他两面的投影。

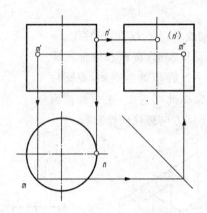

图 3-7 圆柱面上点的投影

因为圆柱面的投影具有积聚性,圆柱面上点的水平投影一定重影在圆周上。又因为 m' 可见,所以点 M 必在前半个圆柱面上,由 m' 求得 m,再由 m' 和 m,求得 m''。点 m'' 为可见;点 n' 在圆柱正面投影右边轮廓线上,由点 n' 直接求得点 n 和 n'',点 (n'') 为不可见。

2. 圆锥

(1)圆锥面的形成

如图 3-8 所示,圆锥面可看作是一条直母线 SA 围绕与它相交一定角度的轴线 SO_1 回转而成。在圆锥面上通过锥顶的任一直线称为圆锥面的素线。在母线上任意一点的运动轨迹为圆。圆锥表面由圆锥面和底面所围成。

(2)圆锥的投影

如图 3-9a 所示,圆锥轴线垂直于 H 面。圆锥底面水平投影为圆形,正面与侧面投影积聚为直线。圆锥面在三个投影面上投影都没有积聚性,在水平面投影与底圆投影重合,全部可见;正面投影为等腰三角形,表示前、后两个半圆锥面的投影,等腰三角形的两腰 $s'a'$、$s'b'$ 分别表示圆锥最左、最右 SA、SB 素线的投影,也是圆锥面前半部可见,后半部不可见的分界线(轮廓线)。其水平投影 sa、sb 与圆锥横向对称中心线叠合,侧面投影 $s''a''(b'')$ 与圆锥轴线重合,由于圆锥面是光滑曲面,所以都不画。

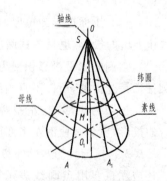

图 3-8 圆锥面的形成

侧面投影的等腰三角形及两腰 $s''c''$、$s''d''$,读者可按上述方法类似的分析,说明其投影含义和找出其他两个投影面的投影的位置。

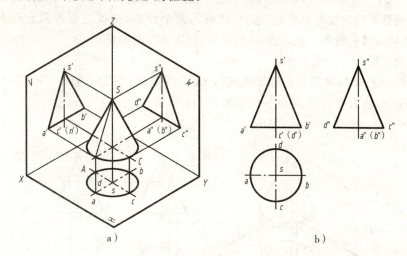

图 3-9　圆锥的三视图

(3) 圆锥三视图特点及作图步骤

圆锥三视图特点：在圆锥轴线所垂直投影面上投影为圆，在轴线所平行两个投影面上的投影为两个全等的等腰三角形。

画圆锥三视图时，应先画出圆的中心线和轴线，然后画底圆的各个投影（先画圆的实形，再画两个积聚性投影），再画出顶点的各个投影，最后画圆锥轮廓线。

(4) 圆锥面上点的投影

【例 3-2】　如图 3-10b 已知圆锥面上点 M 和 N 的正面投影 m' 和 n'，求作其他两面的投影。

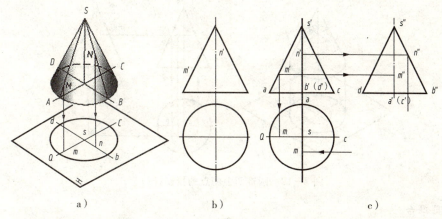

图 3-10　圆锥面上轮廓线上点的投影（一）

由于点 M、N 处在圆锥面正面和侧面的左和前的轮廓线 SA、SB 上，利用点在直线上投影从属性，由点 m' 求得 m、m'' 点；由点 n' 求得点 n''，再由点 n'' 求得点 n，其作图步骤见图 3-10a、c 所示的箭头。

这两个点的三面投影均属可见。

【例 3-3】 如图 3-11b 所示,已知点 M 的 V 面投影 m',求作其他两面的投影。

由于圆锥面投影没有积聚性,求点 M 的另两个投影,必须过圆锥面上点 M 引辅助线,然后在辅助线的投影上确定点 M 的投影,作图方法有两种:

①辅助线法

过圆锥面上点 M 和锥顶引辅助线 SA,SA 为圆锥面上素线(直线)。作图时,过点 m' 引 $s'a'$ 求得 sa,再由点 m' 求得点 m。如图 3-11 所示。

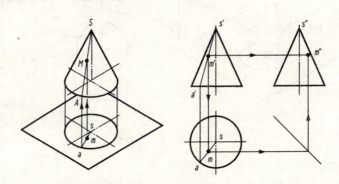

图 3-11 圆锥面上轮廓线上点的投影(二)

②辅助圆法

过圆锥面上点 M 作一垂直于圆锥轴线且平行 H 面的辅助圆,该圆的正面投影积聚一横向直线 $a'b'$,水平投影为圆(直径为 ab),点 M 投影应从属于辅助圆的同面投影上,即由点 m' 求得 m,再由 m'、m 求得 m'',见图 3-12 所示。

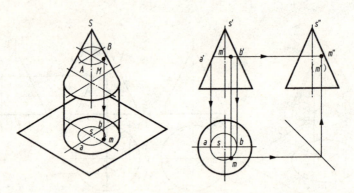

图 3-12 圆锥面上的点的投影(三)

3. 圆锥台

如图 3-13 所示,圆锥台可看成圆锥面被垂直圆锥轴线的平面切去圆锥顶部而形成。它的三个视图中,一个是同心圆,另两个是等腰梯形。其形体特征、投影分析、三视图特点、作图步骤求表面上点投影的方法,请读者参照圆锥进行。

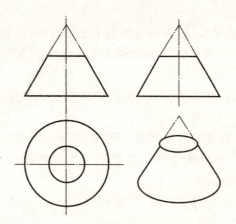

图 3-13　圆锥台的投影和立体图

4. 圆球

(1) 圆球面的形成

如图 3-14a 所示,圆球面可看成以一圆作母线,绕其直径为轴线旋转而成。母线圆上任意点 M 运动轨迹为大小不等的圆。

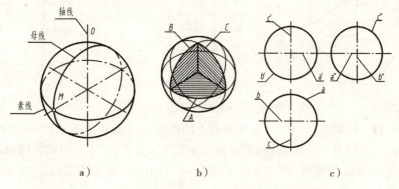

图 3-14　圆球的三视图

(2) 圆球的投影

圆球任何方向的投影都是等径的圆。图 3-14b、c 所示三个圆 a、b'、c'' 分别表示三个不同方向上圆球面轮廓线的投影。

主视图的圆 b' 表示球面前半个可见和后半个不可见的分界线,也是圆球面平行于正面的前后方向轮廓线的投影,与其对应投影 b、b'' 直线与俯、左视图上圆前后中心线重叠,但不画线。

俯视图的圆 a 则表示圆球上半部可见和下半部不可见的分界线,也是上下方向球面轮廓线的投影,其对应投影 a'、a'' 直线与主、左视图上圆的上下中心线重叠,也不画线。

左视图的圆 c'' 读者自行分析。

(3) 圆球三视图特点及作图步骤

圆球三视图都是圆。作图时应画三个圆的中心线,再画圆。

(4)圆球面上点的投影

由于圆球投影没有积聚性,且在圆球面也不能引直线,但它被任何位置平面截切圆球面交线都是圆。因此,在圆球面上取点,可过已知点在球面上作平行投影面的辅助圆(纬圆)方法求得。

【例3-4】 已知图3-15b所示,已知点 M、N 的正面投影 m' 和水平投影 n,求作其他两面投影。

点 M 处在前后半个圆球的分界线上,即在圆球正面轮廓线上,由点 m' 直接求得点 m、m''。点 N 处于上下半个圆球分界线上,即在水平轮廓线上,由点 n 直接求得 n'、n''。其投影分析见图3-15a、c所示。

由于点 N 从属于右半球面上,所以点 (n'') 为不可见,其他点均可见。

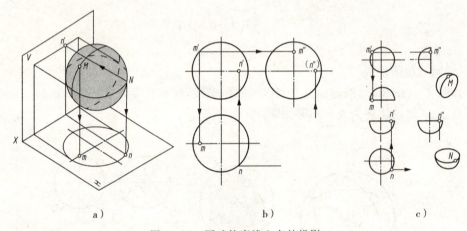

图3-15 圆球轮廓线上点的投影

【例3-5】 已知图3-16所示,圆球面上的点 M 的正面投影 m',求作其他两面投影。

过球面上点 M 作一水平纬圆,正面投影积聚为 $e'f'$ 直线,水平投影为圆,其直径等于 $e'f'$,因为点 M 从属于该圆,所以由点 m' 求得 m,再由 m'、m 求得点 m''。由于点 M 在左上半球上,所以点 m、m'' 均为可见。

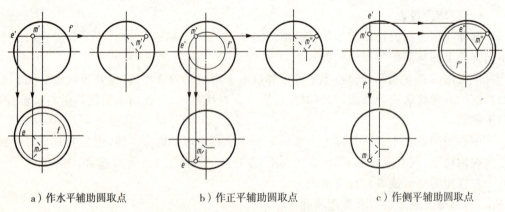

a) 作水平辅助圆取点 b) 作正平辅助圆取点 c) 作侧平辅助圆取点

图3-16 圆球面上点的投影

5. 圆环

(1) 圆环的形成

如图 3-17a 所示,圆环面可看成一圆母线,绕着与圆平面共面,但不通过圆心的轴线 OO_1 回转而成的。圆环的外环面是圆弧 ABC 旋转而成;圆环的内环面是圆弧 ADC 旋转而成。

(2) 圆环的投影

图 3-17b 所示,圆环轴线垂直于 V 面,正面投影两个同心圆分别表示前、后两个半环面的分界线(圆环面最大和最小的圆)的投影,是圆环面正面的轮廓线;点画线的圆表示母线圆中心运动轨迹的投影。

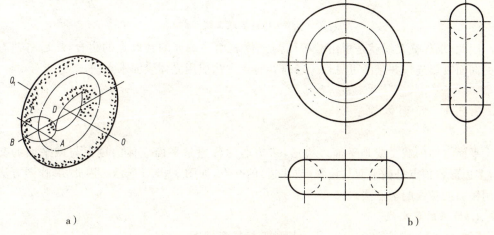

图 3-17 圆环的投影

水平投影的两个小圆是圆环面最左、最右素线圆的水平投影,由于内环面从上往下看为不可见,所以靠近轴线的两个半圆画成虚线。与两个小圆相切的轮廓线,表示内外环面分界圆的投影。

侧面投影请读者自行分析。

3.2 基本体的截交线

在机件上常常见到平面与立体、立体与立体相交而产生的交线:平面与立体相交而产生的交线,称为截交线,如图 3-18a、b;两立体相交而产生的交线,称为相贯线,如图 3-18c。本节主要介绍截交线的性质和作图方法。

立体被平面截切后的形体称截断体。该平面称截平面,截平面与立体表面的交线称截交线,由截交线所围成的平面称截断面。见图 3-18a、b 所示。

截交线的形状和大小取决于被截的立体形状和截平面与立体相对位置,但任何截交线都具有下列两个基本性质:

(1) 任何截交线都是一个封闭的平面图形(平面折线,平面曲线或两者的组合)。

(2) 截交线是截平面与立体表面共有线,是共有点的集合。

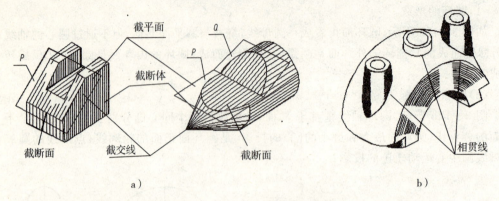

图 3-18 机件表面交线实例

因此,求作截交线就是求出截平面与立体表面一系列的共有点的集合,然后将共有点的同面投影连线并判断可见性。求作共有点方法应用立体表面求点法。

3.2.1 平面体的截交线

平面立体的截交线是平面多边形,多边形的各边是平面立体的棱面与截平面的交线,多边形各顶点是截平面与棱线(或底边)的交点,如图 3-19a 所示。因此,其作图方法应用棱面或棱线的求点法。

1. 棱柱的截交线

【例 3-6】 求作图 3-19a 所示切角四棱柱三视图。

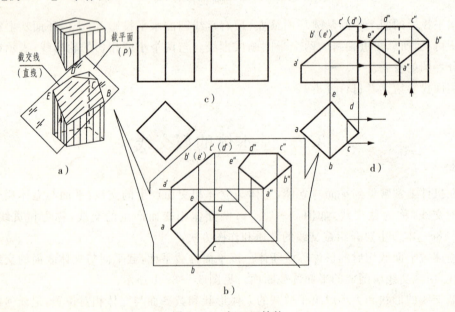

图 3-19 切口四棱柱

分析：

四棱柱被正垂面 P 切去一角，截交线为五边形 $ABCDE$。截交线的正面投影积聚在斜线上，反映切口特征；截交线的水平投影和侧面投影是五边形的类似形，见图 3-19a 及图 3-19b 截断面（五边形）的投影分析。

作图：

先画完整四棱柱三视图；再画出主视图斜线及俯视图线 cd，然后利用棱线求点法求得侧面投影点 a''、b''、c''、d''、e''，并顺序连成五边形；擦去被切去棱线及判断棱线的可见性，见图 3-19c、d。

2. 棱锥的截交线

【例 3-7】 如图 3-20a 所示，一带切口的正三棱锥，已知它的正面投影，求其另两面投影。

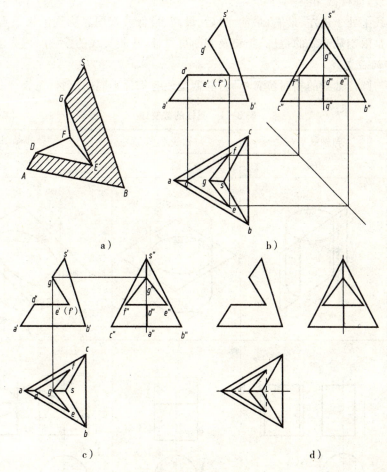

图 3-20 带切口正三棱锥的投影

分析：

该正三棱锥的切口是由两个相交的截平面切割而形成。两个截平面一个是水平面，一个是正垂面，它们都垂直于正面，因此切口的正面投影具有积聚性。水平截面与三棱锥的底面平行,因此它与棱面△SAB和△SAC的交线DE、DF必分别平行与底边AB和AC,水平截面的侧面投影积聚成一条直线。正垂截面分别与棱面△SAB和△SAC交于直线GE、GF。由于两个截平面都垂直于正面,所以两截平面的交线一定是正垂线,作出以上交线的投影即可得出所求投影。

3.2.2 回转体的截交线

回转体截交线一般是封闭的平面曲线,特殊情况是直线,如图3-18b所示。截交线上任一点都可看做是截平面与回转面素线(直线或曲线)的交点。因此,作图时在回转面上作出适当数量的辅助线(素线或纬线),并求出它们与截平面的交点的投影,然后依次光滑连成曲线,即得截交线。

在截交线上处于最左、最右、最前、最后、最高、最低及视图轮廓线上极限点称为特殊点。特殊点是限定截交线的范围、趋势及判断可见性,作相贯线的投影时应先求出。

1. 圆柱的截交线

截平面与圆柱轴线的相对位置不同,其截交线有三种不同的形状,见表3-1。

表3-1 圆柱的截交线

截平面位置	与轴线平行	与轴线垂直	与轴线倾斜
截交线形状	矩形	圆	椭圆
轴测图	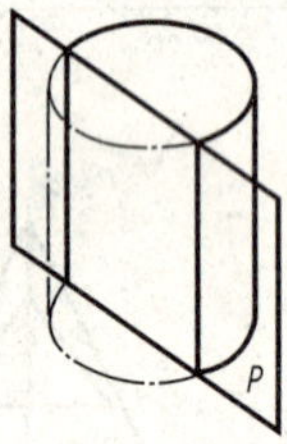	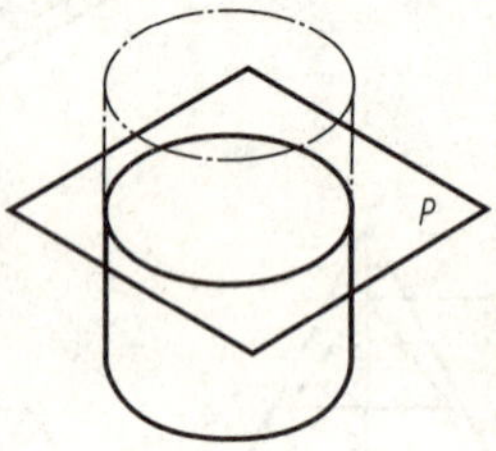	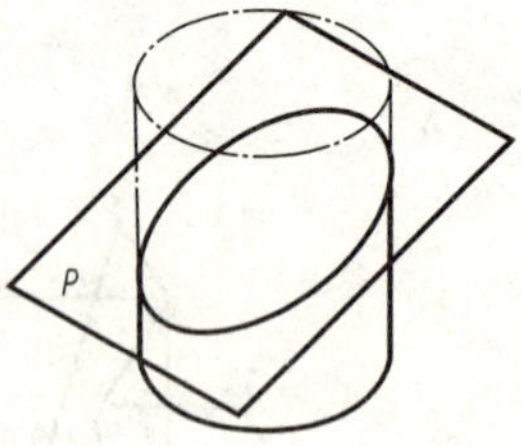
投影图	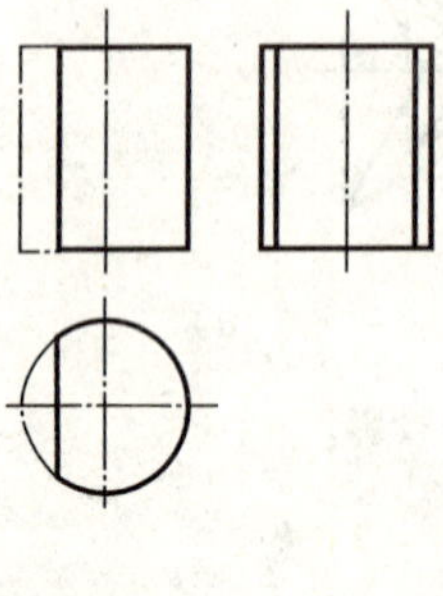	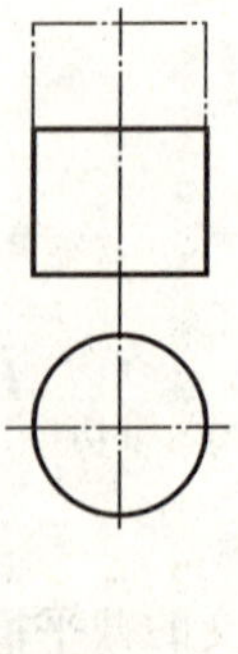	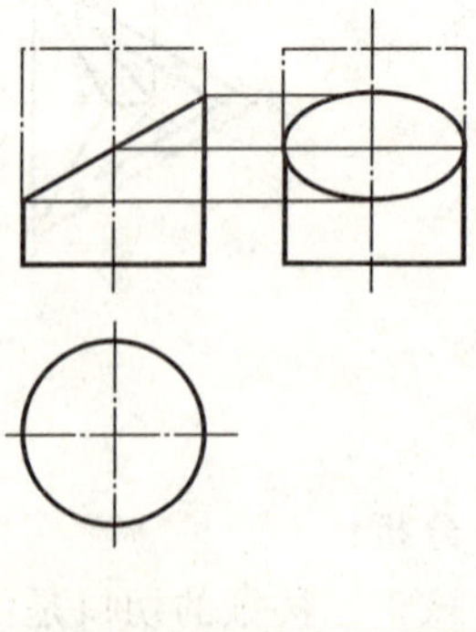

【例3-8】 求作图3-21a所示圆柱被正垂面截切后的截交线投影。

分析：

截平面（正垂面）与圆柱的轴线倾斜，故截交线为椭圆。

此椭圆的正面投影积聚为一直线上。水平投影与圆柱面的积聚性投影圆相重合，侧面投影为椭圆类似形。由于截交线两个投影具有积聚性（已知投影），应用积聚性取点法，找出对应两个已知点的投影，再应用"二求三"求出相应第三点。这种作图方法称为积聚性取点法。

作图：

(1)求特殊点：椭圆的长轴两端点Ⅰ、Ⅴ是最低、最高和最左、最右点，其正面投影在左右轮廓线上；椭圆的短轴两端点Ⅲ、Ⅶ为最前、最后点，其正面投影在前后轮廓线上，这四个点都是椭圆交线上的特殊点。作图时，先定出其正面投影 $1'$、$3'(7')$、$5'$，并求得点 $1''$、$3''$、$7''$、$5''$，如图中箭头所示。

(2)补充一般点：应用积聚性求点法求得。作图时，先在水平投影定出截交线上点 2、4、6、8（用等分圆得对称点），并求得点 $2'(8')$、$4'(6')$，由"二求三"求得点 $2''$、$4''$、$6''$、$8''$。

(3)连成光滑曲线：按顺序把侧面投影的点 $1''$、$2''$、$3''$……连成光滑曲线，即得所求。在求出长、短轴的四个特殊点后，也可用四心椭圆画法近似画出椭圆。

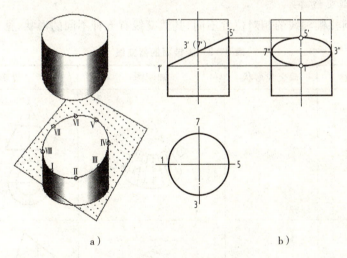

图 3-21 圆柱的截交线

【**例 3-9**】 如图 3-22a 所示，已知圆柱的主、俯视图，求其左视图。

分析：

如图 3-22a 所示，圆柱被两个侧平面和两个水平面所切。两个侧平面与圆柱轴线相平行，截交线在左视图上的投影是矩形，两个水平面与圆柱轴线相垂直，截交线在左视图上的投影是直线。

作图：

(1)先画完整圆柱的左视图

(2)左视图上矩形截交线的投影 a''、b''、c''、d'' 由 $a'(b')$、$d'(c')$ 和 ad、bc 求得。e'' 由 e' 求得。

(3)判断可见性并连线。

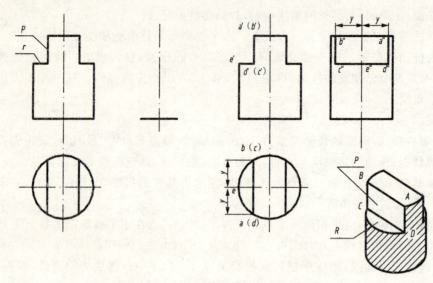

图 3-22 求作切口圆柱的左视图

2. 圆锥的截交线

截平面与圆柱锥轴线的相对位置不同,其截交线有五种不同的形状,见表3-2。

表 3-2 圆锥面的截交线

截平面位置	截交线形状	轴测图	投影图
垂直于轴线	圆		
倾斜于轴线	椭圆		
平行于一条素线	抛物线		

(续表)

截平面位置	截交线形状	轴测图	投影图
平行于轴线	双曲线		
过锥顶	两相交直线		

【例 3-10】 图 3-23 所示圆锥被正平面 P 截切,求作其截交线的投影。

分析:

圆锥面被平行于轴线(两条素线)的截平面 P 截切,截交线为双曲线,其水平面和侧面投影分别积聚为直线,正面投影为双曲线(实形)。

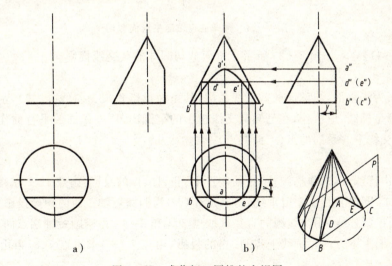

图 3-23 求作切口圆锥的主视图

作图方法:辅助圆法

(1)求特殊点:点 A 是最高点,由点 a'' 求 a' 和 a,B、C 为最左、最右点,是底面和截平面 P 的交点,由点 b、c 求得点 b'、c'。

(2)求一般位置点:在水平投影上做辅助圆与截交线的已知投影交于 d、e,由 d、e 求点d'、e'。

(3)连成光滑曲线:按顺序把正面投影的点b'、d'、a'、e'、c'连成光滑曲线,即得所求。

3. 圆球的截交线

圆球被任意方向的平面截断,其截交线都是圆。圆的大小取决于截平面与球心距离。当截平面平行于某一投影面时,截交线在该投影面上的投影为圆的实形,在其他两投影面上的投影都积聚为直线,其长度等于该圆的直径,如图3-24所示。当截平面是投影的垂直面时,截交线在该投影面投影积聚为直线,其他两个投影均为椭圆。

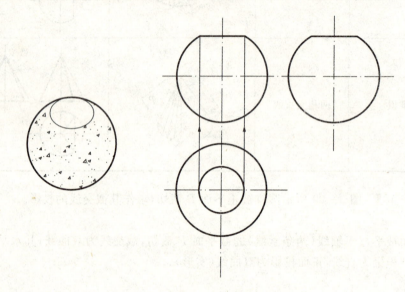

图3-24 圆球被投影面平行面截切

【例3-11】 求作图3-25所示正垂面截切圆球的截交线投影。

分析:

截平面为正垂面,与球面的截交线为圆,其正面投影积聚为斜线(已知),水平投影和侧面投影都是椭圆,应求作,在已知截交线投影的范围内,用投影面的平行面作辅助截平面,求得截交线上一系列的点(三面共点)。

作图:

(1)求作特殊点:求作椭圆长、短轴端点Ⅰ、Ⅱ、Ⅲ、Ⅳ的投影:由点$1'$、$2'$求得点1、2和$1''$、$2''$;过球心O'向直线$1'2'$引垂线,得垂足$3'(4')$为椭圆短轴正面的积聚投影,过这点引水平和侧面投影连线,用交线圆的直径截取点3、4和$3''$、$4''$,得椭圆短轴端点两面投影,

求做球面上下方向轮廓线上点Ⅶ、Ⅷ的投影,由点$7'(8')$求得点7、8,再由点7、8求得点$7''$、$8''$,

(2)求一般点:在截交线范围内作作辅助水平面P,求作辅助圆的水平投影,并由点$5'$ $(6')$引投影线和辅助圆交点5、6,由"二求三"求得点$5''$、$6''$,还可作一系列的点。

(3)将各点的同面投影依次光滑连接,即得截交线的水平投影和侧面投影。

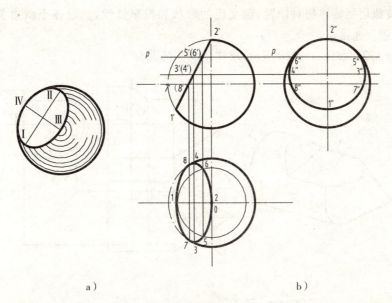

图 3-25　正垂面截切圆球的截交线投影

【例 3-12】　如图 3-26 所示,已知切槽半球的主视图,完成其俯、左视图。

分析:

半球通槽是被两个对称侧平面 P 和一个水平面 Q 的组合平面截切而成。槽两侧与球面交线为两段平等于侧面的圆弧,侧面投影反映实形,正面和水平投影积聚为直线;槽底和球面交线为等径两段圆弧,平行于水平面,水平投影为实形。正面与侧面投影积聚为直线。

作图过程如图 3-26b 所示。

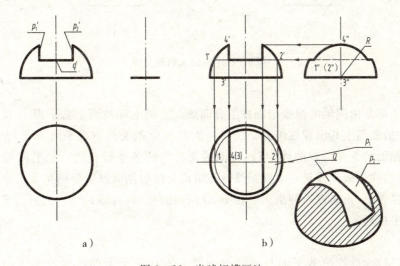

图 3-26　半球切槽画法

4. 共轴复合回转体的截交线

画共轴复合回转体的截交线,应先分析该立体由哪些回转体所组成的,再分析截平面与每个被截切回转体相对位置、截交线的形状和投影特性,然后逐个画出各回转体的截交线,并进行连接。

【例 3 - 13】 如图 3 - 27a 所示,求作顶尖头的截交线。

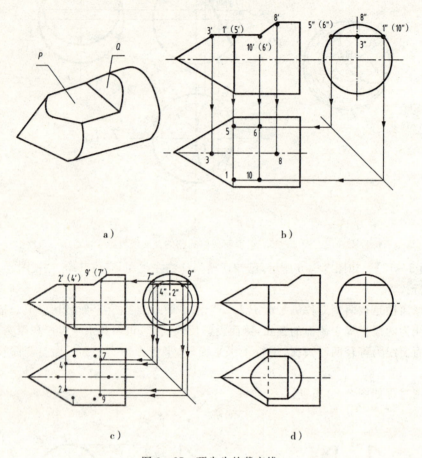

图 3 - 27 顶尖头的截交线

分析:

顶尖头部是由同轴的圆锥与圆柱组合而成。它的上部被两个截平面 P 和 Q 切去一部分,在它的表面上共出现三组截交线和一条 P 与 Q 的交线。截平面 P 平行于轴线,所以它与圆锥面的交线为双曲线,与圆柱面的交线为两条平行直线。截平面 Q 与圆柱斜交,它截切圆柱的截交线是一段椭圆弧。三组截交线的侧面投影分别积聚在截平面 P 和圆柱面的投影上,正面投影分别积聚在 P、Q 两面的投影(直线)上,因此只需求作三组截交线的水平投影。

作图:

(1) 求特殊点:找出截平面与立体表面共有点在正面上的已知投影 $3'$、$1'(5')$、$10'(6')$、$8'$。据圆锥表面上的点的投影的求法,双曲线的最左点在俯视图上的投影 3 由 $3'$ 直接求得,由 $1'(5')$ 先求出 $1''$、$5''$ 再据"二求三"求得 1、5 点,同样由点 $10'(6')$ 求出 $10''$、$6''$ 再据"二求三"求得 10、6 点,点 8 由 $8'$ 直接求得。见图 3 - 27b 所示。

(2)补充一般点:用辅助圆法求得2′(4′)的侧面投影2″、4″,再据"二求三"求得2、4点,由9′(7′)先求出9″、7″再据"二求三"求得9、7点。见图3-27c所示。

(3)按各自截交线的形状依次将各点顺序连接。如图3-27d所示。

特别注意:在截平面与截平面相交处有交线要画。

3.3 两立体表面的相贯线

两立体相交后的形体称相贯体。两立体表面的交线称相贯线,见图3-18轴承盖相贯线的实例。本节主要介绍常见回转体的相贯线。

两立体的形状、大小及相对位置不同,相贯线形状也不同,但所有相贯线都具有如下性质:

(1)相贯线是两相交立体表面的共有线,相贯线上点是两相交立体表面共有点。

(2)由于立体具有一定的范围,所以相贯线一般是封闭的空间曲线,特殊情况下是平面曲线或直线。

根据以上相贯线的性质,求作回转体相贯线的实质,就是求两回转体表面上一系列共有点,然后将求得各点按顺序光滑连接起来,即得相贯线。常见的作图方法有利用积聚性求点法和辅助截平面取点法。

3.3.1 利用积聚性法求相贯线

当两圆柱轴线正交或垂直交叉,轴线分别垂直于两个投影面时,则圆柱面在投影面上投影积聚成圆,相贯线的投影必积聚在该圆上,这样相贯线两个投影为已知,利用相贯线积聚性取点法,求作相贯线其他的投影。

相贯线与截交线一样,也有最左、最右、最前、最后、最高、最低及轮廓线上的点,这些点是相贯线的特殊点,作相贯线应先求得。

1. 求作两圆柱正交的相贯线

【例3-14】 如图3-28a所示,求正交两圆柱体的相贯线。

分析:

两圆柱体的轴线正交,且分别垂直于水平面和侧面。相贯线在水平面上的投影积聚在小圆柱水平投影的圆周上,在侧面上的投影积聚在大圆柱侧面投影的圆周上,故只需求作相贯线的正面投影。作图时,在相贯线的水平和侧面两积聚投影上取点,并找出相应的投影,用"二求三"的方法求得点的第三面投影。相贯线正面投影的前半部与后半部重合。

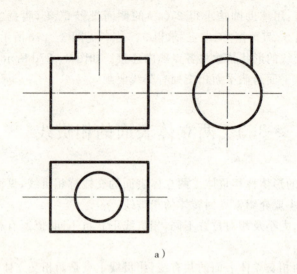

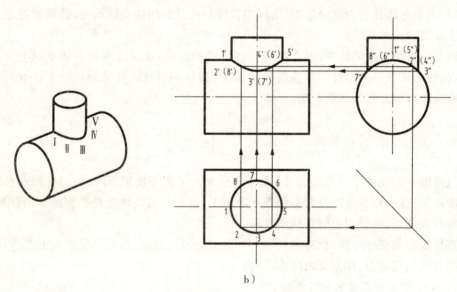

图 3-28 利用积聚性法求作正交两圆柱的相贯线(一)

作图：

(1) 求特殊点：最高点Ⅰ、Ⅴ也是最左、最右点及大、小圆柱轮廓线相交点，所以点 $1'$、$5'$ 直接定出；最低点Ⅲ、Ⅶ也是最前、最后及小圆柱前、后轮廓线与大圆柱面相交点，由点 $3''$、$7''$ 求得 3(7)

(2) 求一般点：在相贯线水平投影任取 2、4、6、8 对称点(一般用圆周等分而得)，在侧面投影求得对应点 $2''(4'')$、$8''(6'')$。

(3) 把各点按顺序连在光滑曲线

(4) 判断可见性：判断相贯线可见性原则是：当两回转体表面在该投影面上投影均可见，相贯线为可见(实线)，除此之外都是不可见(虚线)；可见性的分界点一定在外形轮廓线上。

由于相贯线前后对称,前半部相贯线可见,后半部相贯线不可见,两者相重合。
2. 求作两圆柱偏交的相贯线

分析:

两圆柱轴线垂直交叉且分别垂直于水平面及侧面,因此,相贯线与小圆柱的水平投影积聚在圆周上,相贯线的侧面投影积聚在大圆柱投影的圆周的一段圆弧上。只需求出相贯线的正面投影,作图方法用积聚性取点法。相贯线左右对称,前后不对称。如图3-29a所示。

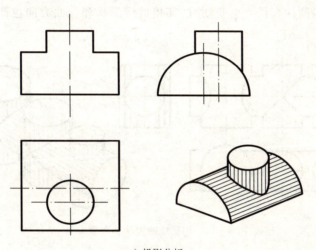

a)投影分析

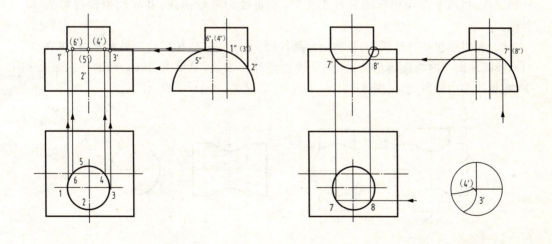

b)求作特殊点　　　　　　c)求作一般点,判断可见性,光滑连成曲线

图 3-29　利用积聚性求作两圆柱偏交相贯线(二)

作图:

(1)求特殊点:正面投影最前点 2′和最后点(5′)、最左点 1′和最右点 3′由侧面投影 2″和 5″,1″(3″)求得。正面投影的最高点(4′)、(6′),由点 4、6 和 6″(4″)求得(图 3-29b)。

(2)求一般点:在相贯线的水平投影和侧面投影上定出点 7、8 和 7″、(8″),再求出正面

投影点 $7'$、$8'$。(图 3-29c)

(3) 把各点按顺序连成光滑曲线及判断可见性:从水平投影可判断,点 $1'$ 和 $3'$ 是可见与不可见的分界点。按水平投影点的顺序将 $1'$、$7'$、$2'$、$8'$、$3'$ 连成实线,$3'$、$(4')$、$(5')$、$(6')$、$1'$ 连成虚线,即得所求(图 3-29c)。

具有相贯线上特殊点的轮廓线,其投影一定要画到该点的投影处,如图中局部放大图中大圆柱上轮廓线应画到点 $(4')$。

3. 相贯线的形状、弯曲方向及三种形式

(1) 当正交两圆柱直径大小变动时,其相贯线形状和弯曲方向也产生变化,如图 3-30 所示。

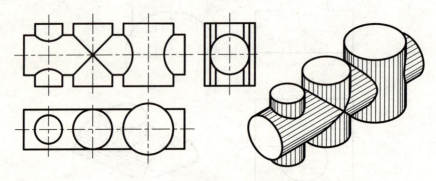

图 3-30 相贯线的形状及弯曲方向

当两个直径不相等圆柱正交时,相贯线的非积聚性投影,其弯曲趋势总是向着大圆柱的轴线;当两个直径相等的圆柱正交时,相贯线为椭圆曲线,其非积聚性投影为 45° 斜线。

(2) 相贯线包括三种形式:机件由两圆柱(外表面)相交,相贯线为外相贯线,见图 3-31a;外圆柱面与内圆柱面相交,其相贯线也是外相贯线,见图 3-31b;两圆柱内表面相交,相贯线为内相贯线,见图 3-31c。

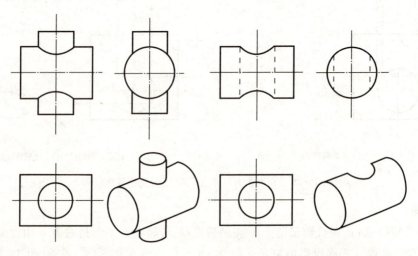

a) 两外圆柱面相交　　　　　　b) 外圆柱面与内圆柱面相交

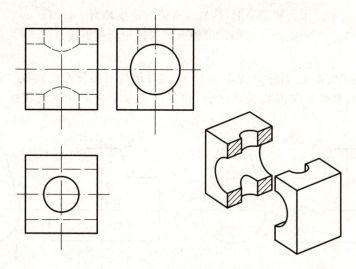

图 3-31 相贯线的三种形式

3.3.2 利用辅助平面法求相贯线

当已知相贯线只有一个投影有积聚性,或投影都没有积聚性,无法利用投影积聚性取点求作相贯线时,可用辅助平面求得,如图 3-32a 所示圆锥台与圆柱正交的相贯线。

辅助平面法就是用假想平面同时截切参与相交两回转体,得两组截交线的交点,即为相贯线上的点,如图 3-32b 所示。这种点既在辅助平面上,又在两回转表面上,是三面的共点。因此,利用三面共点原理可以作出相贯线一系列点的投影。

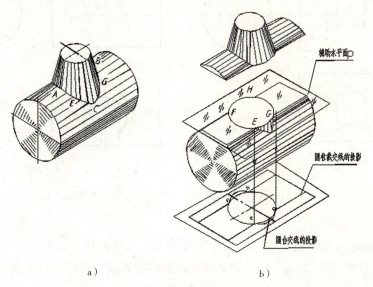

图 3-32 辅助平面法求作相贯线的投影原理

为了简化作图,使辅助截平面与回转体截交线的投影简单易画(如直线或圆),因此应选用特殊位置平面作为辅助平面,其最为常见的是投影面平行面。

【例 3-15】 求作图 3-33a 所示圆锥台和圆柱正交相贯线。

分析:

圆锥台和圆柱正交,其相贯线为左右、前后对称的封闭形空间曲线。由于圆柱轴线垂直于侧面,相贯线的侧面投影为已知,相贯线的水平投影和正面投影就求作。如图 3-33a。

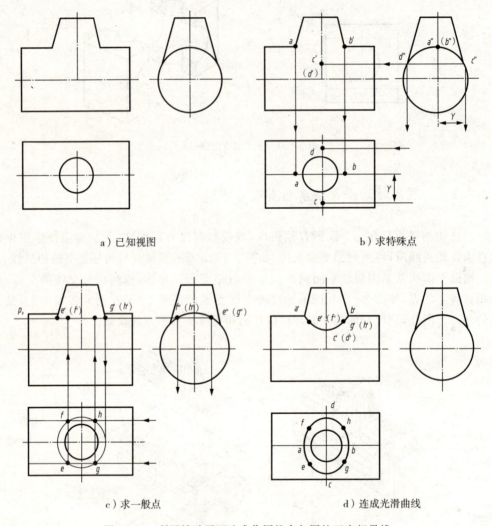

a) 已知视图　　　　　　　　　　b) 求特殊点

c) 求一般点　　　　　　　　　　d) 连成光滑曲线

图 3-33　利用辅助平面法求作圆锥台与圆柱正交相贯线

作图:

(1) 求特殊点:最左最右(最高)点 A、B 是圆锥台与圆柱轮廓线的相交点,由点 a'、b',求得点 a、b;最前最后(最低)点 C、D 是圆锥台前后轮廓线与圆柱面相交点,由点 c''、d'' 求得点 $c'(d')$ 及 c、d,见图 3-33b。

(2) 求一般点:按图 3-33b 所示的方法,在水平面求得辅助交线(直线与圆)的交点 e、f、g、h,再求得点 $e'(f')$、$g'(h')$ 见图 3-33。

(3)把各点顺序连成光滑曲线,并判断可见性。相贯线的正面和水平投影见图3-33d。

【例3-16】 求作图3-34a所示圆锥台和部分圆球的相贯线的投影。

分析:

由于圆锥台的轴线不通过球心,相贯体前后方向有公共对称面,所以相贯线是一条前后对称的封闭形空间曲线。由于球体和圆锥体的三个投影都没有积聚性(即相贯线没有已知投影),所以相贯线的三个投影均需求作,作图方法采用辅助平面法。

作图:

(1)求作特殊点。正面投影的最左(最低)、最右(最高)点 1′、3′是圆锥和圆球的正面轮廓相交点Ⅰ、Ⅲ的投影,由它求得点1,3和1″,3″,如图3-34b。

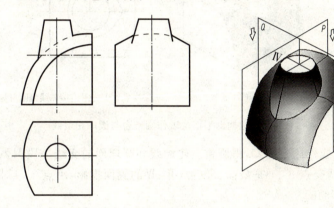

a) 投影分析

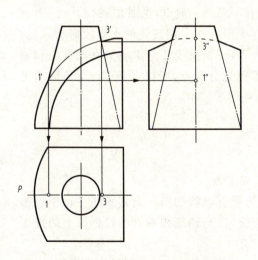

b) 利用辅助平面P求作正面轮廓线上的点

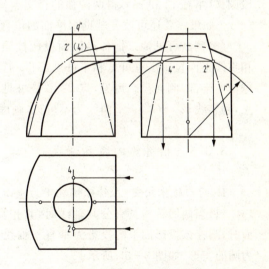

c) 利用辅助平面Q求作侧面轮廓线上的点

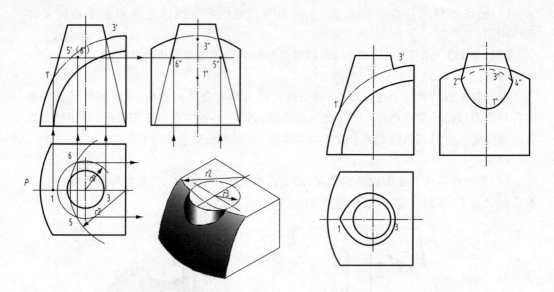

d）利用辅助平面R求作一般点　　　　　e）光滑连接曲线判断可见性，完成全图

图 3-34 利用辅助平面法求作圆锥台与圆球相贯线

通过圆锥面轴线作侧平面Q，得圆锥台轮廓线和圆球面的交线一段圆弧（半径为r1）的侧面投影，得两线交点 $2''$、$4''$ 是最前、最后点Ⅱ、Ⅳ的侧面投影，由点 $2''$、$4''$ 求得点 2、4 和点 $2'(4')$，见图 3-34c。

（2）求一般点。在点Ⅰ与点Ⅲ之间，作辅助水平面，与圆锥面和球面相交线分别为两段圆弧（半径 r2 和 r3），得两圆弧的相交点Ⅴ、Ⅵ的水平投影 5、6，再求得点 $5''$、$6''$ 和点 $5'(6')$。如果需要还可改变辅助水平面的位置，求作一系列一般点，见图 3-34d。

（3）判断可见性。把各点同面投影按顺序连光滑曲线。相贯线的水平投影为可见；相贯线正面投影虽有可见和不可见部份，但两者重合；相贯线Ⅱ-Ⅰ-Ⅵ在圆锥面和圆球面左半部，侧面投影可见，点 $2''$、$4''$ 是可见与不可见分界点，所以 $2''-1''-4''$ 曲线为可见，画实线；$2''-(3'')-4''$ 曲线为不可见，画虚线，见图 3-34e。

3.3.3 相贯线的特殊情况

1. 两回转体相交，在特殊情况下为平面曲线或直线。

（1）当两回转体具有公共轴线时，其相贯线为垂直轴线的圆。当其轴线平行于投影面时，圆在该投影面上的投影为垂直于轴线的直线，在与轴线相垂直的投影面上的投影为圆的实形，如图 3-35 所示。

（2）圆柱与圆柱、圆柱与圆锥的轴线相交，并公切于一圆球时，其相贯线为椭圆，在两相交轴线所平行投影面上的投影积聚为直线段，其他投影为类似形（圆或椭圆），见图 3-36 所示。

第3章 基本体

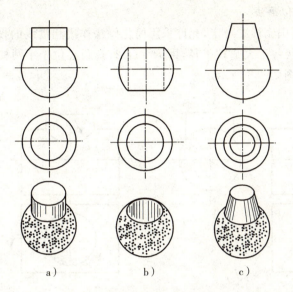

图3-35 同轴回转体的相贯线

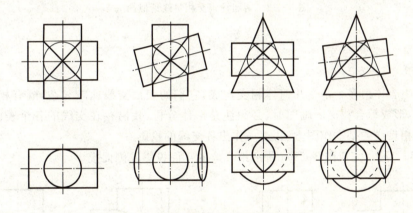

图3-36 两回转体公切圆球的相贯线

3. 两圆柱轴线平行或两圆锥轴线相交时,相贯线为直线,如图3-37所示。

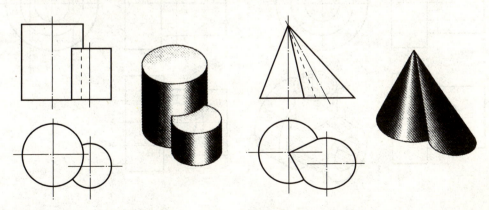

图3-37 两圆柱轴线平行和两圆锥轴线相交的相贯线

2. 相贯线的近似画法

为了简化作图，国家标准规定，允许采用简化画法作出相贯线的投影，即以圆弧代替非圆曲线。圆弧半径等于大圆柱半径，即 $R=D/2$，其圆心位于小圆柱轴线上，具体简化画法的作图过程如图3-38所示。

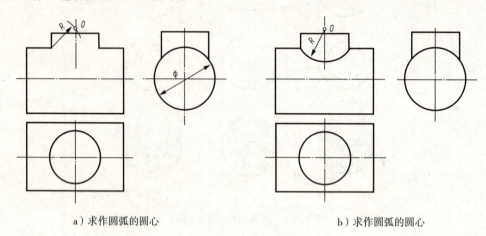

a）求作圆弧的圆心　　　　　　　　b）求作圆弧的圆心

图3-38　两圆柱正交相贯线近似画法

3.3.4 综合相交

有些组合体由多个基本几何体相交构成，它们的表面交线比较复杂，既有相贯线又有截交线，形成综合相交。画图时，必须注意形体分析，找出存在交线的各个表面，应用截交线和相贯线的基本作图方法，逐一作出各交线的投影。

【例3-17】 完成图3-39a所示组合体的正面投影及侧面投影。

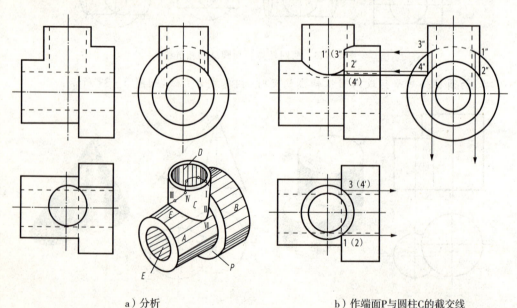

a）分析　　　　　　　　　　b）作端面P与圆柱C的截交线

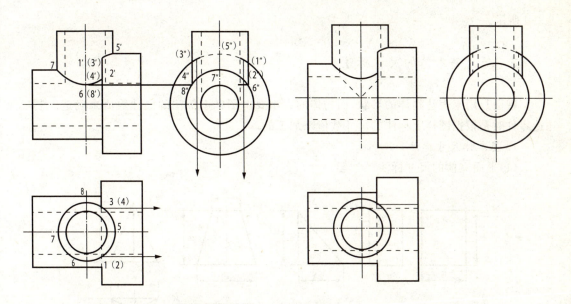

c)作圆柱A,C和B,C间的相贯线　　　　　　　d)作圆柱孔D,E间的相贯线

图 3-39　立体综合相交的作图方法和步骤

1. 分析

(1) 形体分析　由图示可知,组合体前后对称,由三个空心圆柱 A、B、C 组成,圆柱 A 和 B 同轴;圆柱 C 的轴线与圆柱 A,B 的轴线垂直相交;圆柱 B 的端面 P 与圆柱 C 截交;竖直圆柱孔 D 与水平圆柱孔 E 的轴线相交,见图 3-39a 所示。

(2) 投影分析　圆柱 A,C 的相贯线是空间曲线;圆柱 B,C 的相贯线也是空间曲线;圆柱 B 的端面 P 与圆柱 C 之间的截交线是两直线段。由于圆柱 C 的水平投影有积聚性,这些交线的水平投影都是已知的。

圆柱孔 D 与圆柱孔 E 的直径相同,轴线相交,交线为两个部分椭圆。由于圆柱孔 D 的水平投影和圆柱孔 E 的侧面投影都有积聚性,交线的水平投影和侧面投影都是已知的。

2. 作图

(1) 作端面 P 和圆柱孔 C 之间的截交线　端面 P 和圆柱孔 C 之间的截交线 Ⅰ、Ⅱ和 Ⅲ、Ⅳ 是两条垂直于水平面的直线段,可根据水平投影 1(2),3(4),作出它们的侧面投影 1″、2″、3″、4″ 和正面投影 1′、2′、3′、4′,如图 3-39b 所示。

(2) 作圆柱 A,C 和 B,C 间的相贯线　根据圆柱 C 的水平投影具有积聚性,可直接求出圆柱 A,C 和 B,C 间的相贯线的水平投影 2、6、7、8、4 和 1、5、3,又根据圆柱 A、B 轴线垂直于侧面,它们的侧面投影具有积聚性,可直接求出圆柱 A,C 和 B,C 间的相贯线的侧面投影 2″、6″、7″、8″、4″ 和 1″、5″、3″,最后求出它们的正面投影 2′、6′、7′、8′、4′ 和 1′、5′、3′,如图 3-39c 所示。

(3) 作出内表面之间的相贯线　从以上分析可知内表面之间的交线为两个部分椭圆,其水平投影和侧面投影都是已知的,其正面投影为两直线段,可直接求出,如图 3-

39d 所示。

3.3.5 基本体的尺寸标注

视图只用来表达物体的形状,而物体的大小要由图样上标注的尺寸数值来确定。制造零件时是根据图样上标注的尺寸数值来加工的。

1. 基本体尺寸标注

(1)平面立体的尺寸标注

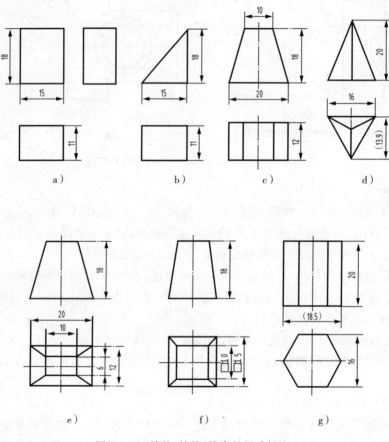

图 3-40 棱柱、棱锥、棱台的尺寸标注

平面立体一般标注长、宽、高三个方向的尺寸,棱柱和棱锥应标注确定底面大小的尺寸,还应标注高度尺寸。棱锥台应标注确定上下底面大小的尺寸外,也应标注高度尺寸。为了便于读图,确定底面形状的两个方向尺寸,一般应集中标注在反映实形的视图(即特征视图)。如图 3-40 所示。

其中正方形的尺寸可采用如图 3-40f 所示的形式注出,即在边长尺寸数字前加注"□"符号。图 3-40d、g 中加"( )"的尺寸称为参考尺寸。底面为正多边形的棱柱、棱锥,根据需要可注外接圆直径,也可采用其他形式标注,如正六棱柱也可注对边距离,正三棱锥标注边长。如图 3-40d、g 所示。

(2) 回转体的尺寸标注

圆柱和圆锥应注出底圆直径和高度尺寸,圆锥台还应加注顶圆的直径。直径尺寸应在其数字前加注符号"ϕ",一般注在非圆视图上。这种标注形式用一个视图就能确定其形状和大小,其他视图就可省略,如图3-41a、b、c所示。

标注圆球的直径和半径时,应分别在"ϕ、R"前加注符号"S",如图3-41d、e所示。

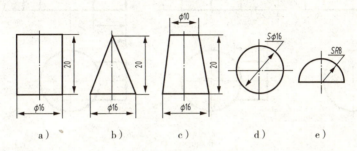

图3-41 回转体的尺寸标注

2. 截断体尺寸标注

标注截断体的尺寸,除了标注基本体的定形尺寸外,还应标注确定截断面的定位尺寸,并应把定位尺寸集中标注在反映切口、凹槽的特征视图上。

当截断面位置确定后,截交线随之确定,所以截交线上不能再标注尺寸,见图3-42。

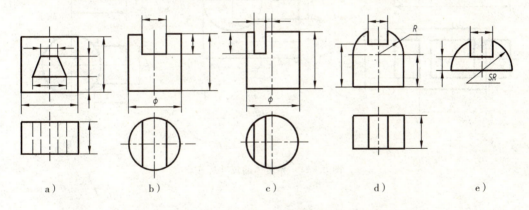

图3-42 截断体的尺寸标注

3. 相贯体的尺寸标注

相贯体除了标注出参与相交的两个基本体的大小尺寸外,还应注出确定两基本体的相对位置尺寸,并应注在反映两形体相对位置特征的视图上,如图3-43a所示。

当两相交基本体的形状、大小及相对位置确定后,相贯线的形状、大小及位置自然确定,因此,相贯线不能再注尺寸,图3-44b、c、d、e、f中打"×"的尺寸是错误的注法。

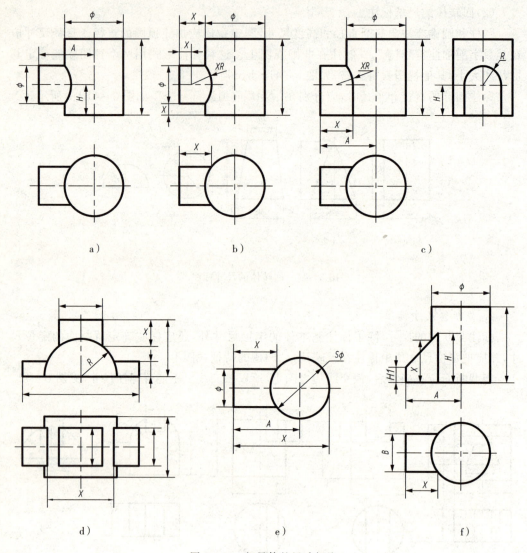

图 3-44 相贯体的尺寸标注

本章小结

(1)基本体是形成组合体的基本单元,因此,熟练掌握基本体的投影特征,对今后画图、读图和标注尺寸都起着重要作用,在学习中应当重视。为了便于画图和看图,在绘制平面体三视图时,应尽可能地将它的一些棱面或棱线,放置在与投影面平行或垂直的位置。所以,画平面体的投影图,实质是画出所有棱线和底边的投影。绘制回转体三视图时,应将其轴线放置成与投影面垂直的位置,并画出其最外面的轮廓素线。

(2)在基本体的三视图上,图线的可见性的判断方法基本上是一样的。对某投影面而言,凡可见表面与不可见表面的分界线必为可见,它们是该视图的轮廓线(或转向轮廓素线)。在视图的轮廓线之内还有线的话,凡两可见表面的交线必为可见;凡两不可见的表面的交线必为不可见。它们的可见性可通过观察分析,也可利用重影点进行判断。

(3) 基本体的尺寸标注首先应符合国家标准的要求,做到正确标注。其次,标注的尺寸应不多不少,达到完整标注的目的。实际标注时,可用绘图的方法来检查尺寸的多少,若按自己标注的尺寸恰好可以画出基本体,则尺寸正好;若画不出视图,则说明漏注了尺寸;若画完图还有没用到的尺寸,则说明多注了尺寸。最后,标注的尺寸应清晰,对于平面体和一般柱体,应将尺寸集中标注在特征视图上;对于回转体,应将尺寸集中标注在非圆视图上。

(4) 所有柱体(包括棱柱、圆柱和一般柱体)的读图方法是一样的,都是由特征面形拉出一定的厚度去想象其形状。

(5) 在学习了点、线、面、基本体投影的基础上,进一步分析不完整形体的投影。重点是要掌握平面截切立体时交线的基本性质(共有点),根据这一基本性质,得出求作截交线的基本方法就是求截平面与立体表面一系列共有点。

(6) 掌握回转体相交时相贯线的求法。学习时,首先要弄清楚相贯线的基本性质;其次要熟悉相交回转体的形状、相对位置和大小对相贯线形状的影响,学会分析相贯线形状的变化规律。

(7) 求作相贯线的方法主要是利用圆柱的积聚性和辅助平面法两种方法。凡相交回转体之一是圆柱的,就可以利用圆柱的积聚性作图;若相交回转体没有积聚性,则用辅助平面法作图。由于三维 CAD 软件的广泛应用,采用三维数字建模后再转工程图的方法已得到普及,因此,只需掌握常见的圆柱的相贯线即可,辅助平面法求作相贯线的方法仅需初步了解。

第4章 组合体

4.1 三视图的形成及其投影规律

由基本形体叠加或挖切所形成的形体称为组合体。从几何学观点看,所有机械零件都可以被抽象的看成是组合体。

4.1.1 三视图的形成

将物体放置在三面投影体系第一视角中,分别向三个投影面(V、H、W)投影所得的图形,称为三视图。其正面(V)投影称为主视图,水平(H)投影称为俯视图,侧面(W)投影称为左视图,如图4-1所示。三面投影展开后,三视图也随之展开,其配置位置如图4-1b所示,由于用正投影图表示的形状大小与其离投影面的远近无关,因此,画三视图时,不必画出投影轴。

为了便于画图和看图,通常将物体摆正,尽量使物体的表面和对称面、对称线或回转体轴线相对于投影面处于特殊位置,并将 OX、OY 和 OZ 轴的方向分别设为物体的长度方向、宽度方向和高度方向。

4.1.2 三视图的投影规律

画三视图时,可见的轮廓线用粗实线绘制,不可见的部分用虚线绘制。

(1)配置关系:由投影面的展开规则可知,主视图不动,俯视图在主视图正下方,左视图在主视图的正右方。按此规律配置时,不必标注视图的名称。

(2)投影关系:三视图的每个视图只能反映物体两个方向的尺寸。主视图反映物体的长度和高度,俯视图反映物体的长度和宽度,左视图反映物体的高度和宽度。在画和看物体三视图时,都遵守"长对正、高平齐、宽相等"的规律。

(3)方位关系:如图4-1所示,物体有上、下、左、右、前、后六个方位,每个视图只能反映物体的空间四个方位,主视图反映物体的上下和左右关系;俯视图反映物体左右和前后关系;左视图反映物体上下和前后关系。

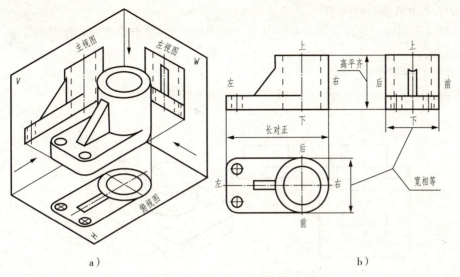

图 4-1 三视图的形成

4.2 组合体的组合形式及其形体分析

大多数机器零件都可以看作是由几个基本体组合而成的组合体。为了便于画图、看图和标注尺寸,通常假想把组合体分解成若干基本形体,并弄清各基本形体的形状、组合形式及其相对位置关系,以使复杂的问题简单化。

4.2.1 组合体的组合形式及其相对位置

1. 组合形式

组合体的组合形式可分为:叠加和挖切两种基本形式,通常是叠加和挖切的综合,如图 4-2 所示。

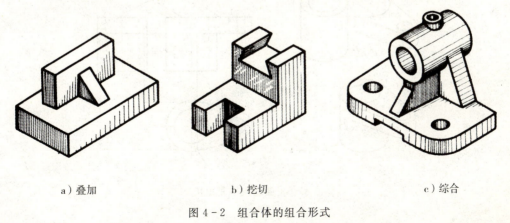

图 4-2 组合体的组合形式

2. 组合体表面间的相对位置

组合体邻接表面间的连接关系是画组合体三视图的关键,组合体表面连接具有下面几种典型的形式。

(1) 平齐与不平齐

① 两表面间不平齐的连接处应有线隔开,如图 4-3 所示。

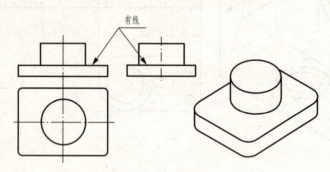

图 4-3 表面不平齐

② 两表面间平齐的连接处不应有线隔开,如图 4-4 所示。

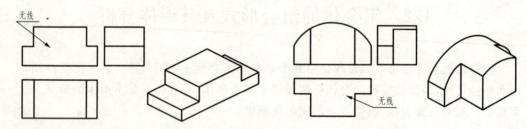

图 4-4 表面平齐

(2) 相切

当组合体上的曲面与曲面,曲面与平面相切时,其相切处光滑过渡,不存在交线,如图 4-5 所示。

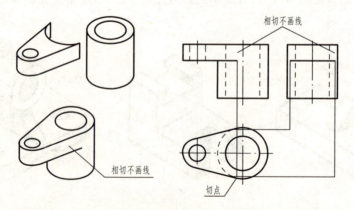

图 4-5 曲面与平面相切

曲面与曲面相切时,如果相切两表面存在公切面(平面或圆柱面)并垂直于投影面,在该投影面的图上应画出线,如图 4-6 所示。

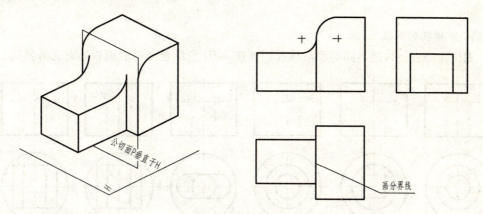

图 4-6 曲面与曲面相切

(3) 相交

当基本立体表面相交时,应画出交线,有截交线和相贯线两种,如图 4-7 所示。

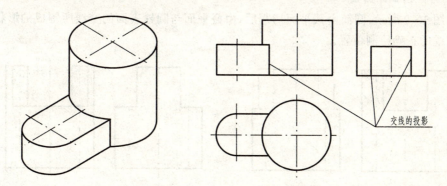

a) 截交线

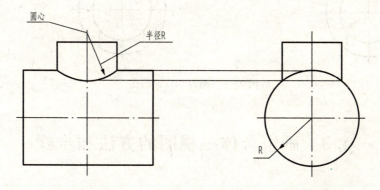

b) 相贯线的简化画法

图 4-7 相交

4.2.2 典型结构的画法

1. 阶梯孔的画法

如图4-8所示,是不同类型阶梯孔的画法,应注意结合处的表面投影有无分界线。

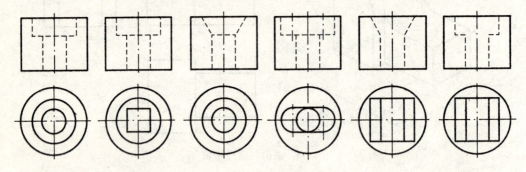

图4-8　各种阶梯孔的画法

2. 圆筒切口的画法

如图4-9所示,圆筒由截平面切割后,由截平面与圆柱表面的交线所围成的形状,应注意交线的正确绘制位置。

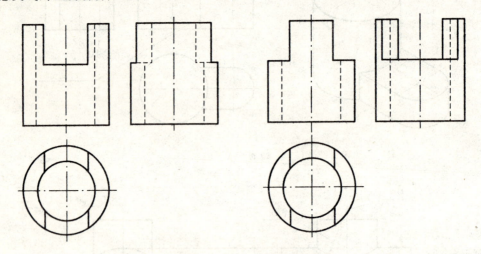

图4-9　圆筒切口的画法

4.3　画组合体三视图的方法和步骤

1. 形体分析

画组合体三视图之前,应该对组合体进行形体分析,将组合体分解为若干基本体,并分析它们的形状、相对位置、组合形式以及表面连接关系。

如图4-10所示,支座是由底板、竖板、挡板、支撑板组成,竖板、支撑板、挡板放置在底板的上面,支撑板竖板相切,并与底板后面平齐,竖板与挡板相贴,并与底板右侧面平齐。

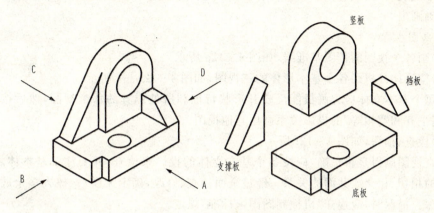

图4-10 支座的形体分析

2. 确定主视图

主视图通常是反映物体主要形状的视图。选择主视图就是确定主视图的投影方向相对于投影面的放置问题。一般是选择反映形状特征最明显、反映形体间相对位置最多的投影方向作为主视图的投影方向,并尽可能使形体上主要表面平行于投影面,以便使投影能得到实形,同时考虑组合的自然安放位置,还需兼顾其他视图的表达。

如图4-11所示的几个视图中,该组合体(支座)以 A 方向作为主视图的投影方向,并将其按自然位置放置。

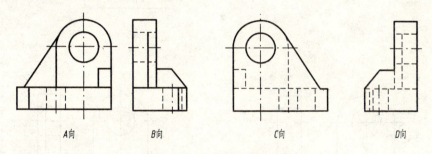

图4-11 主视图方案的比较

画组合体三视图之前,应该对组合体进行形体分析,将组合体分解为若干基本体,并分析它们的形状、相对位置、组合形式以及表面连接关系。

3. 确定比例,选定图幅

在一般情况下,画图尽可能采用1∶1的比例。根据组合体的长、宽、高尺寸及所选用的比例,选择合适幅面的图纸。根据主视图长度方向尺寸和左视图宽度尺寸,计算出主、左视图间以及与图框边线间的空白间隔,使主、左视图沿长度方向均匀分布。同样根据主视图的高度尺寸和俯视图的宽度尺寸计算出上下的空白间距,使主、俯视图沿高度方向均匀分布。当选定的图纸固定到图板上后,应先画好图框和标题栏,然后根据计算结果用基准线将三视图的位置固定在图纸上。基准线常采用对称线、轴线和较大的投影面平行面的积聚性投影线。主视图的位置由长、高方向的基准线确定,左视图由高、宽方向的基准线确定,俯视图由长、宽方向的基准线确定。这些基准线应根据前面计算出的尺寸精确画出。

4. 画图步骤

(1) 画各个视图的作图基准线,如图 4-12a 所示。

(2) 按形体分析画各个基本形体的三视图,如图 4-12b~e 所示。

对每个基本立体应先画最能反映其形状特征和所处位置的那个视图,然后按照"长对正、高平齐和宽相等"的投影关系画出其他视图。

(3) 检查、描深,如图 4-12f 所示。

检查视图画得是否正确,应按各个基本立体的投影来检查,并要注意基本体之间邻接表面的相切、相交或共面的关系。经过全面检查、修改,确定无误后,擦去多余底稿线,方可描深。描深时,应遵守"机械制图国家标准"规定。

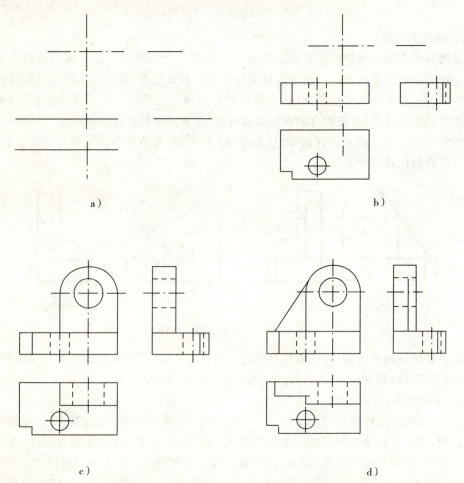

a)   b)

c)   d)

第 4 章 组合体

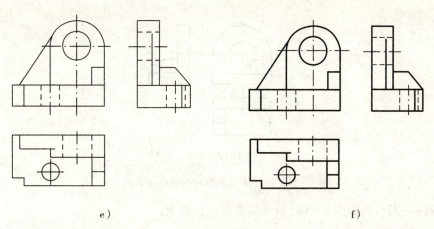

e)　　　　　　　　　　　　　　f)

图 4-12　画支座三视图的步骤

5. 画组合体三视图举例

【例 4-1】 画如图 4-13a 所示组合体的三视图。

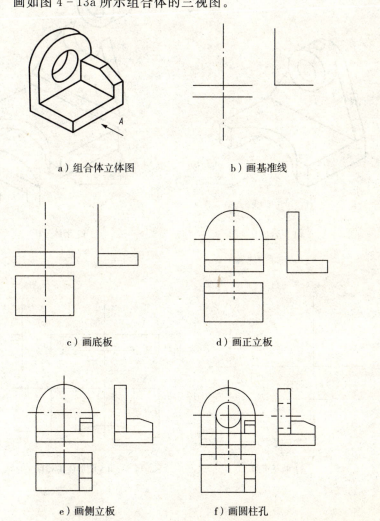

a) 组合体立体图　　　　　　　b) 画基准线

c) 画底板　　　　　　　　　　d) 画正立板

e) 画侧立板　　　　　　　　　f) 画圆柱孔

— 109 —

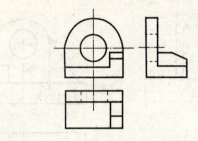

g）检查、修改、描深

图 4-13 组合体三视图的画图步骤举例（一）

【例 4-2】 画如图 4-14a 所示组合体的三视图。

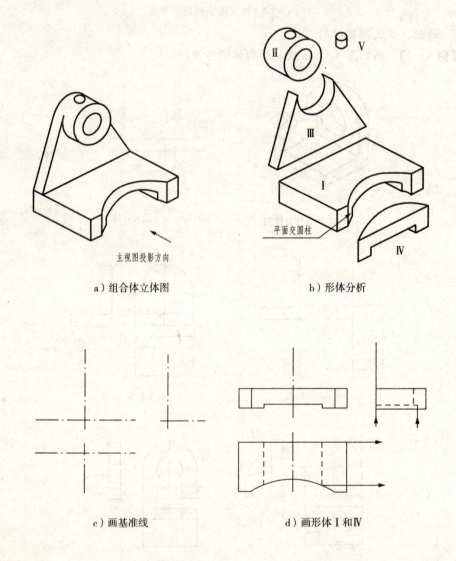

a）组合体立体图 b）形体分析

c）画基准线 d）画形体 Ⅰ 和 Ⅳ

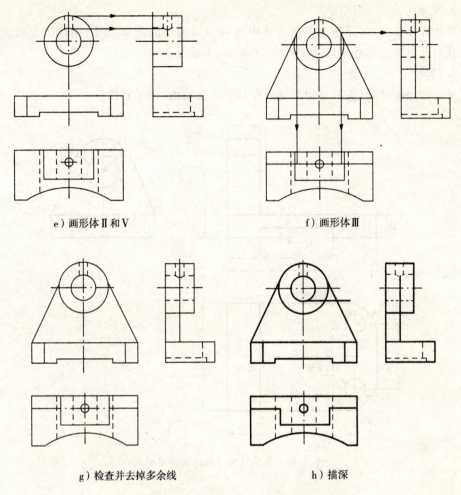

e) 画形体Ⅱ和Ⅴ 　　　　　f) 画形体Ⅲ

g) 检查并去掉多余线 　　　　　h) 描深

图 4-14 组合体三视图的画图步骤举例(二)

4.4 组合体的尺寸注法

4.4.1 尺寸标注的基本要求

组合体的形状是由视图来表达的,其大小是由所注尺寸来确定的。组合体尺寸标注的基本要求是正确、完整和清晰,如图 4-15 所示。

1. 正确

所注尺寸的数值必须是正确的,其尺寸标注的形式要符合机械制图国家标准中有关尺寸注法的基本规定。

2. 完整

尺寸标注要完整,是指确定组合体中各基本体大小的定形尺寸、相对位置的定位尺寸以及组合体的总体外形尺寸要齐全,不遗漏,不重复。

3. 清晰

尺寸标注要清晰,主要是指尺寸的布局要整齐清晰,便于看图。

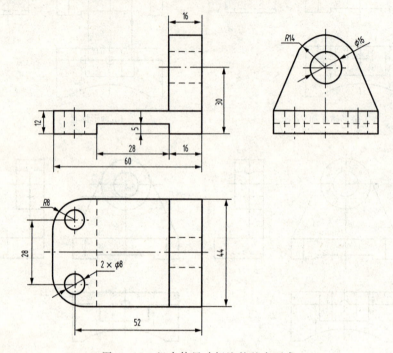

图 4-15 组合体尺寸标注的基本要求

4.4.2 常见基本形体的尺寸注法

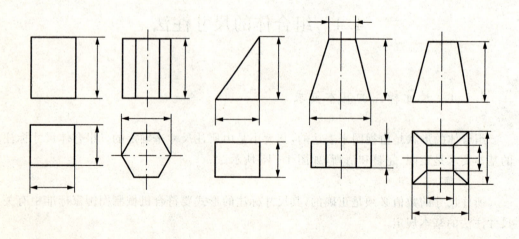

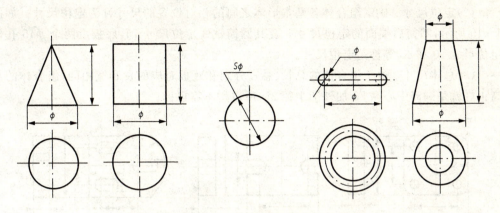

图 4-16 常见平面立体和回转体的尺寸注法

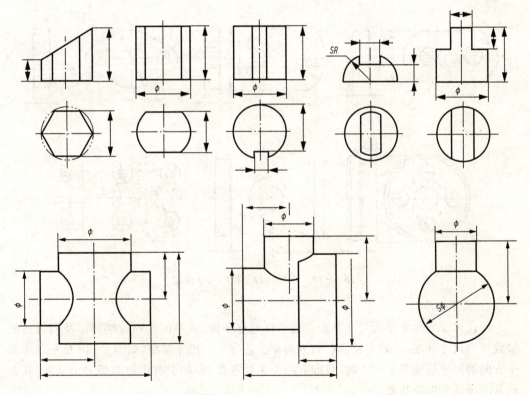

图 4-17 切割体和相贯体的尺寸注法

4.4.3 组合体的尺寸标注

1. 尺寸种类

(1)定形尺寸　确定组合体各基本形体的形状和大小的尺寸称为定形尺寸。如图 4-19 所示,圆筒尺寸 $\phi50$、$\phi30$ 和 50,底板尺寸 100、60、20、$\phi15$ 和 R15,支撑板尺寸 10,肋板尺寸 10 等都是定形尺寸。

(2) 定位尺寸 确定组合体各基本形体之间的相对位置的尺寸称为定位尺寸。如图4-19 所示，圆筒后端面的定位尺寸 5 及其圆筒轴线定位尺寸 75，底板上两个 ϕ15 孔的定位尺寸 70 和 45 等都是定位尺寸。

(3) 总体尺寸 由于组合体的总长、总宽分别和底板对应的长和宽相同，组合体的总高正好就是圆筒中心高 75 加外圆半径 25，所以均不需再标。

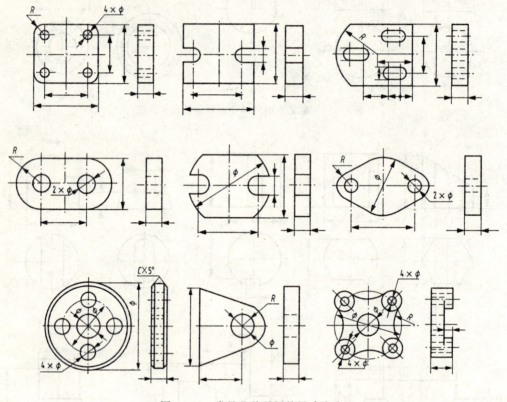

图 4-18 常见几种平板的尺寸注法

2. 尺寸基准

所注尺寸的起点称为尺寸基准。通常以对称平面、重要的底面或端面以及回转体的轴线作为尺寸基准，一般在长、宽、高方向至少各有一个尺寸基准，如图 4-18 所示。当某个方向的尺寸基准多于一个时，只能有一个主要基准，即起主要作用的那一个基准，其余的基准都属于辅助基准。

3. 尺寸的清晰布置

标注尺寸要清晰，就是尺寸要恰当布局，便于看图、查找、不致于发生误解或混淆。尺寸的布置应注意下列几点：

(1) 尺寸应尽量标注在形体特征、位置特征较明显的视图上，如图 4-20 所示。

(2) 尺寸应尽量标注在视图之外，排列要整齐，并使小尺寸在里，大尺寸在外，如图4-21 所示。

(3) 应尽量避免在虚线上标注尺寸。

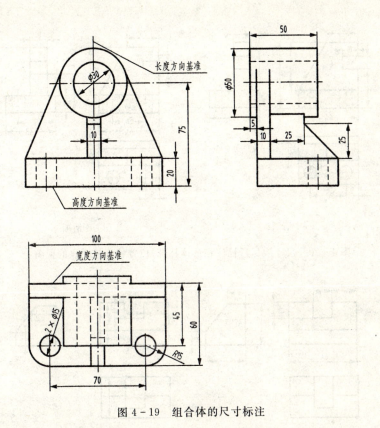

图 4-19 组合体的尺寸标注

(4) 同轴回转体的各直径尺寸最好标注在非圆视图上,如图 4-21 所示。

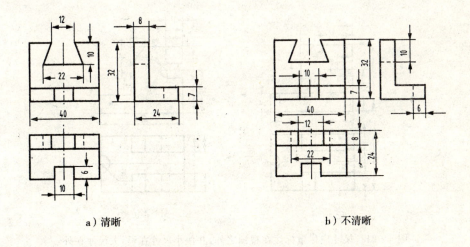

a) 清晰　　　　　　　　　b) 不清晰

机械制图

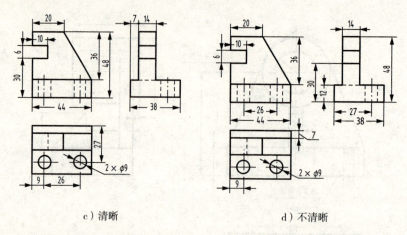

c）清晰   d）不清晰

图 4-20　尺寸应尽量标注在形体特征、位置特征较明显的视图上

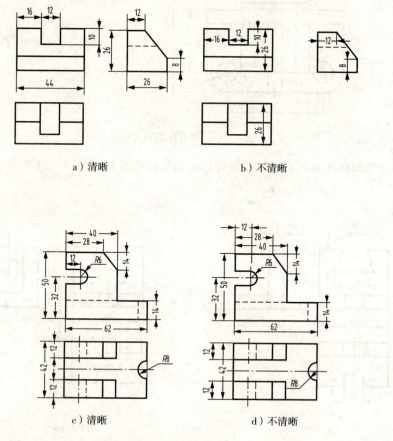

图 4-21　尺寸应尽量标注在视图之外，并使小尺寸在里，大尺寸在外

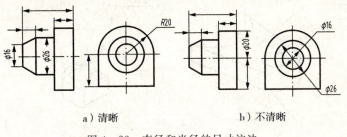

a) 清晰   b) 不清晰

图 4-22 直径和半径的尺寸注法

4.4.4 组合体的尺寸标注的步骤

组合体的尺寸标注方法,通常是采用形体分析法,将组合体分解为若干基本几何体,分别标注基本体的定形尺寸和确定基本体间相对位置的定位尺寸,最后调整尺寸,注出总体尺寸,以达到正确、完整和清晰的基本要求。

1. 叠加式组合体尺寸标注

以支座(如图 4-23 所示)为例介绍叠加式组合体尺寸标注的方法和步骤。

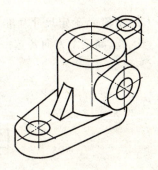

图 4-23 支座

(1)步骤 1:形体分析

先将支座分为五个部分后(如图 4-24 所示),再将每个部分进行细分。

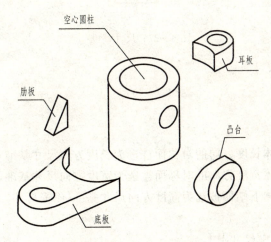

图 4-24 支座形体分析

如图 4-24～图 4-26 所示将支座细分为空心圆柱体、底板、肋板、凸台和耳板。

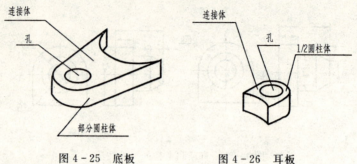

图 4-25 底板　　　　图 4-26 耳板

(2)步骤 2：确定尺寸基准

长、宽、高三个方向各选一个主要尺寸基准，如图 4-27 所示。

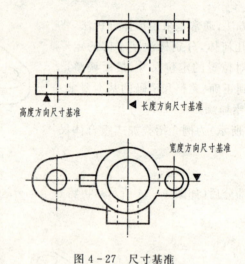

图 4-27　尺寸基准

(3)步骤 3：标注尺寸

① 空心圆柱体

a. 圆柱体

定位尺寸：

长度方向。圆柱体长度方向的对称面被选为长度方向尺寸基准，不需标注。

宽度方向。圆柱体宽度方向的对称面被选为宽度方向尺寸基准，不需标注。

高度方向。圆柱体下端面被选为高度方向尺寸基准，不需标注。

定形尺寸：

直径：见图 4-28 中尺寸[1]。

轴向尺寸：见图 4-28 中尺寸[2]。

b. 同心孔

定位尺寸：

长、宽、高三个方向的定位尺寸都不用标注，原因同圆柱体定位尺寸。

定形尺寸：

直径。见图4-28中尺寸[3]。

轴向尺寸:见图4-28中尺寸[2](公共尺寸)。

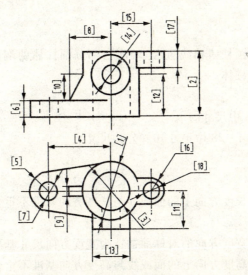

图4-28 支座的尺寸标注

c. 侧孔

侧孔与凸台上的孔为同一个孔,其尺寸标注见凸台上孔的尺寸标注。

② 底板

a. 部分圆柱体

定位尺寸:

长度方向。部分圆柱体的轴线与长度方向尺寸基准不重合,需要标注。见图4-28中尺寸[4]。

宽度方向。部分圆柱体宽度方向的对称面被选为宽度方向尺寸基准,不需标注。

高度方向。部分圆柱体下端面被选为高度方向尺寸基准,不需标注。

定形尺寸:

半径:见图4-28中尺寸[5]。

轴向尺寸:见图4-28中尺寸[6]。

b. 连接体

定位尺寸:

长度方向。连接体位于空心圆柱体的左侧,空心圆柱体的位置和形状确定后,连接体长度方向的位置自然确定,不需标注。

宽度方向。连接体宽度方向的对称面被选为宽度方向尺寸基准,不需标注。

高度方向。连接体下端面被选为高度方向尺寸基准,不需标注。

定形尺寸:

长。空心圆柱体的位置和形状及部分圆柱体的位置和形状确定后,连接体的长自然确定,不需标注。

宽。连接体与空心圆柱及部分圆柱体相切,空心圆柱体的位置和形状及部分圆柱体的位置和形状确定后,连接体的宽自然确定,不需标注。

高。见图4-28中尺寸[6](公共尺寸)。

c. 孔

定位尺寸:

孔的轴线与部分圆柱体轴线重合,端面与部分圆柱体的端面共面,故孔的定位尺寸的标注情况同部分圆柱体。

定形尺寸:

直径:见图4-28中尺寸[7]。

轴向尺寸。见图4-28中尺寸[6](公共尺寸)。

③ 肋板

定位尺寸:

长度方向。肋板长度方向上的面或线与长度方向基准不重合,需要标注,见图4-28中尺寸[8]。

宽度方向。肋板宽度方向的对称面被选为宽度方向尺寸基准,不需标注。

高度方向。肋板高度方向上的面或线与高度方向基准不重合,需要标注,见图4-28中尺寸[6](公共尺寸)。

定形尺寸:

长。空心圆柱体的位置和形状已经确定,加上定位尺寸[8]就已经确定了肋板的长,不需标注。

宽。见图4-28中尺寸[9]。

高:见图4-28中尺寸[10]。

④ 凸台

a. 圆柱体

轴向尺寸:空心圆柱体的位置和形状已经确定,加上定位尺寸[11]就已经确定了圆柱体的轴向尺寸,不需标注。

b. 孔

定位尺寸:

长度方向。孔长度方向的对称面被选为长度方向尺寸基准,不需标注。

宽度方向。见图4-28中尺寸[11](公共尺寸)。原因同圆柱体宽度方向定位尺寸。

高度方向。见图4-28中尺寸[12](公共尺寸)。原因同圆柱体高度方向定位尺寸。

定形尺寸:

直径。见图4-28中尺寸[14]。

轴向尺寸。空心圆柱体(同心孔)的位置和形状已经确定,加上定位尺寸[11]就已经确定了它的轴向尺寸,不需标注。

⑤ 耳板

a. 1/2圆柱体

定位尺寸:

长度方向。1/2圆柱体的轴线与长度方向尺寸基准不重合,需要标注,见图4-28中尺寸[15]。

宽度方向。1/2圆柱体宽度方向的对称面被选为宽度方向尺寸基准,不需标注。

高度方向。1/2圆柱体高度方向上的端面与高度方向基准不重合,需要标注,见图4-28中尺寸[2](公共尺寸)。

定形尺寸:

半径:见图4-28中尺寸[16]。

轴向尺寸:见图4-28中尺寸[17]。

b. 连接体

定位尺寸:

长度方向。连接体位于空心圆柱体的右侧,空心圆柱体的位置和形状确定后,连接体长度方向的位置自然确定,不需标注。

宽度方向。连接体宽度方向的对称面被选为宽度方向尺寸基准,不需标注。

高度方向。见图4-28中尺寸[2](公共尺寸)。

定形尺寸:

长。空心圆柱体的位置和形状及1/2圆柱体的位置和形状确定后,连接体的长自然确定,不需标注。

宽。连接体与1/2圆柱体相切,其尺寸数值等于。1/2圆柱体半径尺寸[16]数值的2倍,不需标注。

高。见图4-28中尺寸[17](公共尺寸)。

c. 孔

定位尺寸:

孔的轴线与1/2圆柱体的轴线重合,端面与1/2圆柱体的端面共面,故孔的定位尺寸的标注情况同1/2圆柱体。

定形尺寸:

直径。见图4-28中尺寸[18]。

轴向尺寸。见图4-28中尺寸[17](公共尺寸)。

(4)步骤4:检查

检查总长、总宽、总高是否需要标注;检查是否形成了封闭尺寸链。

总长。尺寸[5]+[4]+[15]+[16],不需另外标注。

总宽。尺寸[11]+[1]/2,不需另外标注。

总高。尺寸[2],不需另外标注。

没有出现封闭尺寸链。

2. 切割式组合体尺寸标注

以图4-29所示切割式组合体为例介绍切割式组合体尺寸标注的方法和步骤。

(1)步骤1:形体分析、面形分析

该切割式组合体的基本体为四棱柱,截平面Q为一般位置平面,P为正垂面,R为水平面,S为正平面。

(2)步骤2:确定尺寸基准

长、宽、高三个方向各选一个主要尺寸基准,如图4-29所示。

(3)步骤3:标注尺寸

① 四棱柱

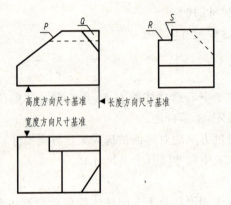

图4-29 切割式组合体及尺寸基准

定位尺寸:

四棱柱的右端面、底面及后端面分别被选为长度方向、高度方向、宽度方向尺寸基准。故不需标注。

定形尺寸:

长。见图4-30中尺寸[1]。

宽。见图4-30中尺寸[2]。

高。见图4-30中尺寸[3]。

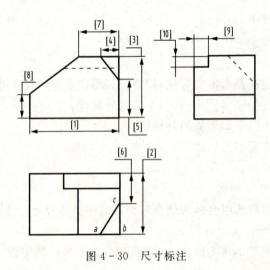

图4-30 尺寸标注

② 一般位置平面 Q

Q 面切割四棱柱后产生三条截交线,构成一个三角形,确定了三角形三个顶点(见图 4-30 中点 a、b、c)的位置,即完成了该平面的尺寸标注。每一个顶点的位置由长、宽、高三个尺寸确定。

a. 顶点 a

长度方向。该点与长度方向尺寸基准不重合,需要标注,见图 4-30 中尺寸[4]。

宽度方向。该点与宽度方向尺寸基准不重合,需要标注,见图 4-30 中尺寸[2](公共尺寸)。

高度方向。该点与高度方向尺寸基准不重合,需要标注,见图 4-30 中尺寸[3](公共尺寸)。

b. 顶点 b

长度方向。该点与长度方向尺寸基准重合,不需要标注。

宽度方向。该点与宽度方向尺寸基准不重合,需要标注,见图 4-30 中尺寸[2](公共尺寸)。

高度方向。该点与高度方向尺寸基准不重合,需要标注,见图 4-30 中尺寸[5]。

c. 顶点 c

长度方向。该点与长度方向尺寸基准重合,不需要标注。

宽度方向。该点与宽度方向尺寸基准不重合,需要标注,见图 4-30 中尺寸[6]。

高度方向。该点与高度方向尺寸基准不重合,需要标注,见图 4-30 中尺寸[3](公共尺寸)。

③ 正垂面 P

P 面切割四棱柱后产生四条截交线,构成一个长方形。左右两条截交线的位置确定后,前后两条截交线就会自然形成(因为四棱柱的形状已经确定)。故只需确定左右两条截交线的位置。

a. 右截交线的位置

长度方向。该线与长度方向尺寸基准不重合,需要标注,见图 4-30 中尺寸[7]。

高度方向。该线与高度方向尺寸基准不重合,需要标注,见图 4-30 中尺寸[3](公共尺寸)。

b. 左截交线的位置

长度方向。该线与长度方向尺寸基准不重合,需要标注,见图 4-30 中尺寸[1](公共尺寸)。

高度方向。该线与高度方向尺寸基准不重合,需要标注,见图 4-30 中尺寸[8]。

④ 水平面 R 与正平面 S

水平面 R 为长方形,正平面 S 为梯形,由平面 R、S、P 共同切割四棱柱后形成。由于平面 R、S 位置的特殊性,只需确定截平面的位置即可,见图 4-30 中尺寸[9]和[10]。

(4)步骤 4:检查是否形成了封闭尺寸链

没有形成封闭尺寸链。

3. 结论

从以上两个实例可以看出,组合体的尺寸标注有比较明显的规律:一般地,对每一个基本体(或截平面上的顶点、边线)都要按顺序先分析其长、宽、高三个方向的定位尺寸,再分析其长、宽、高三个方向的定形尺寸,通过分析每个基本体表面(对称面)或截平面上的顶点(边线)与尺寸基准的关系,确定其三个方向的定位尺寸是否需要标注。通过分析基本体与其他基本体之间的位置关系及表面连接关系,确定其三个方向的定形尺寸是否需要标注。用形体分析法标注组合体尺寸时,容易出现重复尺寸,形成封闭尺寸链。重复尺寸只需标注一次,不要重复标注。如果形成了封闭尺寸链,则应该将其中的某个不重要的尺寸删除。

4.5 组合体读图

4.5.1 读组合体视图的一般原则

1. 从反映形体主要特征的视图入手,将几个视图联系起来看图

由于一个视图只能反映两个方向的尺寸和相对位置关系,因此,除了一些标注有符号 ϕ、R、$S\phi$、SR 的回转体之外,通过一个视图是无法确定组合体的形状,如图 4-31 所示,有时两个视图也不能完全确定组合体的形状,如图 4-32 所示。

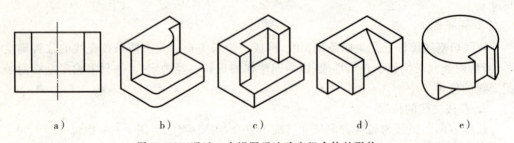

图 4-31 通过一个视图无法确定组合体的形状

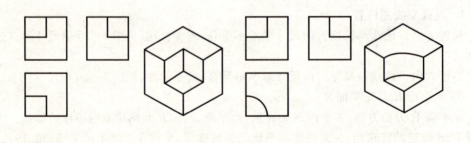

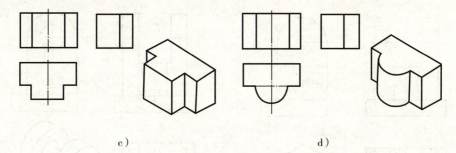

c)   d)

图 4-32 联系几个视图确定组合体的形状

2. 分析、认清表面间的相对位置及连接关系

(1) 不共面、不相切的两个不同位置表面相连接时,其分界线可以表示具有积聚性的第三表面或两表面的交线。

(2) 线框里还有线框时,可以表示凸起、凹进的表面或具有积聚性的通孔的内表面。

4.5.2 形体分析法

1. 用形体分析法看图的基本步骤

根据三视图的基本投影规律,将组合体视图分解成若干个基本形体,再确定它们的组合形式及其相对位置,综合起来想象出组合体的整体形状。

具体步骤:

(1) 分线框,对投影

从主视图入手,联系其他视图,根据投影规律找出基本形体投影的对应关系。

(2) 识形体,定位置

根据各个基本形体的三视图,逐个想象出各基本形体的形状和位置。

(3) 综合起来想整体

2. 形体分析法看图举例

【例 4-3】 读 4-33a 所示的组合体三视图,想象出它的整体形状。

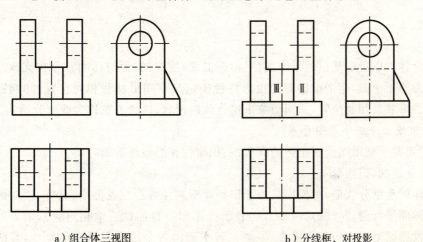

a) 组合体三视图   b) 分线框,对投影

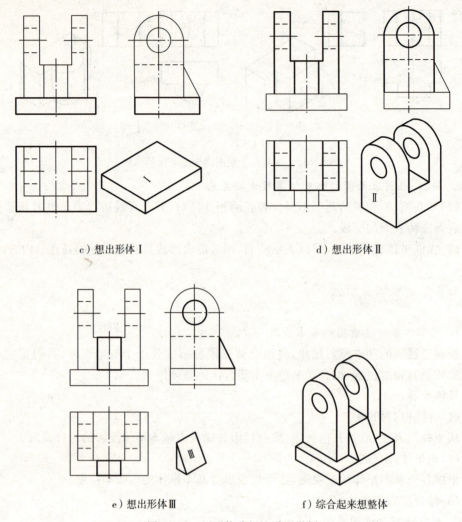

图 4-33 用形体分析法看图举例

4.5.3 线面分析法

组合体可以看成是由若干个面（平面或曲面）围成的，面与面间常存在交线。把组合体分解为若干个面，逐个根据面的投影特性确定其空间形状和相对位置，并判别各交线的空间的形状及相对位置，从而想象出组合体的形状，这种方法称为线面分析法。

1. 用线面分析法看图要点

(1) 要善于利用线及面投影的真实性、积聚性和类似性看图。

(2) 分线框，识面形

从体的角度分线框，对投影是为了识别面形和位置。三视图中：凡"一框对两线"，则表示投影面平行面；"一线对两框"，则表示投影面垂直面；"三框相对应"，则表示一般位置面。投影面垂直面的两个投影、一般位置平面的各个投影都具有类似性，其线框呈类似形(其多边形线框的边数相同,方位一致)。熟记此特点,可以很快想出面形及其空间位置。图 4-34 所示的组合体,线框 I(1、1′、1″)在三视图中是"一框对两线",故表示正平面;线框 II(2、2′、2″)在三视图中是"一线对两框",故表示正垂面。同样可分析出线框 III(3、3′、3″)表示侧平面,线框 IV(4、4′、4″)表示侧垂面,等等。

(2)识交线,想形状

面与面相交时,结合分析各面的形状和相对位置,还应分析各交线的形状(直线或曲线)和相对位置,并弄清它们在视图中的表示方法。图 4-34 中各棱线(交线),请读者自行分析。

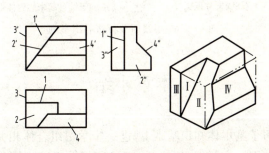

图 4-34 用线面分析法看图举例

2. 线面分析法看图举例

【例 4-4】 读 4-35a 所示的组合体三视图,想象出它的整体形状。

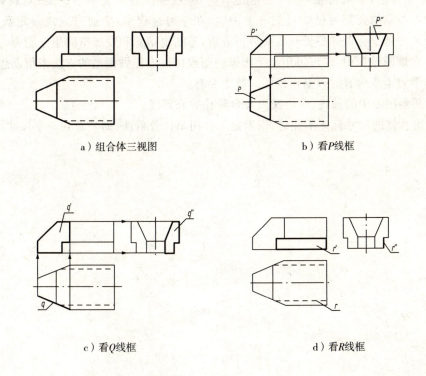

a) 组合体三视图　　　　　　　　b) 看P线框

c) 看Q线框　　　　　　　　d) 看R线框

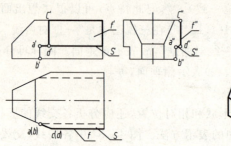
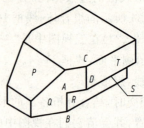

e）看S线框并识交线   f）综合起来想整体形状

图4-35 用线面分析法看图举例

本章小结

（1）本章是在学习了基本体知识基础上，进一步学习组合体相关知识，重点是组合体的画法、尺寸标注和读图。在画图、标注尺寸和读图时，要以形体分析法为主，局部细节用线面分析法。

（2）读图是本章的难点，读图时，一要基础知识牢固，即对点、线、面以及基本体的投影特征非常熟悉，掌握得很熟练；二是要学会"分线框"，且分完后一定要"对投影"。因此，在学习本章前要复习已学过的有关内容，在学习过程中，要通过完成一定数量的习题，由浅入深地学会形体分析和线面分析方法，不断地培养和发展空间想象能力。

（3）在读图过程中，还可以用徒手画轴测图或用橡皮泥做模型的方法来帮助想象。

（4）学习本章内容时容易出现的问题主要有：

① 漏画图形中的轴线、中心线以及台阶孔的分界线。

② 组合体的尺寸标注不完整，原因是不会用形体分析法，而是看到一个尺寸标一个。

第 5 章 轴测投影图

在第 3 章所介绍的基本立体的投影图和第 4 章所介绍的组合体的三视图,都是采用正投影的方法,画出一组视图来表达一个形体的,视图的最大优点是度量性好,但单个视图只反映了一个方向的结构形状和两个方向的大小尺寸,直观性差,要依靠综合一组视图的信息想象出整体的结构形状,原因是在单个视图里只能看到形体某个方向的面。如果选定三面投影体系的某个面如 V 面作为投影面,改变空间立体相对于该投影面的位置,使沿投影方向可以看到较多的面,然后进行投影,或者不改变位置而改变方向进行投影,这样画出的投影图称为轴测投影图,即通常所说的立体图。轴测投影图的种类很多,本章主要介绍常用的正等测和斜二测投影图。

5.1 基本概念

1. 轴测投影面

用于进行轴测投影的那个投影面叫轴测投影面,用 P 表示。如图 5-1 所示,用 V 作投影面,V 即为轴测投影面。

2. 轴测轴

立体上设定的三条空间直角坐标轴在轴测投影面上的投影,称为轴测轴。空间直角坐标系用 $O-XYZ$ 表示;轴测坐标系用 $O_1-X_1Y_1Z_1$ 表示。

3. 轴间角

两正向轴测轴之间的夹角称为轴间角,由于空间坐标系的各坐标轴对轴测投影面的倾角可以不一样,因此三条轴测轴间的轴间角可以不一样。

4. 轴测坐标面

任两轴测轴之间的部分所构成的坐标面称为轴测坐标面。

5. 轴向伸缩系数

在轴测投影中,由于空间坐标系的各坐标轴倾斜于轴测投影面,坐标轴上的线段经正投影后将变短,将投影长与实长之比定义为轴向伸缩系数,也称为轴向变形系数。

立体表面的线段倾斜于轴测投影面,因此作正投影后其投影将变短,在各坐标轴上取单位长的线段 u,在对应轴测轴上的投影长分别用 i、j、k 表示,x、y、z 三坐标轴的轴向伸缩系数分别用 p、q 和 r 表示。则轴向伸缩系数表达式分别为:

$$p=i/u; q=j/u; r=k/u$$

5.2 正等测轴测图

5.2.1 正轴测图的形成

如图 5-1a 所示,正方体放在三面投影体系内,为确定正方体上各几何要素间的相对位置,在其上取一直角坐标系,用 $O-XYZ$ 表示,并使其完全与三面投影体系的投影轴重合,然后让该立体连同坐标系一起沿箭头所指的方向,绕投影轴 z 旋转 α 角,绕投影轴 x 旋转 β 角,再向 V 进行正投影,画出的投影图称为正轴测投影图,如图 5-1b 所示。

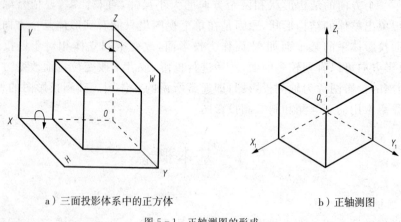

a) 三面投影体系中的正方体　　　　　b) 正轴测图

图 5-1　正轴测图的形成

5.2.2 正轴测投影的特性

无论是正轴测投影还是斜轴侧投影,都是平行投影,它们具有平行投影的全部特性。
(1) 空间相互平行的线段,其轴测投影仍相互平行;
(2) 平行坐标轴的线段与对应轴的轴向伸缩系数相同;
(3) 平行于坐标轴的线段,其轴测投影平行于对应的轴测轴;
(4) 平行坐标面的平面其轴测投影平行于对应的轴测坐标面,立体上的矩形在正轴测图中一般变为平行四边形,立体表面的圆在正轴测图中一般变为椭圆。

5.2.3 正等测轴测图的特征

如图 5-1 所示的正轴测图形成的过程中,如果 $\alpha=45°$,$\beta=35.26°$,经正投影后画出的轴测图称为正等测轴测图。

通过理论计算,各坐标轴对轴测坐标面的倾角都相等,这种投影具有如下一些特性:
(1) 轴测轴之间轴间角均为 $120°$,即 $\angle X_1O_1Y_1 = \angle Y_1O_1Z_1 = \angle Z_1O_1X_1 = 120°$,轴测

轴的一般形式如图 5-2a 所示。

(2) 三坐标轴的轴向变形系数均为 0.82，即 $p=q=r=0.82$。画图时为简便，采用简化伸缩系数，均取 1。

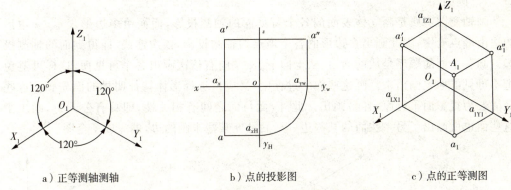

a) 正等测轴测轴　　b) 点的投影图　　c) 点的正等测图

图 5-2　正等测轴测轴和点的正等测轴测图的画法

5.2.4　正等测轴测图的画法

根据三视图画轴测图的关键是要弄清直角坐标系与轴测坐标系间的对应关系。点是描述形体最基本的几何元素，首先研究点的正等测投影。

1. 点的正等测投影

点的投影图如图 5-2b 所示，为作图简便起见，采用简化伸缩系数 1，A 点的直角坐标用 (xa, ya, za) 表示，其作法如下。

(1) 在如图 5-2c 所示中按图 5-2a 所示的形式画出正等测轴测坐标系 $O_1-X_1Y_1Z_1$；

(2) 在轴测轴 O_1X_1 上找出投影图中 ax 的对应点 a_1x_1，即在 O_1X_1 轴上截取 $O_1a_1x_1 = oax = xa$；

(3) 在 $O_1-X_1Y_1Z_1$ 中过 a_1x_1 作 O_1Y_1 的平行线，根据投影图在该平行线上截取 $a_1x_1a_1 = axa = ya$；

(4) 在 $O_1-X_1Y_1Z_1$ 中过 a_1 作 O_1Z_1 轴的平行线，在该平行线上截取 $a_1A_1 = axa' = za$。所得 A_1 点即为空间点 A 的正等测投影图。

a_1 称为 A 在水平轴测坐标面上的次投影。我们也可以先作出 A 在 X_1OZ_1 上的次投影 a_1' 或在 Y_1OZ_1 的次投影 a'' 再作出再作出 A_1。作出的点的正等测投影图如图 5-2c 所示。

2. 平面立体的正等测投影

在立体上选定空间坐标系后，根据坐标值和采用的简化轴向变形系数，将立体上的各定位点画到轴测坐标体系中，然后连接各顶点即得平面立体的轴测图。

(1) 确定坐标系

在投影图中确定形体的空间直角坐标系，并在投影图中标出坐标轴的投影，坐标轴的方向不具有正负的含义，只表示截取线段的方向。从如图 5-1 所示轴测图的形成过程中形体的旋转方向可知，轴测图上面可见，下面不可见；左面可见，右面不可见；前面可见,后面不可见。因此在画图的过程中,应根据形体特点选取坐标原点与坐标轴的方向,对应的轴测轴形式常见的如图 5-3 所示。

(2)画轴测轴

(3)画图

画轴测图实质是画立体表面的各个可见面的轴测投影,而面由多边形表示,多边形的边由端点确定,因此画出多边形的各个顶点的轴测投影,依次连线,即得到面的轴测投影。画各个面的顺序是从前向后、从上向下、从左向右依次画出各个可见面,这样可避免把不可见的面也画出来。画这些面的过程中,又应该选择形体特征明显的面先画。这些面一般为投影面平行面,容易画出。此外,面与面之间有相关性,即具有公共边,画出了这些面也就画出了另一些面的某些边。最后补充某些未画的边,即完成了全图。

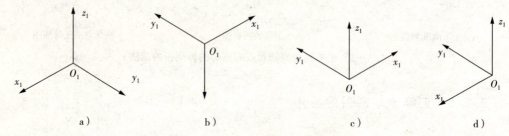

图 5-3 正等测轴测轴的常见形式

【例 5-1】 作如图 5-4a 所示正六棱柱的正等测轴测图。

分析:

从如图 5-4a 所示投影图可知,六棱柱只有前面、顶面和两个侧面可见,所以在轴测图中只应画出这些面。从图中还可知顶面是形体特点最明显的面,应先画,然后作其他面。

作图:

(1)在正六棱柱视图上选定空间直角坐标系,如图 5-4a 所示。

(2)作正等测轴,如图 5-4b 所示。

(3)根据如图 5-4a 所示投影图给出的点的坐标,作正六棱柱顶面各顶点 Ⅰ、Ⅱ、Ⅲ、Ⅳ、Ⅴ 和 Ⅵ 点的轴测投影 I_1、II_1、III_1、IV_1、V_1 和 VI_1 点,相邻两点连线得顶面的轴测投影,如图 5-4b 所示。

(4)过点 I_1、II_1、III_1、IV_1、V_1 和 VI_1 分别作 Z_1 轴的平行线,并以各点为一端在所作平行线上截取长度等于六棱柱的高度 H 的线段,得正六棱柱的下底面的可见侧棱上的各顶点。依次连接各可见对应顶点,即得正六棱柱的正等测轴测图,如图 5-4b 所示。

(5)去掉不可见部分,描深图线,即完成作图,如图 5-4c 所示。

根据点的坐标作轴测投影图的方法通常称为坐标法。

对于叠加形式的组合体,我们可以采用坐标法逐个画出基本体的轴测图,按相对坐标位置将它们叠加,即可得到组合体的轴测图。

【例 5-2】 画出如图 5-5a 所示立体的正等测轴测图。

分析:

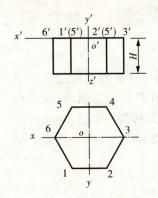 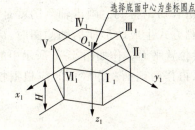 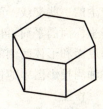

a）在视图上选定坐标系　　　　b）作图过程　　　　c）图线加深后的正等测轴测图

图 5-4　用坐标法画轴测图

形体由三部分组成，都是规则的平面立体，坐标轴的取法如图 5-5a 所示。利用点的轴测投影的作图方阵出几个特殊点，再利用平行性作面，依次作出各基本立体，从而得到组合体的轴测图。作图：作图步骤如图 5-5c～e 所示。

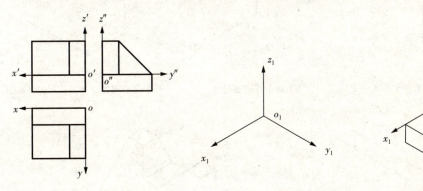

a）在视图中定出空间坐标系　　　b）画正等轴测轴　　　c）作底板的正等测轴测图

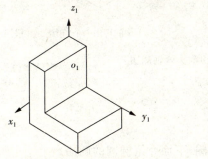 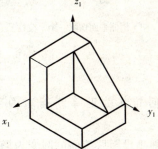

d）作后侧竖板的正等测轴测图　　　e）作右测三棱柱的正等测轴测图并描深

图 5-5　叠加法作轴测图

对于切割形式生成的组合体，先画出基本立体的轴测图，然后再逐步挖切出孔、槽等结构，形成给定的形体。

【例5-3】 画出如图5-6a所示组合体的正等测轴测图。

分析：

形体经一系列的平面组合切割得到。画出轴测图就是要画出这些面及切割过程中产生的一些交线。画用切割方式生成的形体的轴测图时，应先作反映实形的面，即平行于坐标面的平面，再作一般位置平面。作如图5-6所示中的V形槽的投影时，应先作槽的底面和形体两侧的顶面，再作两侧面。作底面时应根据投影图中的定位坐标，确定其在轴测投影图中的位置。

作图：

作图步骤如图5-6b~e所示。

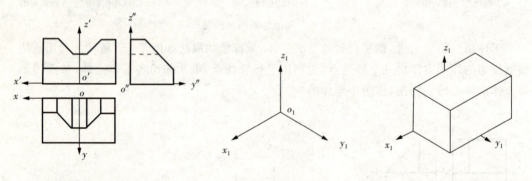

a）视图中选定空间直角坐标系　　b）画正等测轴测轴　　c）作基本立体的正等测轴测图

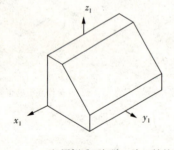
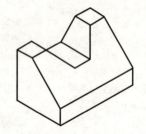

d）用侧垂面切除一个三棱柱　　e）中间切出一个V形槽，并描深

图5-6　切割法画轴测图

5.2.5　回转体的正等测轴测图

回转体经轴测投影后端面的圆变为椭圆，下面介绍椭圆的画法。

1. 椭圆的画法

在轴测图中椭圆有不同的画法，现介绍常用的弦线法和菱形法。

(1) 弦线法

弦线法实质为坐标法，先作出椭圆上的若干点的投影，然后连成光滑的曲线，其作图过程如图5-7所示此法作椭圆较为准确,但作图比较繁琐。

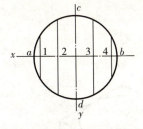 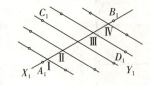 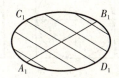

a) 在圆上作适当数量的与Y(X轴平行弦) b) 作轴测轴,确定各弦端点的轴测投影 c) 依次光滑连接各端点,即得椭圆

图5-7　弦线法作椭圆

图中 $x1$ 轴上的各点与 x 轴上的各点对应相等,过 $x1$ 轴上各点所作的弦仍保持平行,且长度仍等于过 x 轴上对应点的弦长。

(2) 菱形法

菱形法是一种近似画法,它用四段圆弧组成一个椭圆,弧的端点正好是外切菱形的切点,在正等测投影中的画法步骤见表5-2。

表5-2　正等测中用菱形法画椭圆(以水平坐标面上的圆为例,圆的直径为 d)

步骤	Ⅰ	Ⅱ	Ⅲ	说　明
画法	作圆的外切正方形的正等测图—菱形,其对角线即为长轴和短轴所在的线。	连 AE、AF 交长轴于 Ⅰ、Ⅱ。以 A、B 为圆心,$R=AE$,画两圆弧(CD、EF)。	以 Ⅰ、Ⅱ 为圆心,$r=IC$,画两圆弧 CE、DF,即得所要画的椭圆。	此法画图简便,易于确定长、短轴方向,便于徒手画图。长、短轴误差较大。

2. 平行于各投影面的圆的正等测轴测图画法

在正等测轴测图中,平行于各投影面的圆,经轴测投影后均为椭圆,如图5-8所示。

在三面投影体系中放置组合体时,一般使回转体的端面平行于对应的投影面,这样组合体经轴测投影后各端面都平行于对应的轴测坐标面,端面圆成为平行于对应轴测坐标面的椭圆。

如图5-8a所示为一正方体的三视图,在其顶面、前面和左面分别有一个和各面正方形内切的圆,各圆的中心线分别平行于对应的坐标轴,中心线与各对应边的交点为切点。经正等测投影后,各圆的外切正方形成为菱形,中心线平行于对应的轴测轴,切点的属性不变,即椭圆内切于菱形。在正等测投影图中,正方体的前面与后面、顶面与底面、左面与右面完全重合,所以画其轴测图,实质为画看得见的前面、顶面与左面及其上的圆。为便于理解,正方体在三面投影体系中的位置及其上坐标系的取法完全同如图5-8a所示。而如图5-8a所示中的三视图按如图5-1a所示中的位置进行投影,然后调整视图间的位置得到的。而正等测的轴测图,完全按如图5-1a所示的方式生成,只不过 $\alpha=45°$,$\beta=$

35.26°,作图过程如下:

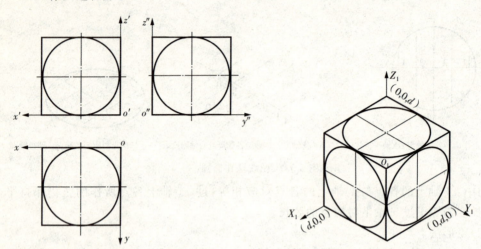

a) 正方体及表面上的圆的投影图　　b) 正方体及表面上的圆的正等测轴测图(采用简化伸缩系数)

图 5-8　圆的正等测轴测图

(1)作出正方体的正等测投影,采用简化伸缩系数,设正方体的边长为 d,在轴测轴上分别作出$(d,0,0)$和$(0,d,0)$和$(0,0,d)$三点,过这三点分别作对应轴测轴的平行线,即得正方体各面的投影,找出各边中点作可见面上内切圆的中心线的轴测投影;

(2)在各菱形内用菱形法作出内切的椭圆,如图 5-8b 所示。

(3)回转体的正等测图画法。

画回转体的正等测图,一般把坐标原点取在某个端面圆心的位置,把回转轴取为某条坐标轴,并作出对应的正等测轴测图。根据端面圆所在的坐标平面,用菱形法先画出一个端面圆的正等测图—椭圆。然后在回转轴所在的轴测坐标轴上从画出的椭圆中心起量取长度等于该回转体两端面间距离的点,即得另一端面圆的正等测投影椭圆的中心。作出该椭圆,并作两个椭圆的公切线,去掉不可见部分即可。

【例 5-4】　作如图 5-9a 所示圆柱的正等测轴测图。

作图,如图 5-9b～c 所示。

作法:

(1)用菱形法作顶圆的正等测图;

(2)将作顶圆椭圆的四个圆心沿 Z_1 轴方向向下移动,移动距离等于圆柱的高度,并作出底圆的正等测图。

(3)作两端面椭圆的公切线,去掉不可见部分,描深图线。

作回转体的正等测轴测图时,一定要注意端面圆所平行的坐标面,然后用互相垂直的两条中心线的轴测投影确定圆所在的平面的位置,在中心线投影上找出对应的切点,最后用菱形法作出椭圆,才能正确地作出回转体的正等测轴测图。如图 5-9d 所示为端面平行于不同坐标面的圆柱体的轴测图。

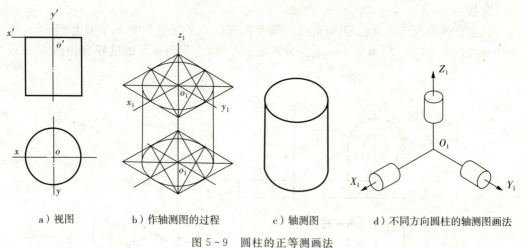

a）视图　　　　b）作轴测图的过程　　　　c）轴测图　　d）不同方向圆柱的轴测图画法

图 5-9　圆柱的正等测画法

【例 5-5】　如图 5-10a 所示为一球体被平面对称地切割后的投影图，试画出其正等测的轴测图。

分析：

如图 5-10a 所示为球体被平面对称切割后所形成的立体的投影图，坐标原点取在球心。从图形特点看形体由 6 个圆形平面和 8 个曲边三角球面围成，而三角球面均为对应圆平面的圆弧所围成，画出各平面圆的投影，即画得了切割后形体的投影。

作图：

(1) 前面、顶面和左面圆在轴测投影图中均可见，根据三视图中各圆心的坐标，采用简化伸缩系数，在轴测轴上确定对应圆心的位置，用菱形法作出椭圆；

(2) 将前面的第二象限的圆弧的圆心沿 Y_1 向后移动圆的直径长，半径不变，作出左、顶两椭圆的包络圆弧（相切）；以同样的方式作出左、前两椭圆和前、顶两椭圆的包络圆弧，即完成了全图。完成的图形如图 5-10b 所示。

【例 5-6】　根据如图 5-10a 所示的三视图，画出其正等测的轴测图。

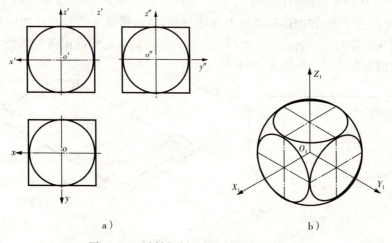

a)　　　　　　　　　　　b)

图 5-10　球被切割后的三视图和正等测图

分析：

该组合体由两部分组成，上面部分的圆及圆弧位于平行于 V 面的平面上，下部底板上的圆弧位于平行于 H 面的平面上。为了便于作图，空间坐标系的选择应如图 5-11a 所示。

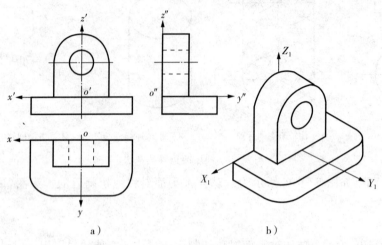

图 5-11 根据组合体三视图画轴测图

作图

（1）先确定前面的位置，然后按从前向后的顺序画出可见面、可见轮廓线以及回转面投影轮廓线。回转面投影轮廓线为两圆弧的公切线，它平行于 Y_1 轴。

（2）按从上向下的顺序先画出底板的顶面，再按圆弧平移的方式画底板的轮廓及侧面的可见轮廓线，完成全图。

5.2.6 圆角的正等测画法

如图 5-12a 所示图形的四个角均为 1/4 圆，画其正等测图时，分别以四个角顶点为圆心，圆角半径为半径，在四边形的边上截取各点，然后过这些点分别作边的垂线，交点即为画出圆角正等测图的圆心。以此圆心到四边形边的垂足间的距离为半径，画出该角两边垂足间的圆弧即可。如图 5-12b 所示。

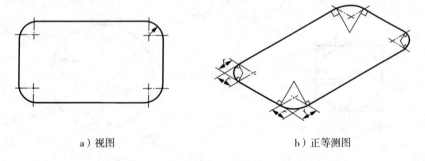

a）视图　　　　　　　　　　b）正等测图

图 5-12 小圆角的正等轴测画法

5.3 斜二测轴测图

5.3.1 斜二测轴测图的形成原理

正轴测投影图生成原理是改变形体相对于轴测投影面的位置,然后进行正投影得到的轴测图。斜二测轴测图则是从另一个角度考虑生成轴测图的。在三面投影体系中,如果不改变形体相对于轴测投影面的位置,而是改变轴测投影的方向,同样可以生成轴测投影图。如图 5-13a 所示的正方体,坐标系的取法和投影轴完全一致,取 V 面或平行于 V 面的平面作轴测投影面,为简便起见,取 V 面作轴测投影面,按如下方式取轴测轴及确定轴测投影的方向:

1. 设置轴测轴

取轴测轴 O_1X_1 和 O_1Z_1 与投影轴 OX 和 OZ 对应重合,取 W 和 H 的角平分面与 V 面的交线的反向延长线为 Y_1 轴;如图 5-13b 所示。

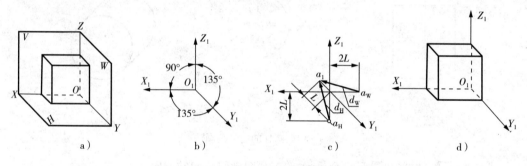

图 5-13 斜二测轴测图

2. 设置投影方向

设 L 为任意长的一线段,自 O_1 点起在轴测投影轴 Y_1 上取距离为 L 的点 a_1;在空间直角坐标系的 Y 轴上自 O_1 取坐标为 $(0,2L,0)$ 的点 A,过 A、a_1 作直线,该直线方向取为轴测投影的方向,用 d 表示投影方向的矢量,d_H 和 d_W 分别表示其在 H 和 W 面上的投影,示意图如图 5-13c 所示。

5.3.2 斜二测轴测图的特征

斜二测轴测图的主要特征有:
(1)轴间角:$\angle Z_1O_1X_1=90°$,$\angle Y_1O_1Z_1=\angle X_1O_1Y_1=135°$;
(2)轴向伸缩系数:$p=\gamma=1,q=1/2$。
斜二测轴测轴画法如图 5-13b 所示。

5.3.3 斜二测轴测图的画法

斜二测图的特点是形体上凡是平行于 XOZ 坐标面的平面其轴测投影的形状和线段的长度都不变,凡是平行于 Y 轴的线段长度变为 $1/2$,对应轴测轴的平行性不变,因此斜二测特别适合画轴线方向相同的回转体构成的组合体。

作图时,因平行于 V 面的面反映实形,所以很容易作出,然后沿 y_1 轴方向作出立体上各平行于 y 轴的棱线,按 $1/2$ 的伸缩系数截取各点,将对应点相连即可。如图 5-15 所示。若是圆柱,则只需在 y_1 轴上截取两端面圆中心距长度的一半,分别以两个端点为圆心,以圆柱半径为半径画圆,然后作两圆的分切线,并去掉后底圆的不可见部分即可,如图 5-14b~c 所示。

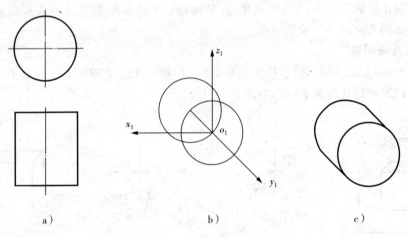

图 5-14 圆柱的斜二测画法

【例 5-7】 根据如图 5-15a 所示的三视图画斜二测轴测图。

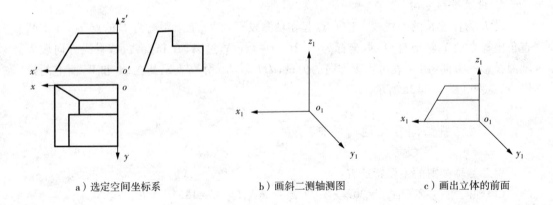

a)选定空间坐标系　　　b)画斜二测轴测图　　　c)画出立体的前面

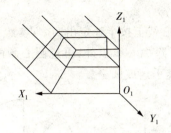
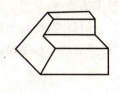

d）画出立体上平行于y轴的各棱线并按1/2比例截取　　e）去掉挖出的一块和多余线，并描深

图 5-15　组合体的斜二测轴测图

5.4　轴测图草图画法

5.4.1　草图的画法

目测估计物体各部分的尺寸比例、不用绘图仪器和工具而徒手绘制得图样称为草图，又叫徒手草图。在草图设计、现场测绘、修配机器时，都要绘制草图，可以说，徒手画图是和使用工具和仪器绘图同样重要的绘图技能，绝无潦草之意。徒手绘图仍应基本上做到：图线粗细分明、方向正确、基本平直；图形比例匀称；标注尺寸准确、齐全；字体书写工整。

画草图一般选用较软的铅笔(B、2B 或 HB)，常在印有浅色方格的纸上进行。

1. 基本图形元素画法

（1）直线画法

画直线时，眼睛看着图线的终点以控制方向。运笔方向一般是：画水平线由左向右；画铅垂线由上向下；画右上斜线由左下向右上；画左上斜线由左上向右下。当直线较长时，可在直线中间定出几个点，然后分段画出。画短线多用手腕运笔，画长线多用手臂动作。

画 30°、45°、60°、的斜线，按两直角边的比例关系，定出端点并连成直线。如图 5-16 所示。

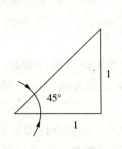
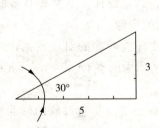
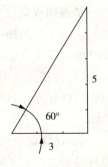

图 5-16　30°、45°、60°的斜线画法

（2）曲线画法

画直径较小的圆时，如图 5-17a 所示，在中心线上按半径定出四个点，然后徒手连成圆。画直径较大的圆时，则可如图 5-17b 所示，除中心线以外，再过圆心画两条不同方向的直线，在这些直线上按半径定出八个点，再徒手连成圆。

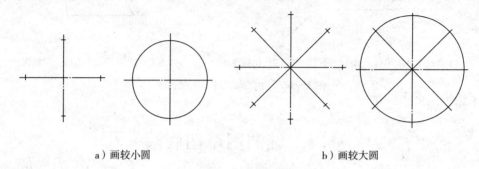

a）画较小圆　　　　　　　　b）画较大圆

图 5-17　圆的画法

椭圆的画法可采用长短轴画出，如图 5-18a 所示。过长短轴端点 A、B、C、D 作矩形或平行四边形正 EFGH；连接其对角线，在各半对角线上按目测取等于 7∶3 的点 1、2、3、4；徒手顺次连接点 A、1、C、2、B、3、D、4、A，就可作出所求的椭圆。还可采用共轭直径作椭圆，如图 5-18b 所示，具体做法与上类似。

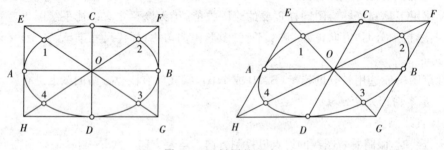

图 5-18　椭圆的画法

5.4.2　轴测草图的画法

轴测图直观性好，具有较强的立体感，有助于综合视图中分散的信息，想象空间立体。所以掌握画轴测草图的技巧，是设计人员必须具备的一项基本技能。下面以如图 5-19 所示为例介绍画轴测草图的步骤。

(1) 为使三视图与轴测图之间有明确的对应关系，首先在三视图中适当的部位取一点作为坐标原点，如图 5-19 所示中的点 $O(o', o, o'')$，并确定坐标轴的方向，如图 5-19a 所示。

(2) 在轴测坐标网格线上取一格点作为对应的轴测坐标原点 O_1。根据形体的特点坐标轴的取法有不同的形式，如图 5-3 所示。选择合适的形式，有助于控制图形的范围，如图 5-19b 所示。

(3)为方便作图,用方格作图形单位,保持视图中坐标系下的正交网格数和轴测坐标系下的轴测网格数相同,利用这种对应关系作出全部图形。

(4)加深可见轮廓线,完成后的图形如图 5-19b 所示。

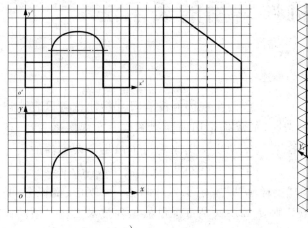
a)

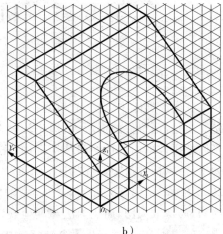
b)

图 5-19 由三视图画轴测草图

本章小结

(1)轴测图由于它符合我们的视觉习惯,直观性强,所以在今后的学习和工作中有一定的实用意义。学习中主要掌握正等测、斜二测两种常用轴测图的画法,总结这两种常用轴测图的特点及应用场合。

(2)熟练绘制基本体的正等测图。

(3)能绘制正面带有较多圆或圆弧形体的斜二测图。

第6章 机件常用的表示法

在生产实践中,有些简单的物体,用一个或两个视图并配合尺寸标注就可以表达清楚。但是,当机件的形状、结构比较复杂时,如果仍采用两面视图或三面视图来表达,就难以把机件的内外形状和结构准确、完整、清晰地表达出来。为了满足复杂零件的表达要求,国家标准《技术制图》(GB/T 17451~17452—1998)和《机械制图》(GB/T 4458.1—2002 和 GB/T 4458.6—2002 等)中的"图样画法"规定了各种画法——视图、剖视图、断面图、局部放大图、简化画法和其他规定画法等。这是每个机械工程技术人员必须共同遵守的规则,应该逐步熟悉并熟练掌握。

6.1 视 图

视图主要用来表达机件的外部结构和形状,一般只画出机件的可见部分,必要时才用虚线表达其不可见部分。视图可分为基本视图、向视图、局部视图和斜视图。

6.1.1 基本视图

1. 基本视图的形成和配置

(1)基本投影面的建立及基本视图的形成

根据国标规定,在原有三个投影面的基础上,再增设三个投影面,组成一个正六面体,这六个投影面称为基本投影面,如图 6-1a 所示。

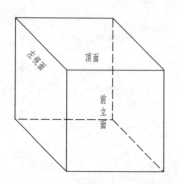 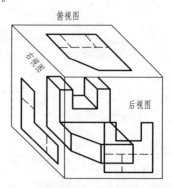

图 6-1 六个基本投影面及其右、后、仰视图的形成

第6章 机件常用的表示法

将机件置于正六面体中,按正投影法分别向六个基本投影面投射所得到的视图,称为基本视图。其中,主、俯、左视图前面已介绍了,新增的基本视图的形成,如图6-1b所示。

右视图——由右向左投射所得到的视图;仰视图——由下向上投射所得到的视图;

后视图——由后向前投射所得到的视图。

六个基本投影面的展开方式如图6-2所示,即正面不动,其余投影面按图中箭头方向展开与正面共面。

(2)基本视图的规定配置

展开后基本视图的配置关系如图6-3所示。在同一张图纸上按此方式配置视图时,一律不标注视图的名称。

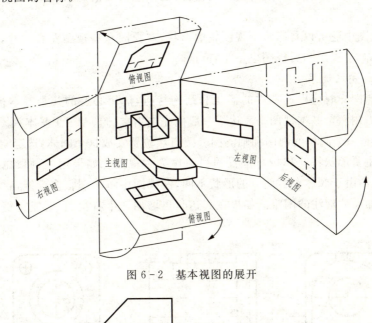

图6-2 基本视图的展开

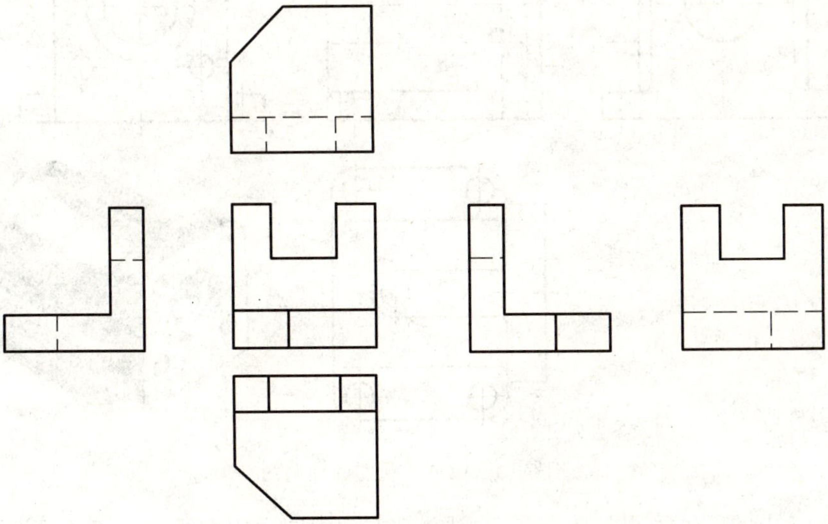

图6-3 基本视图的规定配置

2. 基本视图的投影对应关系

(1) 基本视图之间的位置关系

俯视图在主视图的正下方,左视图在主视图的正右方,右视图在主视图的正左方,仰视图在主视图的正上方,后视图在左视图的正右方。

(2) 基本视图之间的尺寸关系

主、俯、仰、后长对正;主、左、右、后高平齐;俯、左、右、仰宽相等。

(3) 基本视图之间的方位关系

主、俯、仰视图的左右方位明显,后视图的左右方位和主视图相反;

主、左、右、后视图的上下方位明显;

俯、仰、左、右视图反映了机件的前后方位,远离主视图的是前面,靠近主视图的是后面仍适用。

此外,从图中还可以看出每个视图轮廓形状,左视图和右视图左右对称,俯视图和仰视图上下对称,主视图和后视图也是左右对称。

3. 基本视图的选用

绘制机械图样时应根据零件的形状和结构特点,选用必要的几个基本视图,并不是任何机件都需用六个基本视图来表达。一般优先选用主、俯、左三个基本视图。

图6-4是一个阀体的视图和轴测图。按自然位置安放这个阀体,选定能够全面反映阀体各部分主要形状特征和相对位置的视图作为主视图。如果用主、俯、左三个视图表达这个阀体,则由于阀体左右两侧的形状不同,左视图中将出现很多虚线,影响图形的清晰程度和增加尺寸标注的困难。如果在表达时再增加一个右视图,就能完整和清晰地表达这个阀体。

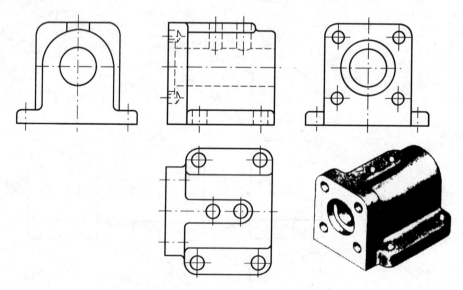

图6-4 阀体的视图和轴测图

图6-4中的阀体采用了四个基本视图,并在主视图中用虚线画出了显示阀体的内腔结构以及各个孔的不可见投影。由于将这四个视图对照起来阅读,已能清晰、完整地表

达出阀体的结构和形状,所以在其他三个视图中的不可见投影应省略,不再画出虚线。

6.1.2 向视图

在实际设计绘图中,有时为了合理利用图纸布局,基本视图可能不按规定位置配置,我们将未按规定位置放置的基本视图,称为向视图。

(1)应用范围

当机件的基本视图不能按标准位置配置时,可采用向视图。

(2)配置方法

根据向视图的定义可知,向视图可以配置在任意适当的位置上。

(3)标注方法

在相应的视图上用带字母(比尺寸数字大一号,按字母顺序使用)的箭头(比尺寸标注中的要大),指明向视图表示的部位和投影方向,并在向视图上方用相同的字母标明该向视图的名称,如图6-5a所示。

表示投影方向的箭头应尽可能配置在主视图上以使视图与基本视图相一致,如图6-5中的"A"、"B"向所示。表示后视图的投射方向箭头最好配置在左视图或右视图上,如图6-5中的"C"向所示。

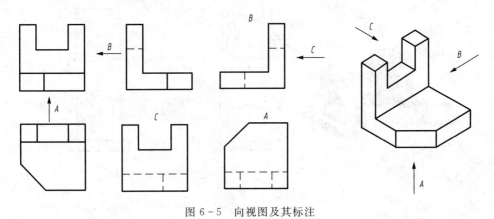

图6-5 向视图及其标注

6.1.3 局部视图

将机件的某一部分向基本投影面投影所得到的视图称为局部视图。

如图6-6a所示的机件,采用主、俯两个基本视图已能表达清楚其主要结构,但左、右两个凸台的形状不明确。若此时再用两个图6-6c所示的基本视图(即左视图和右视图)来表达,则大部分结构属于重复表达。因此,可只画出基本视图中需要表达的部分,即用两个局部视图来表达,则可使图形重点突出,左、右凸台的形状更清晰,如图6-6b所示。

1. 应用范围

用于表达机件上在其他视图在没有表达清楚的局部结构形状。

2. 配置方法

(1)可以将局部视图按基本视图的配置形式配置,即放在基本视图的位置上,并和原视图保持投影对应关系,如图 6-6b 中表示拱形凸台形状的局部视图。

(2)也可以将局部视图按向视图的配置形式配置,即放在任意适当的位置上,如图 6-6b 中的"B"向局部视图。

3. 标注方法

(1)一般标注方法。同向视图的标注方法,如图 6-6b 中的"B"向局部视图所示。

(2)省略标注的条件。当局部视图按基本视图的配置形式配置,中间又没有其他图形隔开时,可省略标注。如图 6-6b 中表示拱形凸台形状的局部视图即省略了标注。

4. 画图注意事项

(1)局部视图的范围。局部视图的范围按被表达部位的大小来确定。断裂处的边界可用波浪线或双折线表示。

(2)波浪线的画法。波浪线应画在物体的轮廓范围内,不应超过断裂机件的轮廓线;应画在机件的实体上,不可画在机件的中空处。

(3)波浪线的省略。当所表示的局部结构的外形轮廓是完整的封闭图形时,断裂边界线可省略不画,如图 6-6b 中的"B"向局部视图。

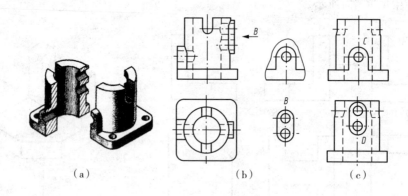

图 6-6 局部视图

局部视图还可按第三角画法配置,此时,只需用细点画线将其与基本视图相连,无需另行标注,如图 6-7 所示。

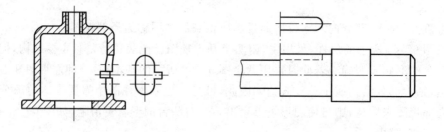

图 6-7 按第三角画法配置的局部视图

6.1.4 斜视图

将机件的倾斜表面向一个和其平行,且垂直于一个基本投影面的新投影面投影,所得到的图形称为斜视图。

如图6-8a所示是压紧杆的三视图,由于压紧杆的耳板是倾斜的,所以它的俯视图和左视图都不反映实形,表达得不够清楚,画图又较困难,读图也不方便。为了清晰地表达压紧杆的倾斜结构,可如图6-8b所示,选择一个新的辅助投影面,使其与倾斜的耳板平行且垂直于 V 面。然后,将耳板向新的投影面投射,得到其反映实形的斜视图。

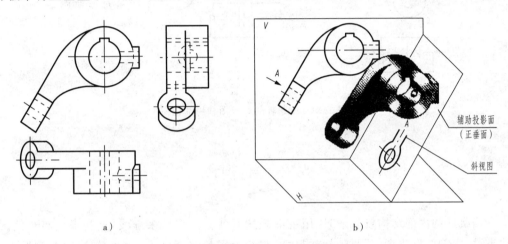

图6-8 压紧杆的三视图及斜视图的形成

1. 应用范围

用于表达机件倾斜部位表面的实际形状。

2. 配置方法

可以将斜视图配置在投射方向(或投射的反方向)上,并和原图形保持投影对应关系,如图6-9a所示。为绘图简便,也可以将斜视图旋转放正,并配置在任意适当的位置上,如图6-9b所示。

3. 标注方法

(1)一般标注方法。与局部视图的标注类似,但不能省略标注。注意箭头要垂直倾斜部位表面的轮廓,但字母一律水平注写,字头朝上,如图6-9a中斜视图"A"所示。

(2)旋转配置的标注方法。旋转斜视图名称要加注旋转符号,标注形式为"×⌒",表示该斜视图名称的大写拉丁字母应靠近旋转符号的箭头端,旋转符号表示的旋转方向应与图形的旋转方向相同,如图6-9b所示。也允许将旋转角度标注在大写字母后,如"A30°⌒"。

4. 画图注意事项

(1)斜视图的范围。斜视图只反映机件上倾斜部分的实形,其余部分断开省略不画。斜视图断裂处的边界可用波浪线和双折线表示。波浪线的画法和省略条件与局部视图相同。

(2)旋转符号的画法、尺寸和比例,如图 6-9c 所示。

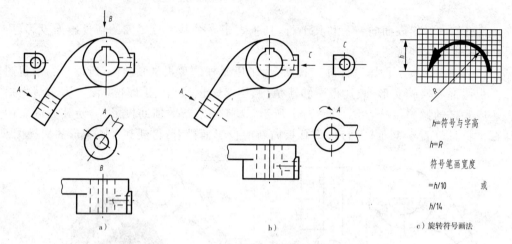

图 6-9 压紧杆的斜视图和局部视图

6.2 剖视图

当机件的内部结构较复杂时,用视图表达时就会出现许多虚线,这些虚线与其他图线重叠,影响图形清晰,不便于标注尺寸,也给看图带来了困难。为了解决这些问题,国家标准规定了剖视图的基本画法。剖视主要用于表达机件被剖开前看不见的内部结构形状。

6.2.1 剖视图的概念和基本画法

1. 剖视图的概念

如图 6-10a 所示,用假想的剖切面剖开机件,将处在观察者和剖切面之间的部分移去,而将其余部分向投影面投射所得到的视图,称之为剖视图,简称剖视。剖切机件的假想平面或曲面称为剖切面,剖切面与机件的接触部分称为剖面区域,简称剖面。

2. 剖视图的画法

(1)画剖视图时将机件剖开是假想的,并不是真正把机件切掉一部分,因此除了剖视图之外,其余视图应按完整机件画出,如图 6-10b 所示。

(2)剖切面应通过所需表达的内部结构(如孔、槽等)的对称面或轴线,并且平行于基本投影面,如图 6-10b 中的正误对比俯视图所示。

(3)剖切后,留在剖切面之后的部分,应全部向投影面投射。只要是看得见的线、面的投影都应画出,应特别注意空腔中线、面的投影,如图 6-10 中拱形阶梯槽和键槽的画法。

第 6 章　机件常用的表示法

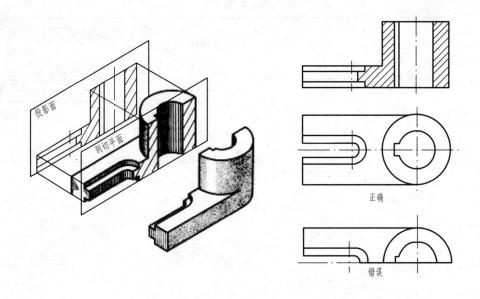

a）剖视图的形成　　　　　　　　b）零件的剖视图及其画法

图 6-10　剖视图的概念及画法

(4)剖视图中,凡是已表达清楚的结构,虚线应省略不画,如图 6-11a 所示。对尚未表达清楚的结构形状,可用虚线表达,如图 6-11b 所示,主视图中画出的虚线,既不影响剖视图的清晰,还可减少一个视图。

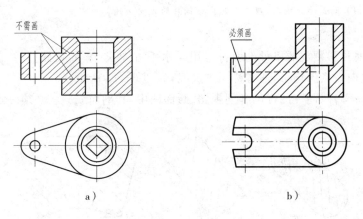

图 6-11　剖视图中应画出必要的虚线

(5)在剖面区域应画出剖面符号。国家标准规定:在剖视图和剖面图中,应采用规定的剖面符号。剖面符号的画法如下:

①不同材料的剖面符号不相同,应采用国标规定的剖面符号,常见材料的剖面符号见表 6-1。

表 6-1 剖面符号

金属材料(已有规定剖面符号者除外)		非金属材料(已有规定剖面符号者除外)	
线圈绕组元件		转子、电枢、变压器和电抗器等的迭钢片	
木材	纵向	液体	
	横向		
型砂、填砂、粉末冶金、陶瓷刀片、硬质合金刀片等		木质胶合板	
玻璃及其他透明材料		格网(筛网、过滤网等)	

注：(1)剖面符号仅表示材料的类别，材料的代号和名称必须另行注明；
(2)迭钢片的剖面线方向，应与束装中迭钢片的方向一致；
(3)液面用细实线绘制。

②对金属材料制成的机件剖面符号用与水平方向成 45°的彼此平行、间隔均匀的细实线，向左或向右倾斜均可，通常称为剖面线，如图 6-12 所示。

③在同一零件、同一图样的各剖视图、断面图中，其剖面线画法必须一致。

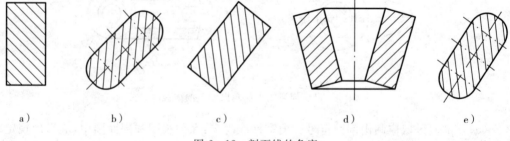

图 6-12 剖面线的角度

④当图形中的主要轮廓线与水平成 45°或接近 45°时，该图形的剖面线可画成与水平方向成 30°或 60°的彼此平行、间隔均匀的细实线，其倾斜的方向仍与其他图形的剖面线一致，如图 6-13 所示。

3. 剖视图的标注方法

(1)一般标注方法。在剖切面起、止和转折处画出带字母和箭头的剖切符号,如图 6-14 中注有字母"A"的两段粗实线及两端箭头;在相应剖视图上方采用相同的大写字母,注成"×—×"形式,以表示该剖视图的名称,如图 6-14 中的"$A—A$"、"$B—B$"。

(2)标注的省略条件。当剖视图按投影关系配置,中间又没有其他图形隔开时,可省略箭头;当单一剖切平面通过机件的对称面或基本对称的平面,且剖视图按投影关系配置,中间又没有其他图形隔开时,可省略标注,如图 6-14 所示的主视图。

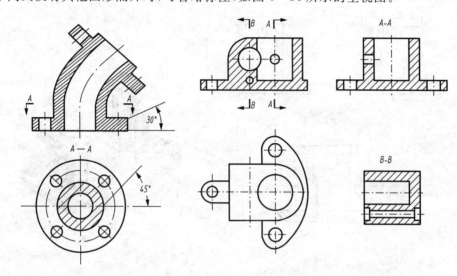

图 6-13　特殊角度的剖面线画法图　　　6-14　剖视图的标注

6.2.2　剖视图的种类

按照机件被剖开的范围来分,剖视图可分为全剖视图、半剖视图和局部剖视图三种。

1. 全剖视图

用剖切面将机件完全剖开所得到的视图,称为全剖视图。全剖视图可以由单一剖切面和其他几种剖切面剖切获得,如图 6-10 所示。

(1)应用范围。由于画全剖视图时将机件完全剖开,机件的外形结构在全剖视图中不能充分表达,因此全剖一般适用于外形较简单的不对称或对称机件。

(2)配置方法。配置在基本视图的位置上,必要时,也可配置在向视图上。

(3)标注方法及标注的省略

①通常采用一般标注方法标注。

②配置在基本视图的位置上时,可省略表示投影方向的箭头。

③当剖切平面是单一剖切面,剖切位置非常明显,且是唯一的,而全剖视图又配置在基本视图的位置上,中间没有其他图形隔开时,可以省略标注,如图 6-10 所示。

对于内外形结构均复杂的机件若采用全剖时,其尚未表达清楚的外形结构可以采用向视图或其他视图表示。

2. 半剖视图

当机件具有对称平面时,向垂直于对称平面的投影面上投影所得的图形,可以以对称中心线为界,一半画成剖视图,另一半画成视图,这种视图叫半剖视图,如图6-15所示。

(1)应用范围。半剖视图既表达了机件的外形,又表达了其内部结构,它适用于内外形状都需要表达的对称机件。如图6-16所示的机件,左、右对称,前、后对称,因此主视图和俯视图都可以画成半剖视图。

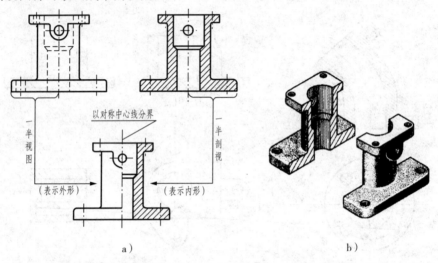

图6-15 半剖视图的形成

(2)配置方法。一般配置在基本视图的位置上。

(3)标注方法及标注的省略和单一剖切面的全剖视图相同,如图6-16c所示。

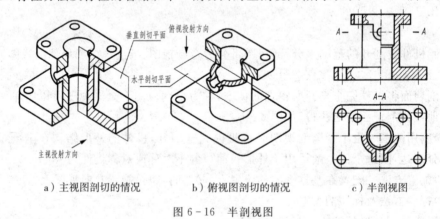

a)主视图剖切的情况　　b)俯视图剖切的情况　　c)半剖视图

图6-16 半剖视图

(4)画图注意事项:

①机件的内部结构如果已在半个剖视图中表达清楚,则在表示外形的半个视图中不再画虚线。

②当物体基本对称,而不对称的部分已在其他视图中表达清楚,这时也可以画成半剖视图,以便将机件的内外结构形状简明地表达出来,如图6-17a、b所示。

半个剖视图的位置可这样配置：主、左视图中位于对称线右侧，俯视图中位于对称线下方，如图 6-16 所示。但有时为了表达某些特殊形状，也可另行配置。

半个剖视图和半个视图必须以细点画线分界。如果机件的轮廓线恰好与细点画线重合，则不能采用半剖视图。此时应采用下面将介绍的局部剖视图

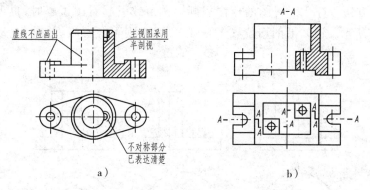

图 6-17　用半剖视图表示基本对称的机件

3. 局部剖视图

用剖切平面局部地剖开机件所得的视图，称为局部剖视图。局部剖视图是一种比较灵活的兼顾内、外结构的表达方法。它不受机件是否对称限制，确定剖切位置和范围可根据机件的结构特点灵活地选定，所以应用最为广泛。

(1) 应用范围

① 内外结构均复杂，且在同一投影方向上不重叠的不对称机件，可以用局部剖视图表达。

如图 6-18b 为箱体的直观图。通过对箱体的形状结构分析可以看出：顶部有一个矩形孔，底部是一块具有四个安装孔的底板，箱体的左下方有一个轴承孔。从箱体所表达的两个视图可以看出：上下、左右、前后都不对称。为了使箱体的内部和外部都能表达清楚，它的两视图既不宜用全剖视图表达，也不能用半剖视图来表达，而以局部地剖开这个箱体为宜，这样既能表达清楚内部结构又能保留部分外形，如图 6-18a 所示。

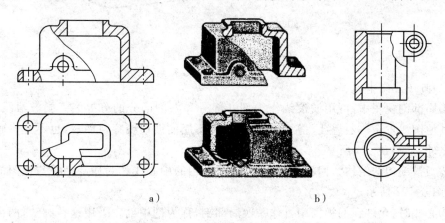

图 6-18　局部剖视图的画法示例

②内、外轮廓线与中心线重合的对称机件,不宜作半剖视图,此时,可作局部剖视图,如图 6-19 所示。

(2)配置方法。一般配置在基本视图的位置上;需要时也可配置在视图的外面,并与原图保持投影对应关系;还可以配置在任意适当的位置上。

(3)标注方法。符合剖视图的标注规则。在不致引起看图误解时,也可省略,如图 6-18、6-19 所示。但如果剖切位置不是唯一的话,则不能省略,如图 6-20 中的"A—A"所示。

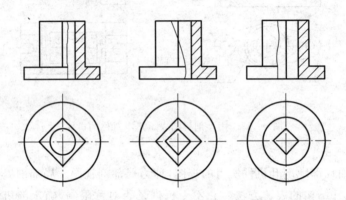

图 6-19 内、外轮廓线与中心线重合不宜作半剖视图

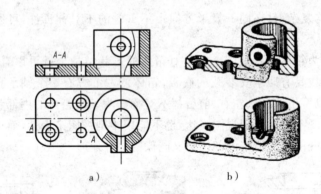

图 6-20 局部剖视图的标注

(4)画图注意事项:

①局部剖视图中,可用波浪线作为剖开部分和未剖部分的分界线。画波浪线时,不应与其他图线重合。若遇孔、槽等空洞结构,则不应使波浪线穿空而过,也不允许画到轮廓线之外,如图 6-21 所示。

②当被剖切的结构为回转体时,允许将该结构的中心线作为局部剖视与视图的分界线,如图 6-22 所示。

③必要时,允许在剖视图中再作一次局部剖,称为剖中剖。采用这种画法,两个剖面区域的剖面线应同方向、同间隔,但互相错开,两个剖视图之间用波浪线分界,并用指引

线标出局部剖视图的名称,如图6-23所示。

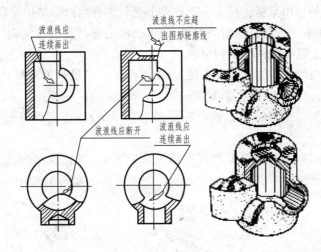

图6-21 局部剖视图的剖视与视图的分界线错误画法分析

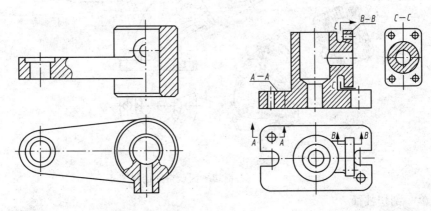

图6-22 中心线作为局部剖视和视图的分界线　图6-23 在剖视图中再作一次局部剖视

6.2.3 剖切面的种类

由于机件的结构形状千差万别,因此画剖视图时,应根据结构特点,选用不同的剖切平面,以便使物体的内部形状得到充分表示。

1. 用单一剖切平面剖切

仅用一个剖切平面剖开机件,这种剖切方式应用较多。

(1)用平行于某一基本投影面的单一剖切平面剖切

如图6-10和图6-11中的剖视图,都是采用平行于基本投影面的单一剖切平面剖开机件后得到的,是最常用的剖视图。

(2)用垂直于某一基本投影面的平面剖切——斜剖

当物体上具有倾斜的内部结构时,只有沿着倾斜的方向剖开才可以表达其内部特征,这种用垂直于某一基本投影面的剖切平面剖开机件的方法称为斜剖,所得剖视图称为斜剖视图。

①斜剖视图的应用范围。用来表达机件上倾斜部分的内部结构形状。如图6-24中的"A—A"剖视图表达了弯管的断面形状、顶部凸缘的形状及凸缘上四个孔的分布情况、前面凸台和凸台上通孔的内部结构形状。

②斜剖视图的配置。为了看图方便,斜剖视图最好按投影关系配置在与剖切符号相对应的位置,并与原图形保持投影对应关系,如图6-24b所示。为了合理利用图纸,也可将剖视图平移至图纸的适当位置。在不致引起误解时,还允许将图形旋转,如图6-24d所示。

③斜剖视图的标注。斜剖视图按投影关系配置时,其标注和上述一般标注方法相同。但旋转后的标注形式应为"×—×⌒"或"×—×⌒",如图6-24d中的"A—A⌒"。

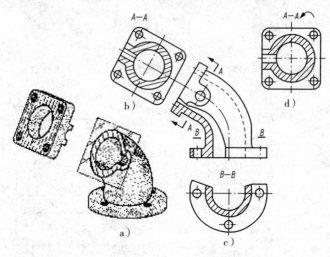

图6-24 单一斜剖切平面获得的剖视图

(3)单一剖切柱面

为了准确表达处于圆周上分布的某些结构,有时采用柱面剖切。国标规定:采用柱面剖切机件时,剖视图应按展开绘制,并仅画出剖面展开图,剖切平面后面的有关结构省略不画。其画法和标注方法如图6-25所示。

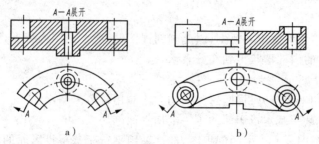

图6-25 单一剖切柱面获得的剖视图

2. 用两个相交的剖切平面剖切——旋转剖

用两个相交的剖切平面(交线垂直于某一基本投影面)剖开机件的方法称为旋转剖。图6-26为两个相交的剖切平面,其交线垂直于侧投影面。

(1) 应用范围。旋转剖通常用于表达具有明显旋转轴线、内形分布在两个相交的剖切面上的机件，如盘、轮、盖等成辐射状分布的孔、槽、轮辐等结构。

(2) 配置方法。一般配置在基本视图的位置上。

(3) 标注方法。在旋转剖视图的上方用字母标注剖视图名称"×—×"，在相应视图上用剖切符号标明剖切平面的起、止及相交转折处。当相交处地方很小时，可省略字母。剖切符号端部的箭头表示剖切后的投影方向，不能误认为是剖切面的旋转方向。箭头应垂直剖切符号，并注上相同的字母（字母一律水平书写），如图6-26所示。

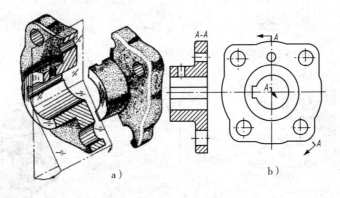

图6-26 两相交的剖切面

(4) 画图注意事项

① 旋转剖视图是先假想按剖切位置剖开机件，然后将倾斜剖切平面剖开的结构及其有关部分（指与被剖切结构有直接联系且密切相关，或不一起旋转难以表示的部分）旋转到与选定的投影面平行后再进行投影，以反映被剖切部分结构的真实形状。

旋转剖视图是采用"先剖切后旋转"的方法画出的，有些部分的投影图形往往会被伸长，但却反映了机件被剖切部分的真实形状，如图6-27a所示的底板比相应视图伸长了。若采用"先旋转后剖切"的方法，就会出现剖切位置的标注与实际剖切位置不一致的矛盾，如图6-27b所示的底板，是错误画法。

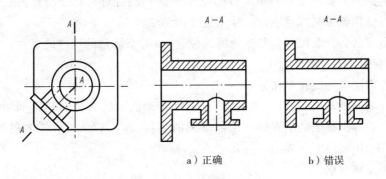

图6-27 先剖切后旋转示例

② 在旋转剖视图中，在剖切平面后的其他结构（指与所表达的结构关系不太密切或一起旋转会引起误解的结构），一般仍按原来的位置投影，如图6-28所示。

③ 如果剖切后产生不完整要素，应将此部分按不剖绘制，如图6-29中的臂板。

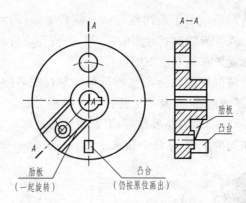

图 6-28 旋转剖视图中剖切平面后的结构的规定画法

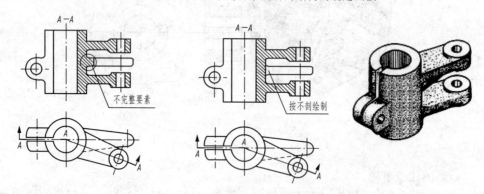

图 6-29 剖切后产生不完整要素的规定画法

3. 用几个平行的剖切平面剖切——阶梯剖

用几个相互平行的剖切平面剖开机件的方法称为阶梯剖。

(1)应用范围。当机件上具有几种不同的结构要素(如孔、槽等),而且它们的中心线排列在相互平行的平面上时,宜采用几个平行的剖切平面剖切。

如图 6-30 所示的机件中,孔、槽和带凸台的孔是平行排列的,若用单一剖切面不能将孔、槽同时剖到。图中采用三个平行的剖切平面,分别把槽、孔及凸台的孔剖开,再向投影面投射,这样就很简练地表达清楚了这些内部结构。

(2)配置方法。一般配置在基本视图的位置上,对于复杂的机件的表达,也可将其放在其他适当位置上。

(3)标注方法。与旋转剖相似。

如图 6-30b 所示,在剖切位置的起、止及平行平面的转折处均标出剖切符号,并注写字母 A;在阶梯剖视图的上方标注出剖视图的名称"A—A"。当阶梯剖视图配置在基本视图位置上,中间没有其他图形隔开时,可省略箭头。

(4)画图注意事项

①因为剖切是假想的,所以阶梯剖是设想将几个平行的剖切平面平移到同一平面的位置后,再进行投影。此时,不应画出剖切平面转折处的分界线,如图 6-31a 所示。

②要正确选择剖切平面的位置,在图形中不应出现不完整的要素,如图 6-31b 所示。仅当两个要素在图形上具有公共的对称中心线或轴线时,以对称中心线或轴线为

界,可以各画一半,如图 6-32 所示。

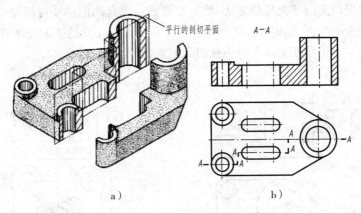

a)　　　　　　　　　　b)

图 6-30　几个平行的剖切面

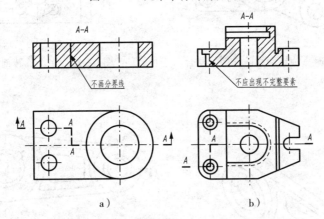

a)　　　　　　　　　　b)

图 6-31　几个平行剖切面作图时的常见错误

③转折处的剖切符号用两条互相垂直的细短粗实线画出,且标注时,两符号的短画应竖向或横向对齐;为清晰起见,转折处不应与图上的轮廓线重合,如图 6-33 所示。如果转折处的位置有限,在不致引起误解时,可以不注写字母。

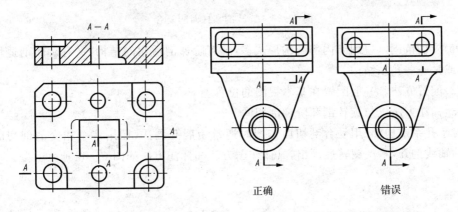

图 6-32　具有公共对称线的剖视图　　图 6-33　阶梯剖剖切符号的画法

4. 用组合的剖切平面剖切——复合剖

用组合的剖切面剖开机件的方法，称为复合剖。组合的剖切面可以是互相平行的平面和相交的平面的组合（如图 6-34 所示），也可以是多个相交的平面的组合（如图 6-35 所示），还可以在上述基础上加上单一柱面的组合（如图 6-36 所示）。

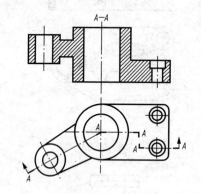

图 6-34 旋转剖和阶梯剖的复合

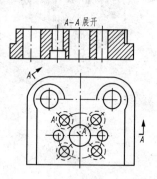

图 6-35 多个旋转剖的复合

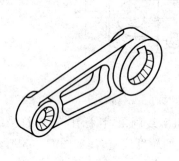

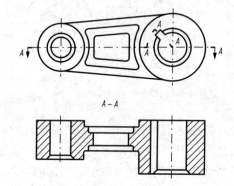

图 6-36 旋转剖和柱面的复合

(1) 应用范围。应用于内部结构形式多，既有阶梯剖适用的结构，又有旋转剖适用的结构，或是一些孔系结构。

(2) 配置方法。一般配置在基本视图的位置上。

(3) 标注方法。与旋转剖和阶梯剖相同。

对于孔系结构，采用复合剖切面作图时通常用展开画法，即用多个相交的剖切面沿各孔的轴线剖开，多次旋转后画出，具体作图方法和标注方法如图 6-37 所示。

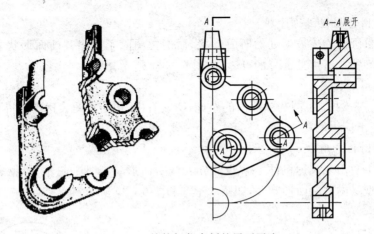

图 6-37 挂轮架复合剖的展开画法

6.3 断面图

6.3.1 断面图的概念

1. 断面图的概念

假想用剖切平面将机件的某处切断,仅画出该剖切平面与物体接触部分的图形,这种图形称为断面图,简称断面,老国标称剖面图。

图 6-38a 是轴的立体图,为了表达键槽和销孔处断面的形状,作了如图 6-38b 所示的"$A-A$"、"$B-B$"两个断面图。

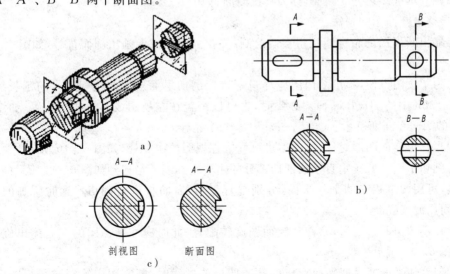

图 6-38 断面图的概念

2. 断面图与剖视图的区别

断面图只画出物体被切处的断面形状,而剖视图除了画出其断面形状之外,还要画出剖切平面后的所有可见部分的投影,如图6-38c所示。

3. 断面图的优点

从图6-38c中剖视图与断面图的对比,明显看出,用断面图表达则显得更为清晰、简洁,同时也便于标注尺寸。

4. 断面图的应用

断面图主要用来表达机件上某些部分的截断面形状,如肋、轮辐、键槽、小孔及各种细长杆件和型材的截断面形状等,如图6-38和图6-39所示。

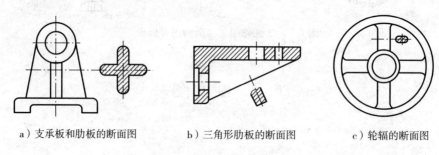

a) 支承板和肋板的断面图　　b) 三角形肋板的断面图　　c) 轮辐的断面图

图6-39　断面图的应用

6.3.2　断面图的种类和画法

断面图可分为移出断面和重合断面。

1. 移出断面

画在基本视图之外的断面,称为移出断面,如图6-38b所示。

(1) 移出断面图的画法

① 移出断面图的轮廓线用粗实线绘制,并在剖面区域上画出剖面符号,如图6-38b所示。

② 为了读图方便,移出断面图应尽量配置在剖切平面迹线或剖切符号的延长线上,如图6-38b中的B-B断面。必要时,也可以配置在左视图或其他适当位置,如图6-38b中的A-A断面所示。

③ 当移出断面图形对称时,断面也可配置在视图的中断处,如图6-40所示。

④ 剖切平面一般应垂直于被剖切部分的主要轮廓线。当遇到如图6-41所示的肋板结构时,可用两个相交的剖切平面,分别垂直于左、右肋板进行剖切。这时所画的断面图,中间用波浪线断开。

⑤ 在不致引起误解时,允许将断面图旋转配置,此时应在断面图的上方注出旋转符号,如图6-42所示。

⑥ 当剖切平面通过回转面形成的孔或凹坑的轴线时,断面图应绘制成封闭图形,如图6-43所示。

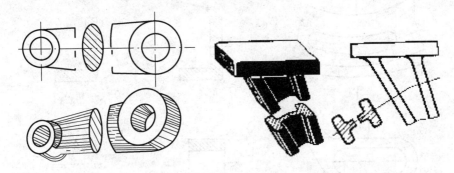

图 6-40　画在视图中断处的断面　　图 6-41　相交剖切平面剖切机件所得的断面

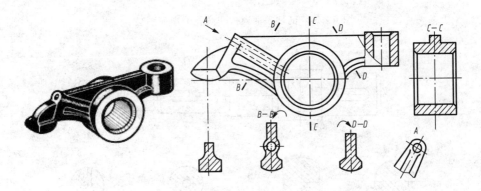

图 6-42　移出断面图的旋转配置及其标注形式

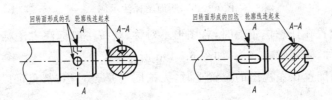

图 6-43　剖切平面通过回转面形成的孔或凹坑轴线的断面画法

⑦剖切面平通过非回转面的通孔、通槽会导致出现完全分离的几个断面图形时，这些结构应按剖视图绘制，如图 6-44 所示。

(2)移出断面图的标注

移出断面图一般要用剖切符号表示剖切位置，用箭头表示投影方向，并注上字母；在断面图的上方，用同样的字母标出相应的名称"×—×"(×为大写拉丁字母)，如图 6-45a 所示。

①当断面画在剖切符号的延长线上时，如果断面是对称图形，可完全省略标注，如图 6-45b 所示；若断面不对称，则只能省略字母，如图 6-45c 所示。

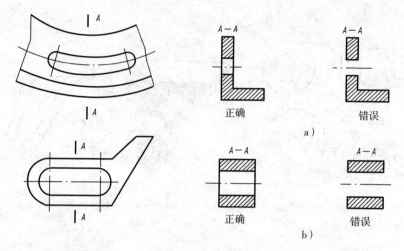

图6-44 剖切平面通过非圆孔的断面画法

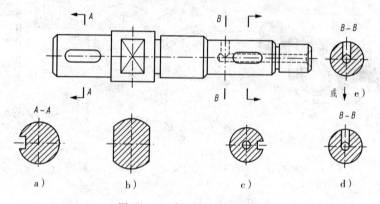

图6-45 断面图标注示例

②当断面配置在任意位置上时,若图形不对称,就按一般标注方法标注,如图6-45a所示;若图形对称,则可省略箭头,如图6-45d所示。

③当断面图配置在左视图的位置上时,无论图形是否对称,都只可以省略箭头,如图6-45e所示。

2. 重合断面

剖切面绕剖切平面迹线旋转并重合画在视图之内的断面,称为重合断面。重合断面图是重叠画在视图上的,为了重叠后不至影响图形的清晰程度,一般多用于断面形状较简单的情况。

(1)重合断面的画法

①重合断面的轮廓线规定用细实线绘制在基本视图中。

②当视图中的轮廓线与重合断面重叠时,视图中的轮廓线仍应连续画出,不可间断,如图6-46所示。

(2)重合断面的标注方法

重合断面图若为对称图形,可省略标注,如图6-46a、b所示。若图形不对称,也可省略标注,如图 6-46c 所示。

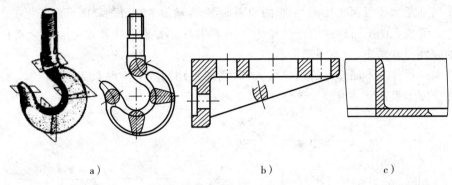

图 6-46 重合断面的画法与标注

由上述讲解内容可知,重合断面和移出断面的基本画法相同,其区别仅是画在图中的位置不同和采用的线型不同。

6.4 其他表达方法

为了使图形清晰、画图简便和便于尺寸标注,国家标准(GB/T 4458.1—2002 和 GB/T 4458.6—2002)中还规定了局部放大图、简化画法等其他表达方法,以供绘图时选用。

6.4.1 局部放大图

将机件的部分结构用大于原图形所采用的比例画出的图形,称为局部放大图。

(1)应用范围。局部放大图常用于表达机件上在视图中表达不清楚或不便于标注尺寸和技术要求的细小结构,如图 6-46 所示。

(3)配置方法。局部放大图应尽量配置在被放大部位的附近,便于看图。必要时,也可配置在其他适当位置上。

(4)标注方法。在视图中需要放大的部位画上细实线圆,在同一机件上有几处需要放大画出时,用罗马数字标明放大位置的顺序,并在相应的局部放大图的上方标出相应的罗马数字及所用比例,以示区别,如图 6-46 所示。若机件上只有一处需要放大时,只需在局部放大图的上方注明所采用的比例即可,如图 6-47 所示。

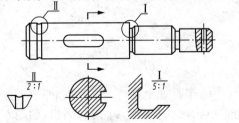

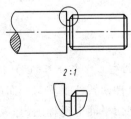

图 6-46 多处局部放大图的画法和标注　　图 6-47 仅一处局部放大图的画法和标注

(5)画图注意事项

①局部放大图可画成视图、剖视图或断面图,与被放大部分的原图形画法无关。

②局部放大图上所标注的比例是指该图形中机件要素的线性尺寸与实际机件相应要素的线性尺寸之比,与原图比例无关。

③同一机件上不同部位的局部放大图,当图形相同或对称时只需画出一个,必要时可用几个图形表达同一被放大部分结构,如图 6-48 所示。

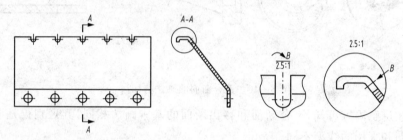

图 6-48 用几个局部放大图表达同一个被放大结构

6.4.2 规定画法

1. 机件上的肋、轮辐及薄壁的剖切画法

对于机件上的肋、轮辐及薄壁等结构,如按纵向剖切,这些结构都不画剖面符号,而用粗实线将它与相邻结构分开;如按横向剖切,则应画出剖面符号,如图 6-49、6-50 所示。

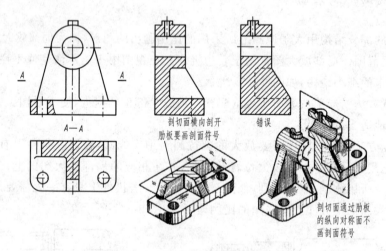

图 6-49 肋板的剖切画法

2. 机件上均匀分布的肋、轮辐和孔在剖视图中的画法

当机件回转体上均匀分布的肋、轮辐、孔等结构不处于剖切平面上时,可将这些结构旋转到剖切平面上对称画出;没有剖到的均布小孔,也按剖到一个旋转画出,如图 6-50、图 6-51 所示。

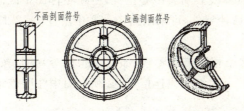

图 6-50 轮辐的剖切画法

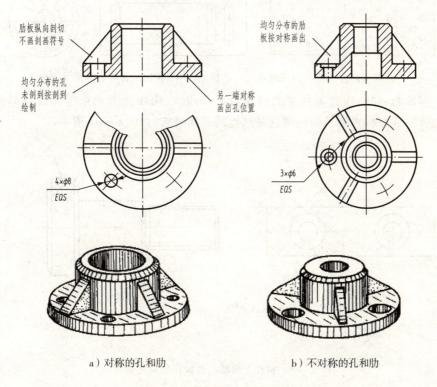

a) 对称的孔和肋　　　　　　b) 不对称的孔和肋

图 6-51 均布孔、肋的规定画法

上述剖视图的规定画法中的纵向剖切和横向剖切是容易混淆的两个概念,学习时对肋和薄壁结构可以这样理解:纵向剖切切出形状,横向剖切切出厚度;对轮辐结构则是:纵向剖切过轴线,横向剖切得断面。

沿圆周均匀分布的肋和轮辐在剖视图中无论是否对称,均按对称图形画出;无论是否剖到,均按不剖绘制。

6.4.3 简化画法

1. 相同结构要素的简化画法

(1)若干直径相同且按规律分布的孔(圆孔、螺纹孔、沉孔等)、管道等,可以仅画出一个或几个,其余只需用点画线表明其中心位置,但在零件图中应注明其总数,如图6-52所示。对于厚度均匀的薄片零件,可采用图6-52中所注 $t=2$ 的形式表示其厚度,这种标注可减少视图的数量。

(2)当机件上具有多个相同结构要素(如孔、槽、齿等)并且按一定规律分布时,只需画出几个完整的结构,其余用细实线连接,但必须在图中注明该结构的总数,如图6-53所示。

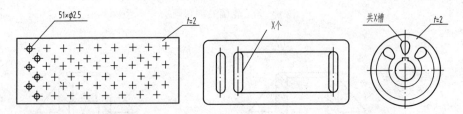

图6-52 等径成规律分布孔的简化画法　　图6-53 相同结构要素的简化画法

(3)网状物、编织物或机件上的滚花部分,可在轮廓线之内示意地画出一部分粗实线,并加旁注或在技术要求中注明这些结构的具体要求,如图6-54所示。

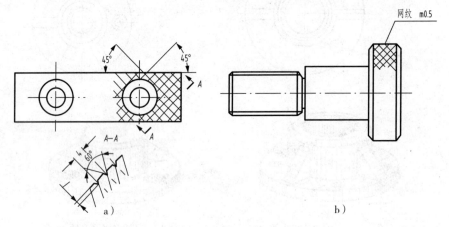

图6-54 机件上网状物和滚花的简化画法

2. 折断画法

较长的机件(轴、杆、型材、连杆等)沿长度方向的形状一致或按一定规律变化时,可断开后缩短绘制,这种绘图方法称为折断画法,如图6-55所示。折断线一般采用波浪线或双折线绘制。这种画法便于使细长的机件采用较小的比例画图,同时图面紧凑。要注意的是,机件采用折断画法后,尺寸仍应按机件的实际长度标注。

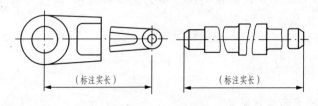

图6-55 折断画法

3. 对称图形的简化画法

为了节省绘图时间和图幅,在不致引起误解时,对称机件的视图可只画一半或四分之一,并在对称中心线的两端画出两条与其垂直的细实线,如图 6-56 所示。

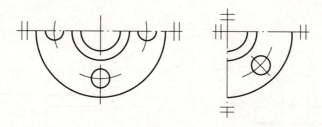

图 6-56　对称图形的简化画法

4. 较小结构的简化画法

(1) 与投影面倾斜角度小于或等于 30°的圆或圆弧,其投影可用圆或圆弧代替,而不必画出椭圆,如图 6-57 所示。

(2) 类似于图 6-58 所示机件上的较小结构,若已在一个视图中表示清楚了,在其他视图中可简化或省略。

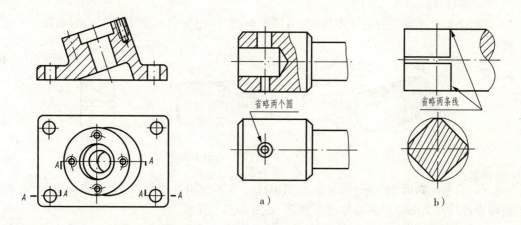

图 6-57　较小倾斜角度的圆的简化画法　　图 6-58　较小结构的省略画法

(3) 在不致引起误解时,机件上的小圆角、小倒圆或 45°小倒角,在图上允许省略不画,但必须注明其尺寸或在技术要求中加以说明,如图 6-59 所示。

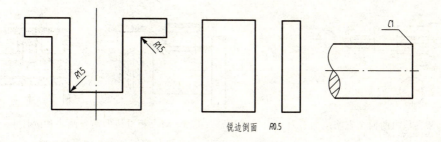

图 6-59　圆角、倒角的简化画法

(4)机件上的环面小圆角,在垂直于其轴线的视图上可按无圆角处理,如图 6-60 所示。

(5)机件上斜度不大的结构,如在一个图形中已表达清楚时,其他图形可按小端画出,如图 6-61 所示。

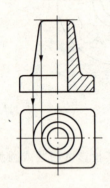
图 6-60 环面小圆角的简化画法

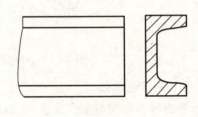
图 6-61 斜度不大的结构的简化画法

5. 其他简化画法

(1)当图形不能充分表达平面时,可用平面符号(相交的两细实线)表示,如图 6-62 所示。

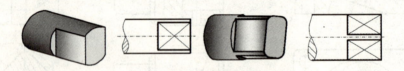
图 6-62 用平面符号表示平面

(2)在移出断面图中,一般要画出剖面线。当不致引起误解时,允许省略剖面线,但剖切位置和断面图的标注必须遵守规定,如图 6-63 所示。

(3)在不致引起误解时,过渡线、相贯线允许简化,可用圆弧或直线代替非圆曲线,如图 6-64 所示。

(4)圆柱形法兰和类似零件上均匀分布的孔,可按图 6-64(右图)所示方法表示。

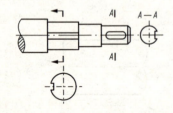
图 6-63 移出断面中省略剖面符号

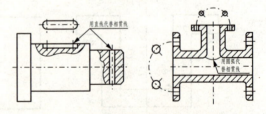
图 6-64 相贯线的简化画法和圆柱形法兰均匀分布孔的简化画法

6.5 读剖视图

6.5.1 读图要求

读剖视图是根据已有的视图、剖视、断面图等,通过分析这些视图的对应关系及表达意图,从而想象出机件内外结构形状。

读懂剖视图,是在读组合体视图基础上进行的。因此,读剖视图时,必须进一步应用读组合体视图的思维方法,同时应熟悉和应用图样画法的基本知识。现以图 6-65 所示四通管说明读剖视图的方法和步骤。

6.5.2 读剖视图方法和步骤

1. 概括了解

了解机件选用几个视图,明确其名称和剖视图的剖切位置及投影对应关系,初步了解各图形的作用。

如图 6-65 所示四通管有五个视图,主视图全剖是采用两相交剖切面 $B-B$;俯视图全剖是采用两个平行剖切平面 $A-A$,这两个图是表示三通管主体内外形及内孔相对位置;$C-C$、$E-E$ 剖视采用单一剖切平面及 D 向局部视图分别表示三个凸缘的形状、小孔的形状及分布位置。

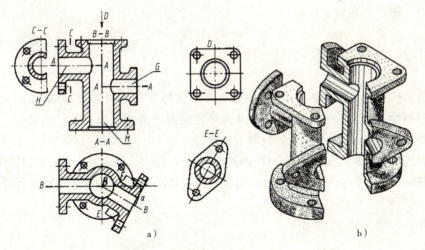

图 6-65 读四通管视图

2. 想象各部分的形状

(1) 区分各结构的空与实、远与近的方法。在剖视图中凡是带剖面符号的封闭线框一般是表示剖切面与机件相交的断面(实体部分)。不带剖面符号的空白封闭线框,在一般情况下,表示机件的空腔或剖切面后的结构形状。如主视图的 M、G、H 的空白线框表示四通管的四个通孔的结构。

(2)确定机件内形及相对位置的方法。剖视图中的空白线框往往不能直接确定其形状和位置,必须在其他视图上找到其对应的剖切位置,并从相应特征形线框和位置关系,确定其内形的真实形状和相对位置。如主视图的 M、G、H,在俯视图找到 $B-B$ 剖切位置,说明 M 是圆孔,G 孔与 M 孔为斜交,交角 a,H 孔与 M 孔是正交,并从 $E-E$、$C-C$ 剖视,确定 G、H 是圆孔及带小圆孔和圆角的棱形和圆形的凸缘;从 D 向局部视图确定机件顶部是带小圆孔的方形凸缘。

(3)综合想象整体形状。把各部分形状综合起来想象,归纳出整体形状。以主、俯视图为主,想象四通管主体为圆筒形状,确定机件内腔的相对位置,然后再通过其他视图表示的其他部分形状,进行综合想象,整体形状就想象出来了,如图 6-65b 所示。

6.6 各种表达方法的综合应用

国标规定:绘制技术图样时,应首先考虑看图方便,还应根据机件的结构特点,选用适当的表示方法,在完整、清晰地表示物体形状的前提下,力求读图方便、制图简便。

同一机件可以有多种表示方案,各种表示方案各有其优缺点。应通过分析对比、确定最佳方案。现以图 6-66 所示支架零件说明应用各种表达方法表达零件的方法和步骤。

6.6.1 形体分析

如图 6-67 所示,支架的主体由底板、圆筒和工字形连接板三个主要部分组成,在圆筒上还有一个凸台和斜交耳板。

6.6.2 选择主视图

主视图应能明显地反映出机件内、外主要结构特征和相对位置,并应兼顾其他视图表达的清晰性。如图 6-66 所示,从 a、d 两个方向观察都能反映支架结构特征。考虑其他视图表示,选择 a 向为主视图的投射方向较佳。

根据投射方向和机件结构特点(即内外形状及位置关系)确定表达方法。如图 6-67 所示主视图应以表示支架外形及各部分相对位置为主,并采用局部剖表达底板上的拱形槽。

6.6.3 确定其他视图

当主视图确定后,首先应考虑俯、左视图的选择。如选用俯视图并采用 $A-A$ 全剖视,表示工字形连接板和底板的形状及其左右、前后相对位置和拱形槽分布位置。左视图采用 $C-C$ 全剖视,用来表示圆筒形状、凸台上圆孔正交关系及圆筒与工字板的连接关系。有了这三个基本视图,支架主体形状已表示清楚。此时,还应考虑用其他表达方法补充尚未表达清楚的结构形状,如 D 向局部视图表示凸台特征,$B-B$ 剖视表示斜交耳板的圆孔、厚度及与圆筒的连接关系。

通过以上表达方法的选择,把支架的结构形状完整、清晰表示出来,如图6-67所示。

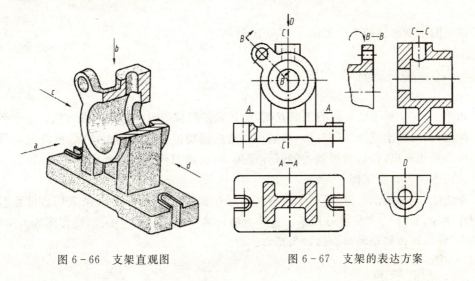

图6-66 支架直观图　　　　　图6-67 支架的表达方案

6.7 轴测剖视图

在轴测图中,为了表示物体不可见内部的结构形状,也常用剖切的画法,这种剖切后的轴测图称为轴测剖视图。

6.7.1 轴测图中的剖切位置

在轴测图中剖切,为了不影响物体的完整形状,而且尽量使图形明显、清晰,在空间一般用分别与两个直角坐标面平行且相互垂直的两个剖切平面,将物体切去四分之一,即在轴测图上,一般沿两轴测坐标面(或其平行面)用与轴间角一致的两个剖切平面剖切,较能完整地显示出物体的内、外形状,如图6-68a所示。

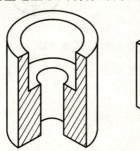
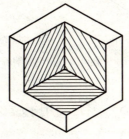
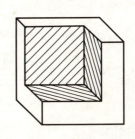

a) 轴测图中的剖切位置　　b) 正等测图中剖面线方向　　c) 斜二测图中剖面线方向

图6-68 轴测剖视图的概念

6.7.2 轴测图中剖面线方向

轴测图中剖面线的方向如图 6-68b、c 所示。

6.7.3 轴测剖视图的画法

如图 6-69a 所示是形体的二面视图,作其轴测剖视图时一般有两种方法:

作法一:先画出组合体的外形,然后按所选的剖切位置画出剖面轮廓,再将剖切后可见的内部形状画出,最后将被剖去的部分擦掉,画出剖面线,描深,如图 6-69b 所示。这种方法初学时较容易掌握。

作法二:先画出剖面形状,然后画出与剖面有联系的形状,再将其余剖切后可见形状画出并描深,如图 6-69c 或 d 所示。这种方法可减少不必要的作图线,使作图较为简便,对于内、外形状较复杂的组合体较为适宜。

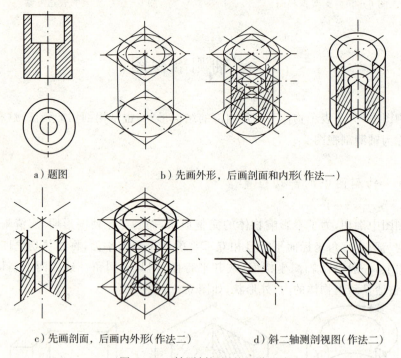

a)题图　　　　b)先画外形,后画剖面和内形(作法一)

c)先画剖面,后画内外形(作法二)　　　d)斜二轴测剖视图(作法二)

图 6-69　轴测剖视图的两种画法

6.8　第三角投影

我国国家标准"机械制图"图样画法中规定,机件的图形按正投影法绘制,并采用第一角画法。而世界上有些国家,如英国、美国、日本等,虽然也按正投影法绘制机械图样,但采用的是第三角画法。随着国际间技术交流的日益发展,我们掌握第三角投影画法的基本知识是必要的。因此,必须学会读、画这种图样的基本方法。

6.8.1 第一角和第三角画法的异同

三个投影面垂直相交,把空间分为八个分角,图 6-70 所示的是Ⅰ、Ⅱ、Ⅲ、Ⅳ四个分角。第一角画法和第三角画法虽然都是采用正投影法,但物体放置的位置不同。

第一角画法:将物体放置于第一分角内进行投影,并使物体处于观察者与投影面之间,保持着人——物体——投影面(视图)的关系。

第三角画法:将物体放置于第三分角内进行投影,并使投影面处于观察者与物体之间,保持着人——投影面(视图)——物体的关系。

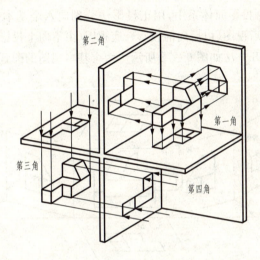

图 6-70 第三角投影法

图 6-70 中的形体第一角画法的三视图名称及配置如图 6-71a 所示。该形体的第三角画法的三视图名称分别是:

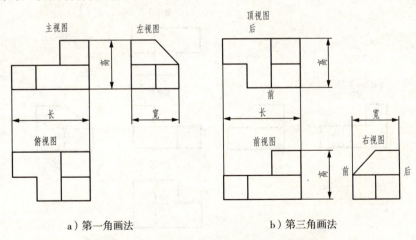

a) 第一角画法　　　　　　b) 第三角画法

图 6-71 第一角与第三角三视图画法的比较

前视图——由前向后看,在 V 面上的投影;
顶视图——由上向下看,在 H 面上的投影;
右视图——由右向左看,在 W 面上的投影。
三视图的配置如图 6-71b 所示。

第三角画法中,三视图之间的关系与第一角画法一致。但由于第三角画法的三视图的位置改变了,所以视图与机件的前后方位关系也发生了变化。即以前视图为基准,顶、右视图中靠近前视图的一方为机件的前方,远离前视图的一方为后方,如图 6-71b 所示。

6.8.2 第三角画法的六个基本视图

将机件放置于六个投影面体系中,用正投影法分别向六个基本投影平面投影,除上述三个视图之外,还得到后视图(由后向前投影)、底视图(由下向上投影)、左视图(由左向右投影)。六个投影面的展开方法如图 6-72 所示。六个基本视图的配置如图 6-73 所示。

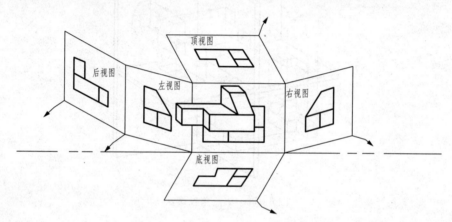

图 6-72 第三角画法基本投影面展开

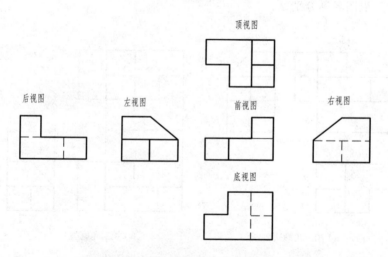

图 6-73 第三角画法基本视图的配置

6.8.3 第一角和第三角画法的标记

第一角画法和第三角画法都是国际标准化组织(ISO)所规定的通用画法,第一角画法称为E画法,第三角画法称为A画法。为了区分采用的是哪种画法,规定用图形的识别符号,如图6-74所示。该符号绘制在图样标题栏中专设的格内。采用第三角画法时,必须画出第三角画法识别符号;采用第一角画法必要时也应画出其识别符号。

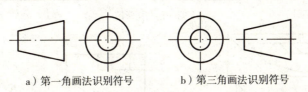

a) 第一角画法识别符号　　b) 第三角画法识别符号

图 6-74　第一角和第三角画法的识别符号

6.8.4 读第三角画法的视图

读第三角画法视图时,应先确定视图名称及投射方向、识别相邻视图表示方位的对应关系,然后应用前面介绍的读图知识和方法,综合想象出立体形状。具体读图步骤见图6-75分解图示意。

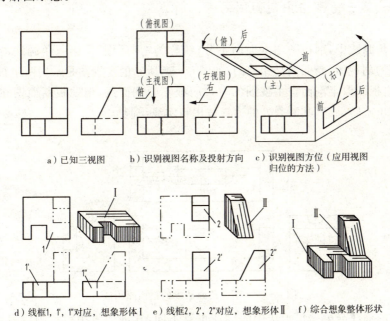

a) 已知三视图　　b) 识别视图名称及投射方向　　c) 识别视图方位(应用视图归位的方法)

d) 线框1,1',1"对应,想象形体Ⅰ　　e) 线框2,2',2"对应,想象形体Ⅱ　　f) 综合想象整体形状

图 6-75　读第三角画法的三视图

为了进一步读懂第三角画法的视图,我们还可以经常进行第一角画法和第三角画法三视图的转换练习。如图6-76所示,就是第一角视图转换成第三角视图的思维过程。

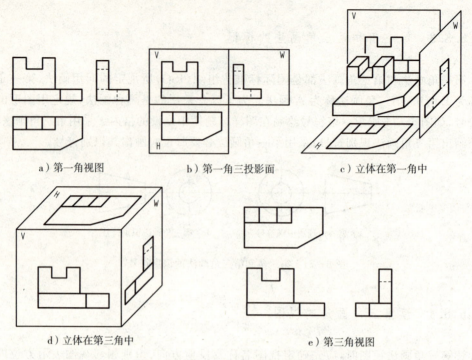

a) 第一角视图　　　b) 第一角三投影面　　　c) 立体在第一角中

d) 立体在第三角中　　　e) 第三角视图

图 6-76　第一角和第三角三视图的转换

6.8.5　第三角画法中剖面图的画法特点

在第三角画法中,剖视图和剖面图不分,统称为"剖面图"。第三角画法的剖面图和第一角画法的剖视图、断面图是相似的,如图 6-77 所示的主视图是采用两平行平面剖切的全剖面,右视图取半剖面。主视图的右边肋板不画剖面线,但肋板断面图在第三角画法中称为移出旋转剖面,其断裂处的边界线用粗实线绘制。

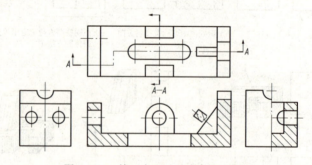

图 6-77　第三角画法中的剖面图画法

剖切面的标注与第一角画法中的标注也有不同,其剖切线用粗点画线表示,并用箭头指明投射方向。剖面的名称写在剖面图的下方。半剖面图一般只标出剖切面的位置和投射方向(视线),不标剖面名称。

了解第三角画法的剖面画法和特点,对读画第三角画法的剖面图是必要的。

本章小结

(1)本章所学视图、剖视、断面以及局部放大图、简化画法、其他表达方法等内容是制图标准图样画法中的重要内容,它是承前启后的内容,既复习、巩固和提高了组合体画图和读图的方法,又为绘制零件图、装配图打下基础。

(2)本章内容的特点主要是介绍国家标准图样画法上的一些规定,条文和规则多且细,比较难记忆。学习时,我们应以怎样完整、清晰地表达机件的内、外形状和断面的形状为主线,在生产实践的基础上,提出机件适用的表达方法及其适用场合;反复读画教材及习题集中机件各种表达方法的一些典型图例,帮助记忆主要内容;对于记忆不清的规定,并不一定要采取死记硬背的方法,只要勤于查阅教材或国家标准,做到多看、多用、多练、多查,就一定能熟记这些规定。

为了便于掌握和增强记忆,我们将机件的主要表达方法及其适用场合进行归纳总结如表6-2所示。

表6-2 机件的各种表达方法

分类	用途	名称	适用条件	图形特点及其配置	图形标注
视图	主要用于表达机件的外部结构形状	基本视图	用于表达机件的整体外形	按规定位置配置	可不加任何标注
		向视图	同基本视图,但不能按规定位置配置时	任意位置配置	必须标注,箭头表示投影方向,字母表示对应关系
		局部视图	用于表达机件的局部外形	可配置在投影方向,也可任意配置。图形以波浪线分界,轮廓完整则可省略波浪线	一般应标注。但按投影关系配置,中间又无其他图形隔开时,可省略标注
		斜视图	用于表达机件倾斜部分的外形	同局部视图,倾斜图形还可以顺、逆时针旋转	必须标注。注意箭头要垂直于被表达部位,字母一律水平注写,旋转符号的方向要与实际转向一致
剖视图	主要用于表达机件的内部结构形状	全剖视图	用于表达内形复杂的不对称机件或外形简单的对称机件	表达整个内腔的结构形状,配置在基本视图的位置上	用单一剖切面、几个平行的剖切面、几个相交的剖切面中的任何一种,都可得到全剖、半剖和局部剖视图。单一剖切平面通过机件的对称面或剖切位置明显且唯一,中间又无其他图形隔开时,可省略标注,其余剖切方法都必须标注,但配置在基本视图位置上可省略箭头
		半剖视图	用于表达内、外形复杂的对称机件	一半剖视,一半视图,中间以点画线分界。配置在基本视图位置上	
		局部剖视图	用于表达内、外形复杂且不重叠或不宜采用半剖的机件	视图和剖视以波浪线分界,剖切范围可大可小。配置在基本视图上,也可任意放置,	

断面图	主要用于表达机件某一断面的形状	移出断面	用于表达机件局部结构的断面形状	画在视图外，轮廓为粗实线。配置在剖切符号的延长线上、左视图上，也可配置在任意位置上	配置在剖切符号延长线上，位置明显，可省略字母；图形对称或配置在左视图上，可省略箭头
		重合断面	同移出断面，且不影响视图的清晰	画在视图内，轮廓为细实线。	对称图形省略标注，不对称图形也可省标注
局部放大图	用于机件上细小结构	局部放大图	用于在视图中表达不清或不便于标注尺寸和技术要求的细小结构	尽量配置在视图上用细实线圈出的部位附近，也可以配置在任意位置上	视图中被放大部位用细实线圈出，在放大图上方标明放大部位（用罗马数字）及比例
简化画法	主要是为了提高绘图效率和加强图形的清晰度	主要内容 规定画法：①肋、轮辐纵向剖切按不剖画；②回转体上均布肋、轮辐按对称剖出，未剖到的小孔按剖到一个旋转画出；③细长机件可折断画出；④回转体上的小平面可用细实线画对角线表示；⑤对称机件的视图可只画一半或四分之一；⑥小角度倾斜的圆或圆弧的投影可用圆或圆弧代替椭圆；⑦相贯线可用圆弧代替非圆曲线；⑧圆柱形法兰的均布孔可就地翻转表示。 省略画法：①若干相同结构可只画出几个完整的结构；②断面图的剖面线可省略；③若干相同的孔可只画一个或几个；④小结构及斜度在一个视图中已表达清的，以其他图形中可省略；⑤小圆角、小倒角可不画，但必须注出尺寸。 示意画法：滚花可在轮线附近用细实线局部地画出。			简化画法包括规定画法、省略画法和示意画法。如不能确保简化的正确性，除肋的画法外，均应按投影规律画出 应用简化画法的原则：①必须保证不致引起误解和不会产生理解的多意性，力求制图简便。②便于识读和绘制，注重简化的综合效果。③不可随意简化

第 7 章 标准件和常用件

在各种机器和设备上,除一般零件外,还广泛使用螺纹紧固件(如螺栓、螺钉、螺母、垫圈等)、连接件(如键、销)和滚动轴承等,它们的结构、形状、大小都已标准化,称为标准件,如图 a 所示。另一些零件,如齿轮、弹簧等,只对它们的部分结构及参数进行了标准化、系列化,称为常用件,如图 b 所示。

a)标准件   b)常用件

图 7-0 标准件和常用件

7.1 螺纹和螺纹连接

螺纹为回转表面上沿螺旋线所形成的、具有相同剖面的连续凸起和沟槽。螺纹连接件一般由标准件厂生产,设计时无需画出它们的零件图,只要在装配图的明细栏内填写规定的标记即可。

7.1.1 螺纹

1. 螺纹的形成

螺纹的形成可以看成是一平面图形(如三角形、矩形或梯形等)绕一圆柱(或圆锥)做螺旋运动形成的螺旋体。制在圆柱或圆锥外表面的螺纹称为外螺纹,制在内表面则称为内螺纹。

螺纹的加工大部分采用机械化批量生产。图 7-1 为车床上加工内、外螺纹的示意图,工件作等速旋转运动,刀具沿工件轴向作等速直线运动,其合成运动使切入工件的刀尖在工件表面切制出螺纹。在箱体、底座等零件上制出的内螺纹(称螺孔),一般是先在工件上钻孔,再用丝锥攻制而成,如图 7-2 所示。加工不通孔时,在孔底会形成一个约

120°(实际为118°)的锥坑。

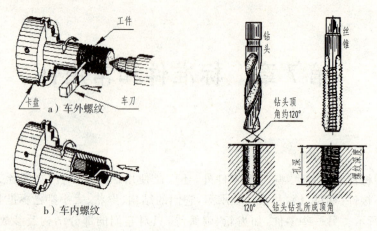

图7-1 车削螺纹成　　　　图7-2 用丝锥攻制内螺纹

2. 螺纹的结构要素

单个螺纹无使用意义,只有内外螺纹旋合到一起,才能起到应有的连接和紧固作用,而内外螺纹旋合的条件是必须具有相同的结构要素。

螺纹的结构要素主要有公称直径、牙型、线数、螺距和旋向。其中牙型、公称直径和螺距是决定螺纹最基本的三要素。

国家标准对螺纹的三要素作了统一的规定。凡是这三个要素符合国标规定的称为标准螺纹;牙型符合标准,而大径和螺距不符合标准的称为特殊螺纹;牙型不符合标准的称为非标准螺纹。设计时尽量选用标准螺纹。

(1) 螺纹牙型

螺纹牙型指沿螺纹轴线剖切所得到的断面轮廓形状。不同的螺纹用途不同,牙型也不同。螺纹的牙型一般有三角形、梯形、锯齿形和矩形等。螺纹凸起部分顶端称为牙顶,螺纹沟槽的底部称为牙底,如图7-3所示。

a) 普通螺纹(M)　b) 管螺纹(G或R)　c) 梯形螺纹(Tr)　d) 锯齿形螺纹(B)　e) 矩形螺纹

图7-3 常见的螺纹牙型

(2) 螺纹的直径

①大径 d、D:大径是指与外螺纹牙顶或内螺纹牙底重合的假想圆柱的直径,是螺纹上的最大的直径。

②小径 d_1、D_1:小径是指与外螺纹牙底或内螺纹牙顶重合的假想圆柱的直径,是螺纹上的最小直径。

③中径 d_2、D_2:中径是指经过牙型上沟槽和凸起宽度相等处所作的假想圆柱的直径,它是控制螺纹精度的主要参数之一。

④公称直径:代表螺纹尺寸的直径,指螺纹的大径尺寸(管螺纹指管子的通径),国家标准已将其进行了标准化。

各部位名称、代号见图7-4所示。

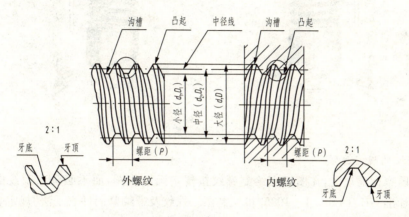

图7-4 常见内、外螺纹各部位名称及代号

(3)线数

螺纹的线数指螺纹制件上分布的螺纹条数,一般有单线(单头)、双线或多线(多头)之分。线数用 n 表示。沿一条螺旋线形成的螺纹为单线螺纹,沿二条螺旋线形成的螺纹为双线螺纹,沿两条以上按径向均匀分布的螺旋线形成的螺纹为多线螺纹。连接螺纹常用单线,可不用标注。多线螺纹必须标注线数或螺距、导程,如图7-5所示。

(4)螺距、导程

相邻两牙在中径线上对应两点间的轴向距离称为螺距,用 P 表示;同一条螺旋线上相邻两牙在中径线上对应两点间的轴向距离称为导程,用 Ph 表示,如图7-5所示。

螺距与导程、线数的关系为:螺距=导程/线数,用符号表示为: $P=P_h/n$。

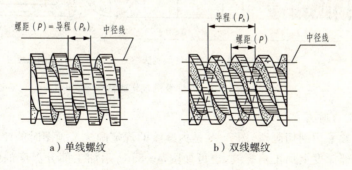

a) 单线螺纹　　　　b) 双线螺纹

图7-5 螺距与导程的关系

(5)旋向

螺纹旋向分为左旋和右旋。外螺纹按顺时针方向旋进的螺纹称右旋螺纹,按逆时针方向旋进的螺纹称为左旋螺纹。也可将螺纹竖起来看,螺纹可见部分向右上升的是右旋螺纹,向左上升的是左旋螺纹,如图7-6所示。判断是左旋还是右旋,或已知螺纹的旋向和旋转的方向,判断其直线运动的方向时,可用如图7-6所示的左(或右)手螺旋定则。

a）左旋螺纹

b）右旋螺纹

图 7-6　螺纹旋向

3. 螺纹的规定画法

根据国家标准规定,在图样上绘制螺纹按规定画法作图,而不必画出螺纹的真实投影。国家标准 GB/T4459.1—1995"机械制图　螺纹及螺纹紧固件表示法"规定了螺纹的画法。

(1) 外螺纹的画法

如图 7-7a 所示,是外螺纹的外形图,其规定画法及画图时的注意事项如图 7-7b 所示。当大径较大或画细牙螺纹时,若小径按大径的 0.85 倍绘制会使大、小径之间的距离太大易造成读图错误,此时,小径的数值应查国家标准。

在水管、油管、煤气管等管道中,常使用管螺纹连接,绘制管螺纹时,常采用局部剖视来表达管道的通径,具体画法如图 7-7c 所示。

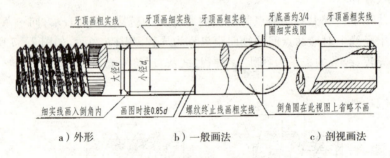

a）外形　　　　　　b）一般画法　　　　　　c）剖视画法

图 7-7　外螺纹的规定画法

(2) 内螺纹的画法

内螺纹一般采用剖切画法,图 7-8 是内螺纹的规定画法及画图时的注意事项。钻通的螺孔可以全部深度上加工出螺纹,也可如图 7-8a 所示加工部分深度的螺纹,此时,应画出螺纹终止线。在绘制不通孔时,除画出螺纹终止线外,还要画出钻孔深度线,钻孔深度=螺孔深度+0.5×螺纹大径,如图 7-8c 所示。

在螺纹的画法中,由于采用了规定画法,使初学者在画螺纹的轮廓线时往往容易混淆线段的粗细。学习时,有以下两种方法可以使我们不出错:

方法一:按加工方法画图。外螺纹是先加工出圆柱面,再加工螺纹,所以螺纹大径(圆柱轮廓)画粗实线而小径(牙底)画细实线;内螺纹则是先钻孔再攻丝,所以螺纹小径

(孔的轮廓)画粗实线而大径(牙底)画细实线。

方法二：按接触方法画图。用手触摸螺纹，接触到的轮廓(牙顶)画粗实线，接触不到的轮廓(牙底)画细实线。大家可细心体会。

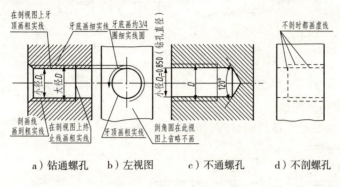

a) 钻通螺孔　　b) 左视图　　c) 不通螺孔　　d) 不剖螺孔

图 7-8　内螺纹的规定画法

(3)内外螺纹旋合画法

内外螺纹连接时，常采用全剖视图画出，其旋合部分按外螺纹绘制，其余部分按各自的规定画法绘制。标准规定，当沿外螺纹的轴线剖开时，螺杆作为实心零件按不剖绘制。表示螺纹大、小径的粗、细实线应分别对齐。当垂直于螺纹轴线剖开时，螺杆处应画剖面线，如图 7-9c 所示。通孔螺纹及管螺纹的旋合画法如图 7-9ab 所示。

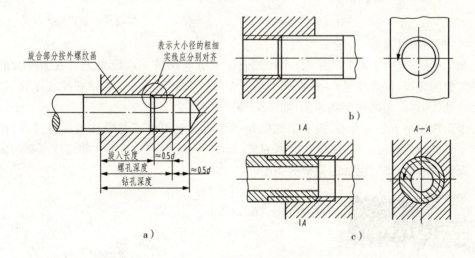

图 7-9　内外螺纹旋合画法

(4)圆锥外螺纹和圆锥内螺纹的画法

圆锥内、外螺纹的画法如图 7-10 所示。

(5)螺纹牙型的表示及非标准螺纹的规定画法

标准螺纹的牙型一般在图中不表示，当需要表示或画非标准螺纹时，可在螺杆上作局部剖视图或用局部放大图表示螺纹牙型，并标注出所需的尺寸及有关要求，如图 7-11 所示。

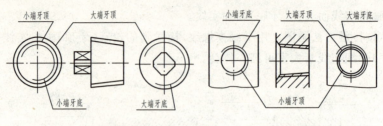

a）圆锥外螺纹　　　　　　b）圆锥内螺纹

图 7-10　圆锥内、外螺纹的画法

(6)螺孔相贯的规定画法

国标规定只画螺孔小径的相贯线，如图 7-12 所示。

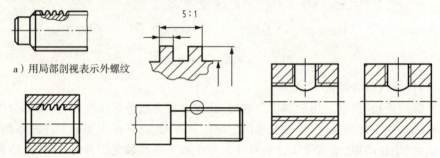

a）用局部剖视表示外螺纹

b）在剖视图中表示内螺纹　　c）用局部放大图表示

图 7-11　非标准螺纹的画法　　　图 7-12　螺纹孔中相贯线的画法

(7)螺尾和退刀槽

加工螺纹时，由于退刀的原因，在螺纹收尾部分会形成一小段向光滑表面过渡的牙底不完整的螺纹，称为螺尾，一般在图上是不需要画出的。当需要表示螺纹收尾时，螺尾处用与轴线成 30°角的细实线绘制，如图 7-13 所示。

由于螺尾是不能旋合的，为了消除螺尾并使刀具退刀时不与零件表面碰撞，可在螺纹终止线处预先制出一槽，该槽称为退刀槽，如图 7-14 所示。其型式和尺寸可在国家标准中查得，螺纹长度应包括退刀槽的宽度。

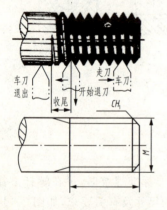

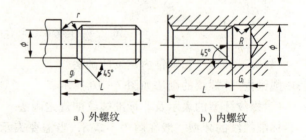

a）外螺纹　　　　b）内螺纹

图 7-13　螺尾的形成及其画法　　　图 7-14　螺纹退刀槽的画法及标注

4. 常见螺纹的种类和标注

螺纹的种类比较多,常用的标准螺纹按用途可分成两大类。详细分类及用途参见表7-1。

表7-1 常见标准螺纹的种类、用途及说明

螺纹种类			用途及说明
连接螺纹	普通螺纹	粗牙	一般连接均用粗牙普通螺纹,细小的精密零件和薄壁零件的连接用细牙普通螺纹。螺纹大径相同时,细牙螺纹的螺距和牙型高度都比粗牙螺纹的要小
		细牙	
	管螺纹	非螺纹密封的管螺纹	常用于电线管等不需要密封的管路系统中。若另加密封结构,则可用于高压的管路系统
		用螺纹密封的管螺纹	常用于日常生活中的水管、煤气管、润滑油管等系统中的连接。圆锥螺纹的锥度为1:16
传动螺纹	梯形螺纹		多用于各种机床上的传动丝杠,可传递双向动力
	锯齿形螺纹		常用于螺旋压力机、螺旋千斤顶的传动丝杆,只能传递单向动力
	矩形螺纹(非标准螺纹)		用于传力较大的场合,可传递双向动力,但一般不用

由于各种螺纹的规定画法是相同的,因此,标准螺纹应在图样上用规定的螺纹标记进行标注。

(1) 普通螺纹的标注

普通螺纹标记的规定格式如下:

$$\underbrace{\boxed{\text{特征代号}\ \text{公称直径} \times \text{螺距}\ \text{旋向代号}}}_{\text{螺纹代号}} - \underbrace{\boxed{\text{中径公差带代号}\ \text{顶径公差带代号}}}_{\text{螺纹公差带代号}} - \underbrace{\boxed{\text{螺纹旋合长度代号}}}_{\text{其它信息}}$$

其中:

① 普通螺纹特征代号为 M,公称直径指螺纹的大径。由于粗牙普通螺纹的螺距只有一个值,而细牙普通螺纹的螺距通常有几个值,所以粗牙螺纹可不标注螺距,细牙螺纹则要标注。

② 右旋螺纹不标注旋向,左旋螺纹则要标注旋向代号"LH"。

③ 公差代号中,外螺纹用小写字母表示,如 6h、6g 等;内螺纹用大写字母表示,如 5H、6H 等;若中径和顶径公差带代号相同,则只写一组。

④ 旋合长度分为短旋合长度(S)、中等旋合长度(N)和长旋合长度(L)三种。一般常采用中等旋合长度,此时,符号 N 可省略不标注。特殊需要时,可注明旋合长度的数值。

普通螺纹的标注同线性尺寸的标注相同,标注示例及说明如表 7-2 所示。

表7-2 普通螺纹标注示例

螺纹种类	标注示例	说　　明
内螺纹	M12-6H	公称直径为12mm的右旋粗牙普通螺纹（内螺纹），中径和顶径公差带代号均为6H，中等旋合长度
外螺纹	M12×1LH-5g6g-S	公称直径为12mm，螺距为1mm的左旋细牙普通螺纹（外螺纹），中径公差带代号为5g，顶径公差带代号为6g，短旋合长度
螺纹副	M12×1-6H/6g	公称直径为12mm，螺距为1mm的两右旋内、外螺纹旋合，内螺纹公差代号为6H，外螺纹公差代号为6g

(2)管螺纹的标注

常用管螺纹有55°非螺纹密封的管螺纹和55°用螺纹密封的管螺纹。

①55°非螺纹密封的管螺纹标记的规定格式如下：

　　　特征代号 尺寸代号 公差等级代号 － 旋向代号

其中：

a. 非螺纹密封管螺纹特征代号用"G"表示。

②尺寸代号并不是螺纹的大径，而是管子的近似孔径，单位为英寸，1″＝25.4mm。

③螺纹公差等级代号：对外螺纹分A、B两级；内螺纹公差带只有一种，可不加标记。

b. 左旋加注"LH"，右旋不注。

②55°用螺纹密封的管螺纹标记的规定格式如下：

　　　特征代号 尺寸代号 － 旋向代号

其中：

a. 螺纹特征代号：R_p表示圆柱内螺纹，R_c表示圆锥内螺纹，R_1表示与圆柱内螺纹相配的圆锥外螺纹，R_2表示与圆锥内螺纹相配的圆锥外螺纹。

b. 尺寸代号也是指管子的通径。

c. 左旋加注"LH"，右旋不注。

管螺纹的标注用指引线自螺纹的外径引出，标注示例及说明如表7-3所示。

表 7-3 管螺纹标注示例

螺纹种类	标注示例	说明
55°非螺纹密封的管螺纹	G1A / G1	尺寸代号为 1,右旋的 55°非密封 A 级圆柱外螺纹尺寸代号为 1,右旋的 55°非密封圆柱内螺纹
	G1/2A-LH	尺寸代号为 1/2,左旋,A 级的两 55°非密封圆柱内、外螺纹旋合
55°用螺纹密封的管螺纹	R$_c$1/2-LH	尺寸代号为 1/2,左旋的 55°用螺纹密封的圆柱内螺纹
	R$_c$1/2	尺寸代号为 1/2,右旋的 55°用螺纹密封的圆锥内螺纹
	R$_1$1/2或R$_2$1/2	尺寸代号为 1/2,右旋,与圆柱内螺纹相配(加注脚标 1)或与圆锥内螺纹相配(加注脚标 2)的 55°用螺纹密封的圆锥外螺纹

(3)标准传动螺纹的标注

标准传动螺纹包含梯形螺纹和锯齿形螺纹两种,它们标记的格式和标注方法都相同。具体标记的规定格式如下:

单线螺纹:|特征代号|公称直径|×|螺距| |旋向代号|—|中径公差带代号|—|旋合长度代号|

多线螺纹:|特征代号|公称直径|×|导程(P 螺距)| |旋向代号|—|中径公差带代号|—|旋合长度代号|

其中:

①梯形螺纹的特征代号用 Tr 表示,锯齿形螺纹的特征代号用 B 表示。

②因为标准规定的同一公称直径对应有几个螺距供选用,所以必须标注螺距。多线螺纹还要标出导程,由此可计算出该螺纹的线数。

③梯形螺纹常用于传动,标准只规定了中等和粗糙两种精度。

④为确保传动的平稳性,旋合长度不宜太短,所以规定中没有短旋合长度,只有中等旋合长度(N)和长旋合长度(L)两种,中等旋合长度的代号 N 可省略不标。

传动螺纹的标注也同线性尺寸的标注一样,标注示例及说明如表 7-4 所示。

表 7-4 标准传动螺纹标注示例

螺纹种类	标注示例	说　　明
梯形螺纹	Tr32×12(P6)LH-8e	公称直径为32mm,螺距为6mm的双线左旋梯形外螺纹,中径公差带代号为8e,中等旋合长度
锯齿形螺纹	B40×7-7A-L	公称直径为40mm,螺距为7mm的单线右旋锯齿形内螺纹,中径公差带代号为7A,长旋合长度
螺纹副	Tr52×8-7H/7e	公称直径为52mm,螺距为8mm的两单线右旋内、外螺纹旋合,内螺纹公差代号为7H,外螺纹公差代号为7e

(4) 特殊螺纹和非标准螺纹的标注

特殊螺纹是采用线性尺寸标注的方法进行标注的,只需在牙型符号的前面加注"特"字,并标注出螺纹的大径和螺距,如"特 M24×1.25"。

非标准螺纹则应分别标注出螺纹的大径、小径、螺距等尺寸,并应将牙型的断面图绘制出来。当图形比较大时,可参照图 7-15(注法一)直接在螺杆上作局部剖视图来表示牙型;而当图形较小时,则可参照图 7-15(注法二)作局部放大图来表示牙型。

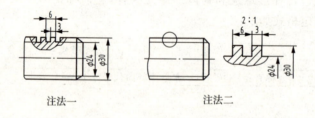

注法一　　　　　　注法二

图 7-15　非标准螺纹的标注方法

7.1.2　螺栓连接

如图 7-16 所示,螺栓是用来连接两个不太厚,能钻成通孔的零件的。将螺栓从一端穿入两个零件的光孔,另一端加上垫圈,然后旋紧螺母,即完成了螺栓连接。

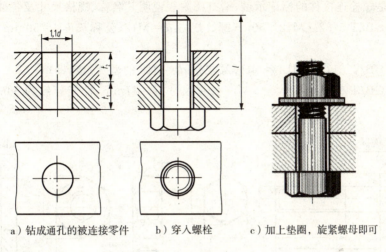

a）钻成通孔的被连接零件　　b）穿入螺栓　　c）加上垫圈，旋紧螺母即可

图 7-16　螺栓连接

1. 常用螺栓连接件及其标记

(1) 螺栓

螺栓由头部和杆部组成，常用的为六角头螺栓，如图 7-17a 所示。螺栓的规格尺寸是螺纹大径（即公称直径）d 和螺栓公称长度 l，其规定标记为：

$$\boxed{名称}\boxed{标准代号}\boxed{特征代号}\boxed{公称直径}\times\boxed{公称长度}$$

为适应连接不同厚度的零件，螺栓有各种长度规格。螺栓公称长度可先按下式估算：

$$l_{估} \geqslant t_1 + t_2 + h + m + a$$

式中：t_1、t_2——被连接件的厚度；

　　　h——垫圈厚度；

　　　m——螺母厚度；

　　　a——螺栓伸出螺母的长度，$a \approx (0.2 \sim 0.3)d$。

然后，根据估算的 $l_{估}$ 值从相应的螺栓公称长度系列中选取与它相近的标准值。

(2) 螺母

螺母有六角螺母、方螺母和圆螺母等，常用的为六角螺母，如图 7-17b 所示。螺母的规格尺寸是螺纹大径 D，其规定标记为：

$$\boxed{名称}\boxed{标准代号}\boxed{特征代号}\boxed{公称直径}$$

(3) 垫圈

垫圈一般置于螺母与被连接件之间，作用是防止损伤零件表面并使其受力均匀。常用的为平垫圈，如图 7-17c 所示。垫圈的规格尺寸为螺栓直径 d，其规定标记为：

$$\boxed{名称}\boxed{标准代号}\boxed{公称尺寸}$$

下面是螺栓连接件的标记示例,请查阅附表说明其名称、规格尺寸及各部分的尺寸。

螺栓 GB/T 5782　M12×50　（螺纹规格 d＝M12,公称长度 l＝50mm 的六角头螺栓）

螺母 GB/T 6170　M12　　　（螺纹规格 d＝M12 的型六角螺母）

垫圈 GB/T 97.1　12　　　　（公称尺寸 d＝17mm,性能等级为 140HV 的平垫圈）。

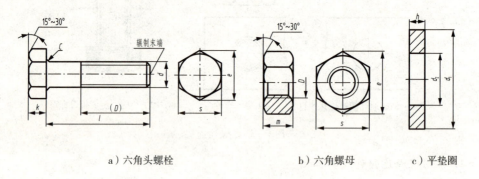

a）六角头螺栓　　　　b）六角螺母　　　　c）平垫圈

图 7－17　螺栓连接件

2. 螺栓连接的画法

绘制螺栓连接图时,可根据螺栓、螺母和垫圈的标记,在相应的标准中查得各有关尺寸后作图,如图 7－18b 所示。具体绘图时,应注意以下几点：

（1）螺栓连接的简化画法

建议采用如图 7－18c 所示的简化画法,这种画法省略了螺栓末端的倒角、螺母和螺栓头部的倒角、圆弧而得到的,将螺栓头部和螺母画成正六棱柱。

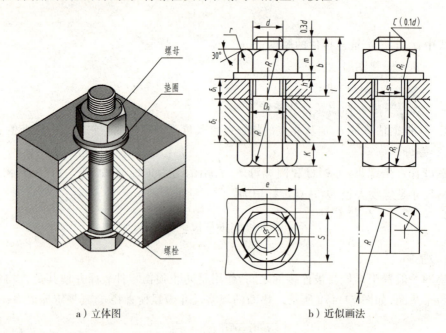

a）立体图　　　　　　b）近似画法

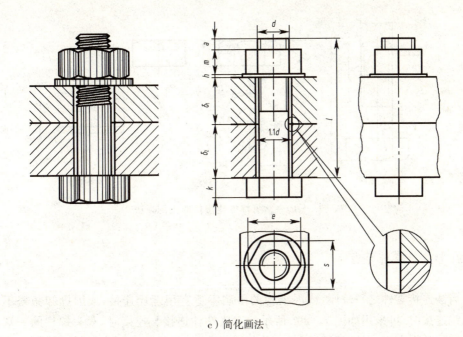

c）简化画法

图 7-18　螺栓连接的规定画法

（2）接触面与非接触面画法

两零件接触时，接触面只画一条轮廓线，如两被连接零件之间、螺栓头部与被连接零件之间、垫圈和螺母之间等，都画成一条直线。凡不接触的相邻表面或基本尺寸不同的相邻两表面之间，需要画两条轮廓线，小间隙可夸大地画出。如被连接两零件上的孔径比螺栓直径大，两表面不接触，在图中应画两条轮廓线。

（3）剖视图中的规定画法

①在剖视图中，相邻两零件剖面线应相反，而同一零件在各视图中的剖面线必须相同。

②当剖切平面通过螺栓、螺母、垫圈等标准件的轴线时，均按不剖绘制。

（4）其他注意事项

①螺栓的螺纹终止线应画到垫圈的下面，以示螺母还有拧紧的余地。

②螺母上方的螺栓头部不要漏画了螺纹的小径。

③被连接两零件的接触面（主视图上积聚成一条线）画到螺栓大径处。

螺纹连接件常用的画法有查表画法和比例画法两种。上面介绍的画法就是查表画法。

根据螺纹公称直径（D、d），按与其近似的比例关系，计算出各部分尺寸后作图，称为比例画法。此法作图简便，画连接图时常用。螺栓头部因 30°倒角产生了形状为双曲线的截交线，作图时常用圆弧近似代替。如图 7-19 所示为常用螺纹连接件的比例画法。

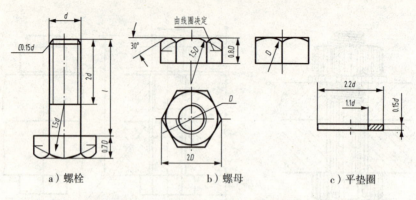

a）螺栓　　　　　b）螺母　　　　　c）平垫圈

图 7-19　常见螺栓连接件的比例画法

7.1.3　螺柱连接

当被连接零件之一较厚，或因结构的限制不适宜用螺栓连接，或因拆卸频繁不宜采用螺钉连接时，可采用如图 7-20a 所示的双头螺柱连接。连接时，双头螺柱的一端旋入较厚零件的螺孔中，另一端穿过另一零件上的通孔，套上垫圈，用螺母拧紧，即完成双头螺柱连接，如图 7-20b 所示。

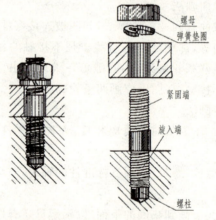

a）双头螺柱连接　　b）双头螺柱连接分解图

图 7-20　双头螺柱连接示意图

1. 常用螺柱连接件及其标记

（1）双头螺柱

如图 7-21a 所示，双头螺柱的两端都制有螺纹，一端全部旋入被连接零件的螺孔中，称为旋入端 b_m；另一端用来拧紧螺母，称为紧固端 l。双头螺柱的规格尺寸是螺纹大径（即公称直径）d 和螺柱紧固端长度（公称长度）l，其规定标记为：

| 名称 | 标准代号 | 特征代号 | 公称直径 | × | 公称长度 |

为适应连接不同厚度的零件,双头螺柱也有各种长度规格。其公称长度是指螺柱的紧固端长度,可先按下式估算:

$$l_{估} \geqslant t+s+m+a$$

式中:t——被连接件的厚度;

s——垫圈厚度;

m——螺母厚度;

a——螺柱伸出螺母的长度,$a \approx (0.2 \sim 0.3)d$。

然后,根据估算的 $l_{估}$ 值从相应的螺柱公称长度系列中选取与它相近的标准值。

(2)弹簧垫圈

垫圈一般置于螺母与被连接件之间,作用是防止损伤零件表面并使其受力均匀。常用的为平垫圈,如图 7-21b 所示。垫圈的规格尺寸为螺柱直径 d,其规定标记为:

名称标准代号公称尺寸

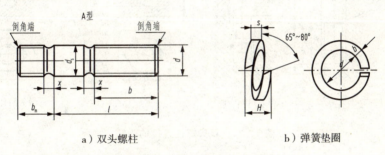

a) 双头螺柱　　　　　　b) 弹簧垫圈

图 7-21　双头螺柱连接示意图

2. 双头螺柱连接的画法

绘制双头螺柱连接图时,可根据螺柱、螺母和垫圈的标记,在相应的标准中查得各有关尺寸后作图。具体绘图时,应注意以下几点:

(1)旋入端的画法

绘制双头螺柱连接图时,一般先画旋入端。如图 7-22a 所示,螺柱旋入端的螺纹终止线应与结合面平齐,表示旋入端全部旋入,足够拧紧;旋入端长度 b_m 与螺孔的材料相关,以确保连接可靠,如表 7-5 所示。一般对于强度较低的材料,其 b_m 值应比强度较高的材料大。

表 7-5　螺柱旋入端长度

材料	b_m	国际	材料	b_m	国际
钢或青铜	$1d$	GB/T897	强度在铸铁、铝之间	$1.5d$	GB/T899
铸铁	$1.25d$	GB/T899	铝合金	$2d$	GB/T900

如图 7-21a 所示,在加工和绘制旋入端被连接零件上的螺孔时,螺孔深度和钻孔深度可按下式估算:

螺孔深度 $= b_m + 0.5d$

钻孔深度＝b_m+d　　（其中 d 为螺孔的公称直径）

(2) 紧固端的画法

紧固端部分的画法与螺栓画法相同。但由于使用的是弹簧垫圈,其外径比平垫圈小,弹簧垫圈开槽方向应是阻止螺母松动方向,在图中应画成与水平线成 60°角,上左、下右的两条线(或一条加粗线),如图 7-22b 所示。

(3) 其他画法

双头螺柱的画法中还经常使用比例画法画出其连接各部分的尺寸,如图 7-22c 所示。此外为作图简便,推荐大家使用图 7-22d 所示的简化画法。

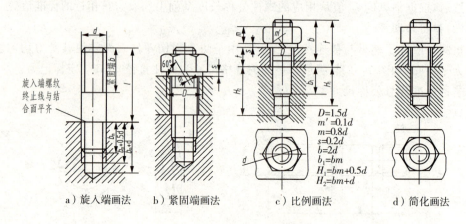

a) 旋入端画法　　b) 紧固端画法　　c) 比例画法　　d) 简化画法

图 7-22　双头螺柱连接的画法

7.1.4　螺钉连接

螺钉按用途可分为连接螺钉和紧定螺钉两种。

连接螺钉一般用于受力不大而又不需经常装拆的零件连接中。如图 7-23a 所示,在两个被连接件中,较厚的零件加工出螺孔,较薄的零件加工出带沉孔(或埋头孔)的通孔,沉孔(或埋头孔)直径稍大于螺钉头部直径。连接时,直接将螺钉穿过通孔拧入螺孔中,靠螺钉头部支承面压紧将两个零件固定在一起。

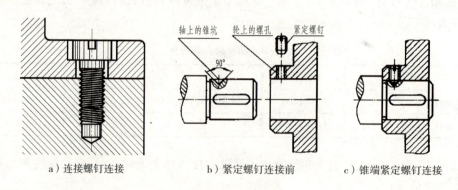

a) 连接螺钉连接　　b) 紧定螺钉连接前　　c) 锥端紧定螺钉连接

图 7-23　螺钉连接

紧定螺钉是用来固定两个零件的相对位置,使它们不发生相对运动。如图7-23b所示,先在轮毂的适当位置加工出螺孔,然后将轮、轴装配在一起,以螺孔为导向,在轴上钻出锥坑,最后拧入紧定螺钉,限制其产生轴向移动。

1. 常用螺钉连接件及其标记

(1) 连接螺钉

连接螺钉根据头部型式的不同有很多种类,常用的有开槽盘头螺钉、开槽沉头螺钉、开槽半沉头螺钉和圆柱头内六角螺钉等,如图7-24所示。连接螺钉的规格尺寸是螺纹大径(即公称直径)d和螺钉埋入被连接零件内的长度(公称长度)l,其规定标记为:

|名称|标准代号|特征代号|公称直径|×|公称长度|

①螺钉连接中,螺钉旋入较厚零件螺孔中的部分称为旋入端b_m(与双头螺柱连接相似),根据被连接件的材料性能选取,见表7-5。

②连接螺钉也有各种长度规格。其公称长度可先按下式估算:

$$l_{估} \geq t + b_m$$

式中:t——被连接件的厚度;

b_m——旋入端长度。

然后,根据估算的$l_{估}$值从相应的螺钉公称长度系列中选取与它相近的标准值。

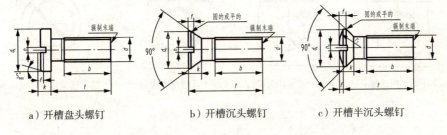

a) 开槽盘头螺钉　　b) 开槽沉头螺钉　　c) 开槽半沉头螺钉

图7-24　连接螺钉

(2) 紧定螺钉

紧定螺钉根据其端部的结构不同,分为锥端紧定螺钉、平端紧定螺钉和圆柱端紧定螺钉,如图7-25所示。其规格尺寸是螺纹大径(即公称直径)d和螺钉的长度(公称长度)l,规定标记和连接螺钉相同。

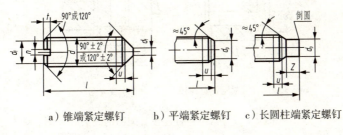

a) 锥端紧定螺钉　　b) 平端紧定螺钉　　c) 长圆柱端紧定螺钉

图7-25　紧定螺钉

2. 螺钉连接的画法

绘制螺钉连接图时,可根据其标记,在相应的标准中查得各有关尺寸后作图;也可采用如图7-26所示的比例画法。具体绘图时,应注意以下几点:

(1)螺纹终止线应画在两零件接触面以上,表示螺钉还有拧紧的余地。

(2)螺钉头部与沉孔间有间隙时,应画两条轮廓线。

(3)螺钉头部的起子槽,平行于轴线的视图放正,画在中间位置,垂直于轴线的视图,规定画成与中心线成45°,且向螺纹拧紧方向倾斜,如图7-26abc所示;当起子槽的宽度很窄时,也可用加粗的粗实线简化表示45°斜槽,如图7-26d所示。

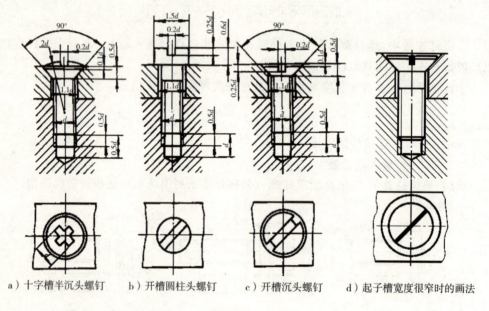

a)十字槽半沉头螺钉　　b)开槽圆柱头螺钉　　c)开槽沉头螺钉　　d)起子槽宽度很窄时的画法

图7-26　螺钉连接的比例画法

(4)画紧定螺钉连接装配图时,螺钉的锥端与轴上锥孔应画成一条线,如图7-22c所示。图7-27则是长圆柱端紧定螺钉装配图的画法。

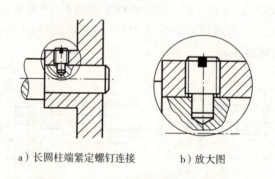

a)长圆柱端紧定螺钉连接　　b)放大图

图7-27　紧定螺钉连接装配图的画法

7.2 键、销连接

7.2.1 键及其连接

键主要用于轴和轴上零件(如齿轮、带轮等)间的周向连接,以传递扭矩。如图7-28所示,在被连接的轴上和轮毂孔中制出键槽,再将键嵌入轴上的键槽内,然后对准轮毂孔中的键槽(该键槽是穿通的),将它们装配在一起。

1. 常用键及其标记

常用的键有普通平键、半圆键和钩头楔键等,其中普通平键又有 A 型(圆头)、B 型(平头)和 C 型(单圆头)三种,以 A 型应用最广。表7-6列出了几种常用键的标准编号、型式和标记示例。

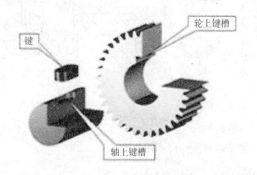

图7-28 键、键槽及键连接

表7-6 几种常用键的标准编号、型式及标记示例

序号	名称(标准号)	图 例	标记示例
1	普通平键 (GB/T 1096—2003)		$b=8$、$L=25$ 的普通平键(A 型) GB/T 1096—2003　键 $8\times7\times25$
2	半圆键 (GB/T 1099.1—2003)		$b=6$、$h=10$、$d_1=25$、$L=24.5$ 的半圆键 GB/T 1099.1—2003　键 $6\times10\times24.5$

(续表)

3	钩头楔键 (GB/T 1565—2003)	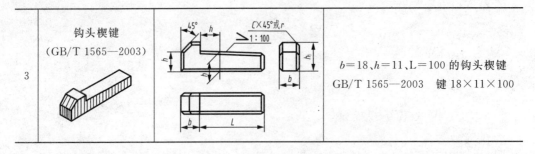	$b=18$、$h=11$、$L=100$ 的钩头楔键 GB/T 1565—2003 键 $18\times11\times100$

2. 键槽的画法和尺寸标注

键槽的宽度和深度尺寸及公差可根据被连接轴的轴径在标准中查得，轴上键槽的长度应根据轮毂宽，在键的长度标准系列中选用（键长不超过轮毂宽）。

键槽的画法和尺寸标注方法如图 7-29 所示。

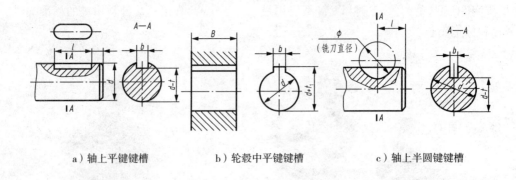

a）轴上平键键槽　　　　b）轮毂中平键键槽　　　　c）轴上半圆键键槽

图 7-29　键槽的画法及尺寸标注

键槽常用的加工方法如图 7-30 所示，轴上的键槽一般在铣床上加工，轮毂中的键槽常用插削或拉削制成。

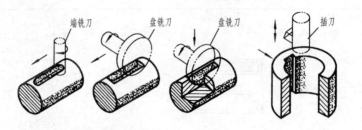

图 7-30　键槽加工示意图

3. 键连接的画法

(1) 普通平键的画法。普通平键的两侧面是工作面，连接时键的侧面与轮和轴接触，键的底面与轴之间也接触，只画一条线；键的顶面是非工作面，连接时顶面与轮毂间应有间隙，要画两条线，如图 7-31 所示。

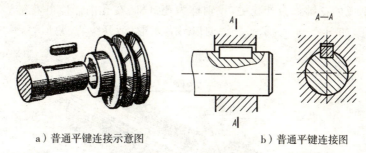

a）普通平键连接示意图　　　　b）普通平键连接图

图 7-31　普通平键连接的画法

(2) 半圆键的画法。半圆键一般用于载荷不大的传动轴上，其连接方式、画图方法与普通平键相似，如图 7-32 所示。

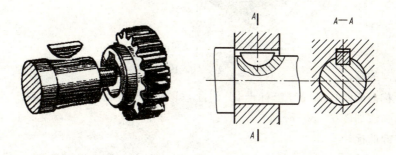

a）半圆键连接示意图　　　　b）半圆键连接图

图 7-32　半圆键连接的画法

(3) 钩头楔键的画法。钩头楔键顶面有 1∶100 的斜度，它的钩头是供拆卸用的，轴上的键槽常制在轴端，方便拆装，如图 7-33a 所示。装配时，将键沿轴向打入键槽内，靠顶面和底面在轴和轮毂键槽之间接触挤压的摩擦力来连接轴和轮，因此，键的顶面和底面同为工作面，应各画一条线；键的两侧为非工作面，与键槽两侧均有间隙，应画两条线，如图 7-33b 所示。

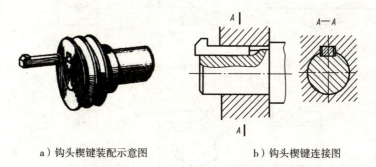

a）钩头楔键装配示意图　　　　b）钩头楔键连接图

图 7-33　钩头楔键连接的画法

(4) 花键及其连接

花键连接适用于载荷较大、定心精度较高或导向性好的连接上，其结构和尺寸均已标准化。

在轴上制成的花键称为外花键,该轴称为花键轴;在孔内制成的花键称为内花键,该孔称为花键孔,如图 7-34 所示。花键的齿形有矩形、渐开线、三角形等,其中矩形花键应用最广。

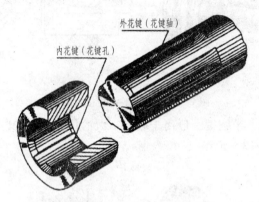

图 7-34 外花键和内花键的轴测图

①花键的画法

由于花键的结构和尺寸已标准化,因此,可采用规定画法来表达花键,外、内花键及其连接的画法如图 7-35、7-36、7-37 所示。

②花键的标注

花键尺寸采用一般注法时,应注出大径 D、小径 d、键宽 b 及键数 N、工作长度 L 等,如图 7-34、7-35 所示,有时还加注尾部长或全长。

花键尺寸还可以采用代号注法,代号的形式为:$N \times d \times D \times B$ 标准编号,并用指引线引出标注,如图 7-36 中的标注。

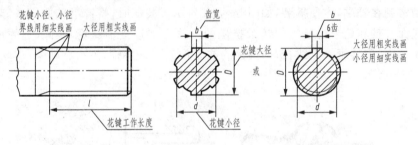

图 7-35 外花键的画法和标注

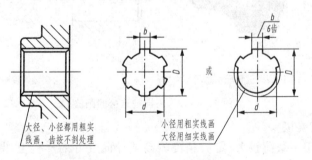

图 7-36 内花键的画法和标注

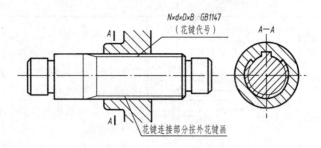

图 7-37 花键连接的画法和标注

7.2.1 销及其连接

1. 常用销及其标记

销是标准件,主要用于定位、联接或作为安全装置。如图 7-38a 所示是减速器上箱盖与箱体用的定位销,工作时一般不受载;如图 7-38b 所示是轮毂与轴用的联接销,将轴和轮毂联接、固定在一起;如图 7-38c 所示则是安全离合器中用的安全销,在机器过载时将被剪断,起到过载保护作用。

常用的销有圆柱销、圆锥销和开口销等,圆柱销利用微量的过盈固定在铰光的销孔中,不宜经常拆卸;而圆锥销有 1:50 锥度,可自锁,靠锥面之间的挤压作用固定在铰光的锥孔中,便于多次拆卸;开口销用于螺纹连接的锁紧装置,以防在冲击、振动或变载下松脱,如图 7-36d 所示是带销孔的螺杆和开槽螺母用开口销锁紧防松的连接图。表 7-7 列出了三种销的标准号、型式及标记示例。

2. 销连接的画法及标注

圆柱销或圆锥销的装配要求较高,因此,用销连接的两个零件一般要在装配后一起加工,简称配作,这一要求应在零件图上应注明。在销连接的视图中,当剖切平面通过销孔轴线时,销按不剖画,如图 7-37 所示。图中圆锥销的公称尺寸是指其小端直径。

表 7-7 销的型式、标准号及其标记示例

名称(标准号)	图例	标记示例	说明
圆柱销不淬硬和奥氏体不锈钢 (GB/T119.1—2000) 淬硬钢和马氏体不锈钢 (GB/T119.2—2000)		公称直径 $d=8$、公差为 m6、公称长度 $l=30$、材料为钢、不经淬火、不经表面处理的圆柱销 销 GB/T 119.1 8m6×30	GB/T 119.2—2000 中,淬硬钢按淬火方法不同,分为 A 型(普通淬火)和 B 型(表面淬火)

(续表)

圆锥销 (GB/T117—2000)	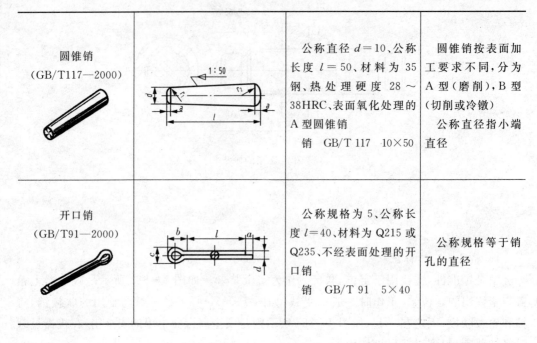	公称直径 $d=10$、公称长度 $l=50$、材料为35钢、热处理硬度28～38HRC、表面氧化处理的A型圆锥销 销 GB/T 117 10×50	圆锥销按表面加工要求不同,分为A型(磨削),B型(切削或冷镦) 公称直径指小端直径
开口销 (GB/T91—2000)		公称规格为5、公称长度 $l=40$、材料为Q215或Q235、不经表面处理的开口销 销 GB/T 91 5×40	公称规格等于销孔的直径

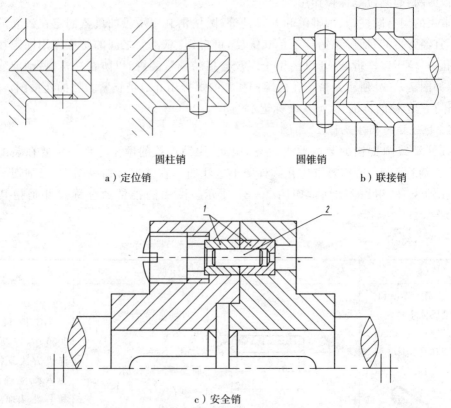

　　　　　　圆柱销　　　圆锥销
　　　a) 定位销　　　　　　　　b) 联接销

c) 安全销

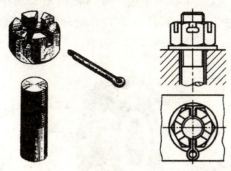

d) 开口销连接

图 7-38 各种销连接的画法

7.3 齿轮的画法

7.3.1 直齿圆柱齿轮

齿轮应用极为广泛,它可用来传递动力,也可用来传递运动。齿轮的种类繁多,常用的齿轮有圆柱齿轮、圆锥齿轮、蜗轮与蜗杆,如图 7-39 所示。

圆柱齿轮传动:用于两平行轴之间的传动,如图 7-39a 所示;
圆锥齿轮传动:用于两相交轴之间的传动,如图 7-39b 所示;
蜗杆蜗轮传动:用于两交叉轴之间的传动,如图 7-39c 所示。

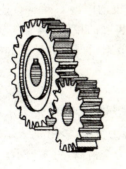  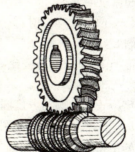

a) 直齿圆柱齿轮传动　　b) 圆锥齿轮传动　　c) 蜗轮与蜗杆传动

图 7-39 齿轮传动

齿轮的齿形有渐开线、摆线、圆弧等形状,本书主要介绍渐开线标准齿轮的有关知识和规定画法。

圆柱齿轮的轮齿有直齿、斜齿和人字齿三种，如图7-40所示。轮齿部分参数已标准化、系列化。由于直齿圆柱齿轮应用较广，下面着重介绍直齿圆柱齿轮的基本参数和规定画法。

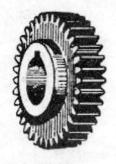  

a）直齿轮　　　　　　　b）斜齿轮　　　　　　　c）人字齿轮

图7-40　圆柱齿轮

1. 直齿圆柱齿轮各部分名称及尺寸关系

如图7-41所示，介绍齿轮各部分的名称、代号及尺寸关系。

(1) 齿数Z：齿轮的轮齿个数称为齿数，用Z表示。

(2) 齿轮上的四个圆

齿顶圆d_a——通过圆柱齿轮齿顶的圆柱面，称为齿顶圆柱面。齿顶圆柱面与端平面的交线称为齿顶圆，直径用d_a表示。

齿根圆d_f——通过圆柱齿轮齿根的圆柱面，称为齿根圆柱面。齿根圆柱面与端平面的交线称为齿根圆，直径用d_f表示。

分度圆d——齿轮设计和加工时，计算尺寸的基准圆称为分度圆，它位于齿顶圆和齿根圆之间，是一个约定的假想圆，直径用d表示。分度圆是设计、制造齿轮时进行尺寸计算的基准圆和测量的依据，也是加工齿轮时作为齿数分度的圆。

节圆d'——两齿轮啮合时，位于连心线O_1O_2上两齿廓的接触点C，称为节点。分别以O_1、O_2为圆心，O_1C、O_2C为半径作两个相切的圆为节圆，直径用d'表示，对于正确安装的标准齿轮，节圆和分度圆重合，即$d=d'$。

(3) 齿高

齿顶高h_a——齿顶圆与分度圆之间的径向距离，称为齿顶高，用h_a表示；

齿根高h_f——齿根圆与分度圆之间的径向距离，称为齿根高，用h_f表示；

全齿高h——齿顶圆与齿根圆之间的径向距离，称为全齿高，用h表示。由此可知三者之间的关系是：$h=h_a+h_f$。

(4) 齿距p、齿厚s和齿槽宽e

齿距p——分度圆上，相邻两齿对应点间的弧长称为齿距，用p表示；

齿厚s——一个齿轮齿廓间的弧长称之为齿厚，用s表示；

齿槽宽e——一个齿槽齿廓间的弧长称为齿槽宽，用e表示。对于标准齿轮$s=e=p/2$。

(5) 模数 m

当齿轮齿数为 Z 时,分度圆周长 $\pi d = pz$,则 $d = pz/\pi$,其中 π 为无理数,为计算方便,令 $m = p/\pi$,则有 $d = mz$。m 称为齿轮的模数,单位为毫米。

模数的大小反映了轮齿尺寸的大小和齿轮的承载能力,是进行设计和制造的主要参数。不同模数的齿轮应由不同模数的刀具来加工,为了便于设计和制造,国家标准规定了模数系列值,如表 7-8 所示。

表 7-8 模数的标准系列

第一系列	1	1.25	1.5	2	2.5	3	4	5	6	8	10	12	16	20	25	32	40	50
第二系列	1.75	2.25	2.75	(3.25)	3.5	(3.75)	4.5	5.5	(6.5)	7	9	(11)	14	18	22	28	36	45

注:1. 优先选用第一系列,括号内的模数尽可能不用;
　　2. 本表未摘录小于 1 的模数。

(6) 压力角和齿形角 α ——一对啮合齿轮,其受力方向(齿廓曲线公法线)与运动方向(两节圆的内公切线)之间所夹的锐角称为压力角,用 α 表示。压力角大小不同,齿廓形状也不相同,国标规定,在分度圆上的标准压力角为 $20°$。基本齿条的法向压力角称为齿形角,齿形角规定也是 $20°$,也用 α 表示,它是齿轮加工时选择刀具的重要数据。

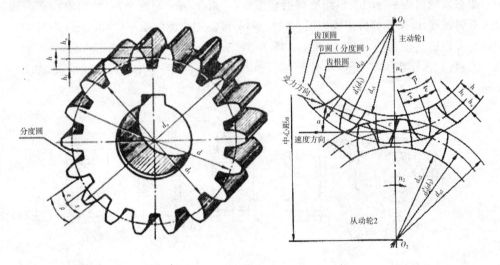

图 7-41 直齿圆柱齿轮各部分名称与代号

(7) 齿轮啮合的条件

正确安装的一对标准齿轮,其模数相等,压力角也相等,并等于 $20°$。

(8) 中心距 a

两啮合齿轮轴线间的距离称为中心距,用 a 表示。在标准情况下,a 称标准中心距,计算公式如下:

$$a = (d_1 + d_2)/2 = m(Z_1 + Z_2)/2$$

直齿轮各部分尺寸计算关系如表 7-9 所示。

表7-9 标准直齿圆柱齿轮各参数计算公式及举例

基本参数:模数 $m=p/\pi$;齿数 z。已知:$m=2$;$Z=20$

名称	符号	计算公式	计算举例
齿顶高	h_a	$h_a=m$	$h_a=2$
齿根高	h_f	$h_f=1.25m$	$h_f=2.5$
齿高	h	$H=h_a+h_f=2.25m$	$h=4.5$
齿顶圆直径	d_a	$d_a=d+2h_a=m(z+2)$	$d_a=44$
齿根圆直径	d_f	$d_f=d-2h_f=m(z-2.5)$	$d_f=35$
分度圆直径	d	$d=mz$	$d=40$
中心距	a	$a=(d_1+d_2)/2=m(z_1+z_2)/2$	

2. 直齿圆柱齿轮的规定画法

(1)单个齿轮的规定画法

①在表示外形的两视图中,齿顶圆和齿顶线用粗实线来绘制;分度圆和分度线用点划线来绘制;齿根圆和齿根线用细实线来绘制,也可省略不画,如图7-42a所示。

②在齿轮轴线平行的投影面所得的视图中,一般采用全剖或半剖,此时轮齿部分注意要按不剖处理,齿顶线和齿根线用粗实线绘制,分度线用点画线绘制,如图7-42b所示。

③齿轮的其他结构,按投影画出。图7-42表示了单个齿轮的规定画法。

④斜齿、人字齿在非圆外形图上用三条与齿线方向相一致的细实线绘制,如图7-42cd所示。

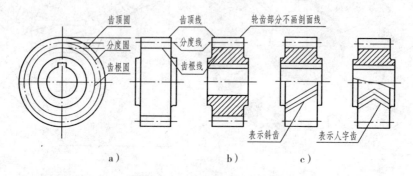

图7-42 单个齿轮规定画法

(2)两齿轮的啮合画法

①如图7-43a所示是两齿轮啮合的规定画法。在反映齿轮轴线的视图中,节线用一条点画线绘制,齿根线分别用两条粗实线绘制;齿顶线的表示法是将主动轮齿作为可见,用粗实线画,从动轮齿作为不可见,用虚线绘制,也可省略不画。在齿轮端视图中,齿顶圆用粗实线绘制,分度圆用细点划线绘制,啮合区内交线也可省略不画,齿根圆用细实线绘制,一般略去不画。

②如图7-43b所示是两齿轮啮合端视图的省略画法。

③如图7-43c所示是两齿轮啮合轴向视图外形的画法。

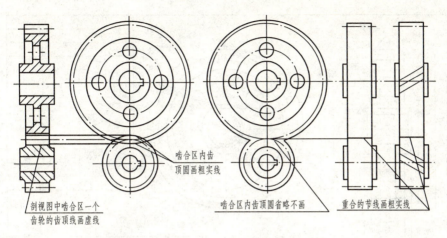

a) 规定画法　　　　　b) 省略画法　　　　　c) 外形画法

图 7-43　齿轮啮合画法

a. 当一个齿轮的圆心在无限远处(或其半径无限大)时,我们称其为齿条。齿条和一个齿轮啮合即为常见的齿轮齿条啮合,如图 7-44a 所示。绘制视图时,在端视图中要保证节圆和节线相切,其余画法和齿轮啮合相同,如图 7-44b 所示。

b. 在剖视图中,两轮齿宽不等时啮合区的投影如图 7-45 所示,齿顶与齿根之间应有 0.25 的间隙(可夸大画出),且规定从动轮的齿顶线画虚线,也可省略不画。

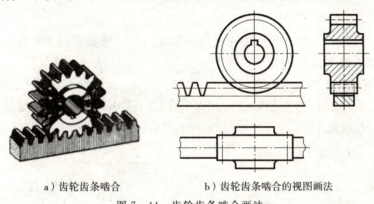

a) 齿轮齿条啮合　　　　b) 齿轮齿条啮合的视图画法

图 7-44　齿轮齿条啮合画法

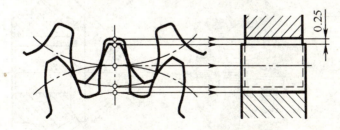

图 7-45　两轮齿宽不等时啮合区的画法

为了将齿轮加工出来,通常要绘制其零件工作图(见第 8 章)。在绘制直齿圆柱齿轮零件工作图时,必须直接注出 d_a 和 d 值,d_f 值不注,另在图纸右上角参数表中写明 m、z 等基本参数。其他内容与一般零件工作图相同,如图 7-46 所示。

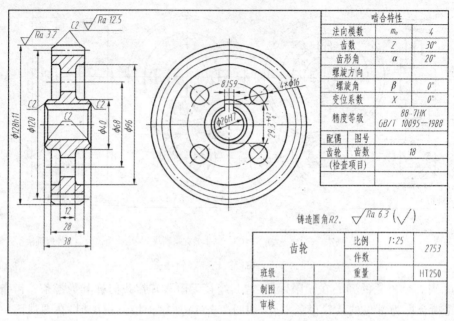

图 7-46 直齿圆柱齿轮零件工作图

7.3.2 直齿圆锥齿轮

圆锥齿轮又称伞齿轮。圆锥齿轮可分为直齿、斜齿、螺旋齿。下面着重介绍直齿圆锥齿轮的基本参数和规定画法。

1. 直齿圆锥齿轮的基本参数

由于圆锥齿轮轮齿位于其圆锥面上,因而一端大,一端小。为了设计和制造方便,规定以大端模数 m 为标准来计算其他各基本尺寸。锥齿轮的各部分名称和代号如图 7-47 所示。

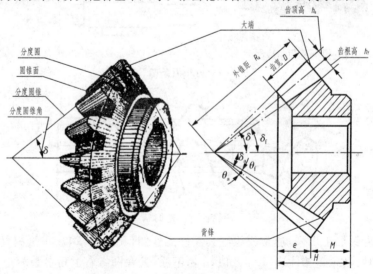

图 7-47 锥齿轮的各部分名称和代号

标准直齿圆锥齿轮各部分基本尺寸计算公式见表 7-10。

表 7-10 标准直齿锥齿轮各部分基本尺寸计算公式及举例

基本参数：模数 m 齿数 Z 分度圆锥角 δ			已知：$m=3.5$ $Z=25$ $\delta=45°$
名称	符号	计算公式	计算举例
齿顶高	h_a	$h_a=m$	$h_a=3.5$
齿根高	h_f	$h_f=1.2m$	$h_f=4.2$
齿高	h	$h=h_a+h_f=2.2m$	$h=7.7$
分度圆直径	d	$d=mz$	$d=87.5$
齿顶圆直径	d_a	$d_a=m(z+2\cos\delta)$	$d_a=92.45$
齿根圆直径	d_f	$d_f=m(z-2.4\cos\delta)$	$d_f=81.55$
外锥距	R	$R=mz/2\sin\delta$	$R=61.88$
齿顶角	θ_a	$\tan\theta_a=2\sin\delta/z$	$\tan\theta_a=2\times\sin45°/25$ $\theta_a=3°14'$
齿根角	θ_f	$\tan\theta_f=2.4\sin\delta/z$	$\tan\theta_f=2.4\times\sin45°/25$ $\theta_f=3°53'$
分锥角	δ	当 $\delta_1+\delta_2=90°$ 时，$\delta_1=90°-\delta_2$	
顶锥角	δ_a	$\delta_a=\delta+\theta_a$	$\delta_a=45°+3°14'=48°14'$
根锥角	δ_f	$\delta_f=\delta-\theta_f$	$\delta_f=45°-3°53'=41°07'$
齿宽	b	$b\leqslant L/3$	

2. 直齿圆锥齿轮的规定画法

(1)在反映其轴线的视图中一般采用全剖。齿顶线和齿根线用粗实线表示，轮齿按不剖处理，分度线用细点画线表示。齿顶线、齿根线和分度线的延长线交于轴线。

(2)在端视图中，大端和小端齿顶圆用粗实线表示，大端齿根圆和小端齿根圆不必画，大端分度圆用细点划线表示，小端分度圆不画。

直齿圆锥齿轮的画图步骤如图 7-48 所示。

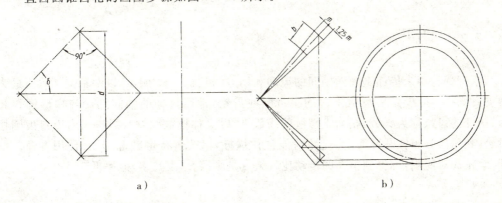

a)   b)

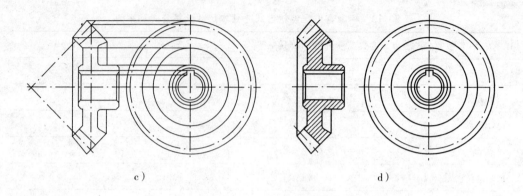

图 7-48 圆锥齿轮画图步骤

3. 圆锥齿轮啮合的规定画法

圆锥齿轮啮合时，两分度圆锥相切，锥顶交于一点，齿轮轮齿部分和啮合区的画法与直齿圆柱齿轮啮合画法相同，如图 7-49 所示。

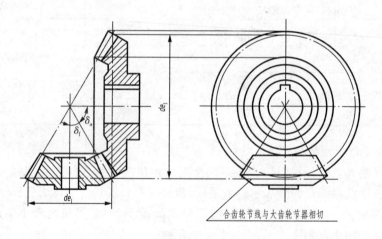

图 7-49 圆锥齿轮啮合的规定画法

7.3.3 蜗杆蜗轮

蜗杆蜗轮用来传递交叉两轴间的运动和动力，如图 7-50 所示，以两轴交叉垂直最为常见。蜗杆实际上是一齿数不多的斜齿圆柱齿轮，常用蜗杆的轴向剖面与梯形螺纹相似，蜗杆的齿数称为头数，相当于螺纹的线数，所以又称模数螺纹。蜗轮相当于斜齿圆柱齿轮，其轮齿分布在圆环面上，使轮齿能包住蜗杆，以改善接触状况，延长使用寿命。蜗杆、蜗轮成对使用，可得到很大的传动比。缺点是摩擦大，发热多，效率低。

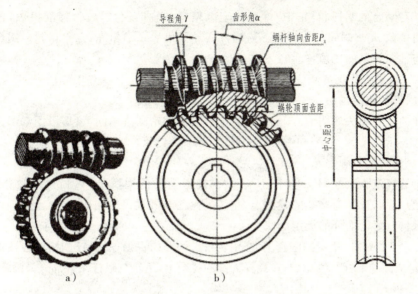

图 7-50 蜗杆、蜗轮传动

1. 蜗杆、蜗轮的主要参数与尺寸计算

蜗杆、蜗轮的各部分名称和基本尺寸的相互关系,可参看图 7-51 和表 7-11。

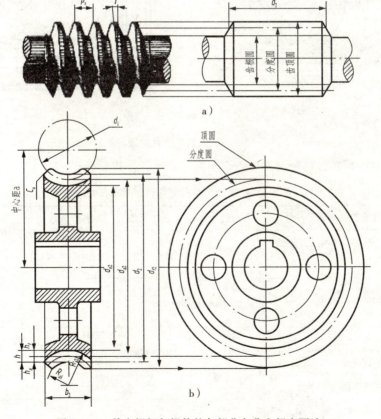

图 7-51 单个蜗杆与蜗轮的各部分名称和规定画法

在一对啮合的蜗杆、蜗轮中,标准规定以蜗杆的轴向模数 m_x 为标准模数,也等于蜗轮的端面模数 m_t。蜗轮的螺旋角 β 与蜗杆的导程角 γ 大小相等、方向相同。蜗杆的分度圆直径与轴向模数的比值称直径系数,用 q 表示。

2. 蜗杆、蜗轮的规定画法

(1)蜗杆的规定画法

蜗杆的规定画法如图 7-51a 所示。它与圆柱齿轮画法相同,齿形可用局部剖视图或放大图来表示。

(2)蜗轮的规定画法

蜗轮的规定画法如图 7-51b 所示。在投影为圆的视图上,只画顶圆和分度圆,喉圆、齿根圆不画;投影为非圆的视图上,轮齿的画法与圆柱齿轮相同。

(3)蜗杆、蜗轮啮合的规定画法

图 7-52 为蜗杆、蜗轮的啮合图,在蜗轮投影为圆的视图上,蜗杆和蜗轮各按规定画法绘制,蜗轮节圆与蜗杆节线相切;在蜗杆为圆的视图上,蜗轮与蜗杆重合部分只画蜗杆。

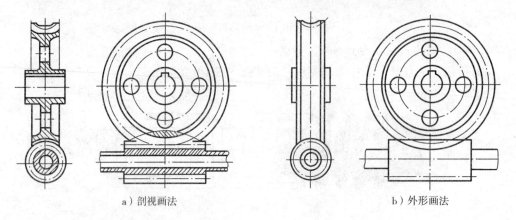

a)剖视画法 b)外形画法

图 7-52 蜗杆、蜗轮啮合的规定画法

标准蜗杆、蜗轮各部分名称和各基本尺寸的计算公式见表 7-11

表 7-11 标准蜗杆、蜗轮各部分名称和各基本尺寸的计算公式

基本参数:模数 $m=m_x=m_t$		导程角 γ	蜗杆直径系数 q	蜗杆头数 z_1	蜗杆齿数 z_2
名称	符号	计算公式			
轴向齿轮	p_x	$p_x = \pi m$			
齿顶高	h_t	$h_t = m$			
齿根高	h_f	$h_f = 1.2m$			
齿高	h	$h = 2.2m$			
蜗杆分度圆直径	d_1	$d_1 = mq$			
蜗杆齿顶圆直径	d_{t1}	$d_{t1} = m(q+2)$			
蜗杆齿根圆直径	d_{f1}	$d_{f1} = m(q-2.4)$			

（续表）

导程角	γ	$\tan\gamma = z_1 p_x$
蜗杆导程	p_x	$p_x = z_1 p_x$
蜗杆齿宽	b_1	当 $z_1 = 1 \sim 2$ 时，$b_1 = (11 + 0.06z_2)m$ 当 $z_1 = 3 \sim 4$ 时，$b_1 \geqslant (12.5 + 0.09z_2)m$
蜗轮分度圆直径	d_2	$d_2 = mz_2$
蜗轮喉圆直径	d_{a2}	$d_2 = m(z_2 + 2)$
蜗轮顶圆直径	d_{a2}	当 $z_1 = 1$ 时，$d_{a2} \leqslant d_{a2} + 2m$ 当 $z_1 = 2 \sim 3$ 时，$d_{a2} \leqslant d_{a2} + 1.5m$ 当 $z_1 = 4$ 时，$d_{a2} \leqslant d_{a2} + m$
蜗轮齿根圆直径	d_{f2}	$d_{f2} = m(z_2 - 2.4)$
蜗轮齿宽	b_2	当 $z_1 = 3$ 时，$b_2 \leqslant 0.75 d_{a1}$ 当 $z_1 = 4$ 时，$b_2 \leqslant 0.67 d_{a1}$
中心矩	a	$a = m(q + z_2)/2$

7.4　滚动轴承和弹簧的画法

滚动轴承是用来支承传动轴的组件，具有结构紧凑、摩擦阻力小、动能损耗少和旋转精度高等优点，应用极广。滚动轴承是标准件，其结构、尺寸均已标准化，由专业厂家生产。

7.4.1　滚动轴承

1. 滚动轴承结构

滚动轴承的种类很多，但结构相似，一般由外圈、内圈、滚动体和保持架组成，如图 7-53 所示。

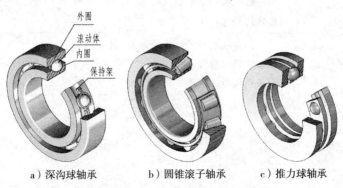

a）深沟球轴承　　b）圆锥滚子轴承　　c）推力球轴承

图 7-53　滚动轴承的结构

2. 滚动轴承的分类

滚动轴承按承受载荷的方向可分为三类：

(1)向心轴承。主要承受径向载荷，如图7-53a所示的深沟球轴承。

(2)推力轴承。仅能承受轴向载荷，如图7-53c所示的推力球轴承。

(3)向心推力轴承。能同时承受径向载荷和轴向载荷，如图7-53b所示的圆锥滚子轴承。

3. 滚动轴承的代号

滚动轴承的代号由前置代号、基本代号、后置代号组成。

(1)滚动轴承(不包括滚针轴承)的基本代号

外形尺寸符合标准规定的滚动轴承，其基本代号由轴承类型代号、尺寸系列代号、内径系列代号组成。

①轴承类型代号用数字或字母表示，见表7-12。

②尺寸系列代号由轴承的宽(高)度系列代号和直径系列代号组合而成，用两位阿拉伯数字表示。它的主要作用是区别内径相同而宽度和外径不同的轴承，具体代号需查阅相关标准。

表7-12 轴承类型代号(摘自 GB/T272—1993)

代号	0	1	2	3	4	5	6	7	8	N	U	QJ
轴承类型	双列角接触球轴承	调心球轴承	调心滚子轴承和	圆锥滚子轴承	双列深沟球轴承	推力球轴承	深沟球轴承	角接触球轴承	推力圆柱滚子轴承	圆柱滚子轴承	外球面球轴承	四点接触球轴承

③内径系列代号表示轴承的公称内径，一般用两位阿拉伯数字表示，具体注写方式见表7-13。

表7-13 滚动轴承内径代号及其示例

轴承公称内径/mm	内径代号	示 例
0.6~10(非整数)	用公称内径的毫米数直接表示，内径与尺寸系列代号之间用"/"隔开	618/2.5 表示深沟球轴承 $d=2.5$mm
1~9(整数)	用公称内径的毫米数直接表示，对深沟及角接触球轴承直径系列为7、8、9的，内径与尺寸系列代号之间用"/"隔开	625 或 618/5 表示深沟球轴承 $d=5$mm
10~17	10 → 00 12 → 01 15 → 02 17 → 03	6201 表示深沟球轴承 $d=12$mm
20~480 (22,28,32 除外)	公称内径除以5的商数，若商数为个位数，需在商数左边加"0"	23208 表示调心滚子轴承 $d="08\times5"=40$mm

(续表)

轴承公称内径/mm	内径代号	示 例
大于或等于 500 以及 22,28,32	用公称内径的毫米数直接表示,内径与尺寸系列代号之间用"/"隔开	230/500 表示调心滚子轴承 $d=500$mm 62/22cm 表示深沟球轴承 $d=22$mm

(2) 前置、后置代号

前置、后置代号是轴承在结构形状、尺寸、公差、技术要求等有改变时,在其基本代号左右添加的补充代号。其标记示例见附表。

4. 滚动轴承的画法

滚动轴承应按 GB/T 4459.7—1998 中的规定绘制,即在装配图中,当不需要确切地表示滚动轴承的形状和结构时,可采用简化画法和规定画法来绘制。常用滚动轴承的类型、简化画法和规定画法的尺寸比例,如表 7-14 所示。在画滚动轴承时,可采用规定画法,也可采用简单画法中的通用或特征画法,在规定画法中,只画轴承的一半,另一半按通用画法画。

表 7-14 滚动轴承类型、简化画法和规定画法的尺寸比例示例

轴承类型	结构形式	通用画法	特征画法	规定画法	承载特征
		(均指滚动轴承在所属装配图的剖视图中的画法)			
深沟球轴承 (GB/T 276—1994) 6000 型	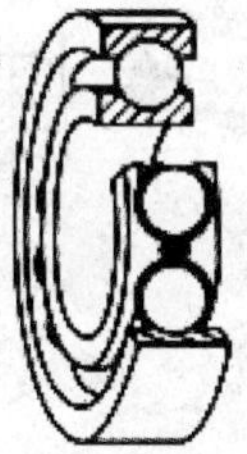		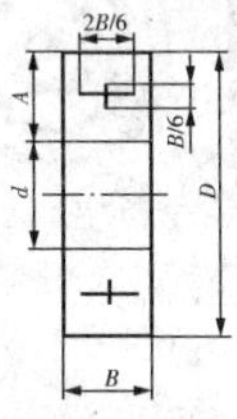	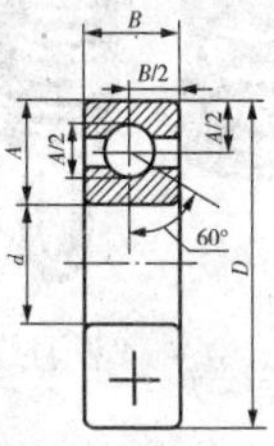	主要承受径向载荷
圆锥滚子轴承 (GB/T 297—1994) 30000 型		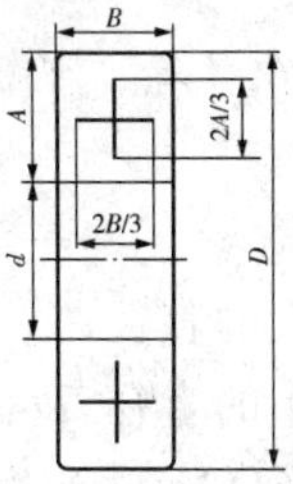	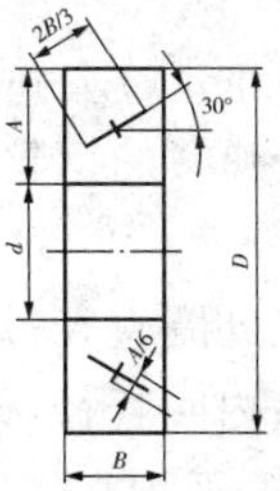	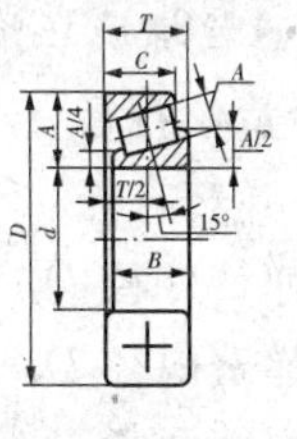	可同时承受径向和轴向载荷
推力球轴承 (GB/T 301—1995) 51000 型	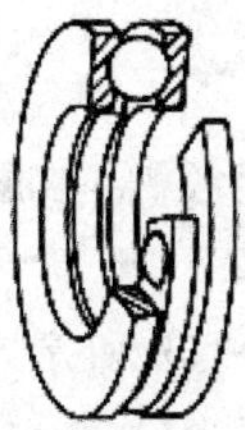		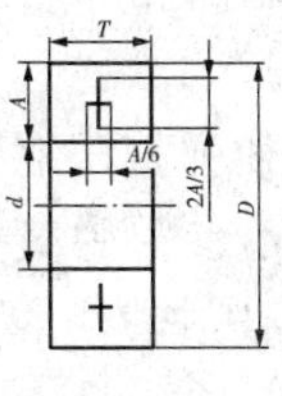	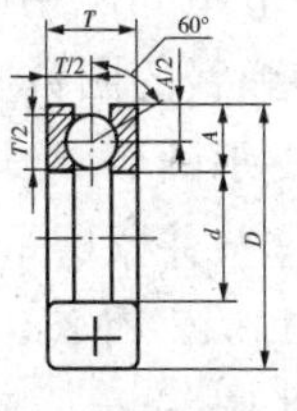	承受单方向的轴向载荷

轴承类型	结构形式	通用画法	特征画法	规定画法	承载特征
		(均指滚动轴承在所属装配图的剖视图中的画法)			
三种画法的选用		当不需要确切地表示滚动轴承的外形轮廓、承载特性和结构特征时采用	当需要较形象地表示滚动轴承的结构特征时采用	滚动轴承的产品图样、产品样本、产品标准和产品使用说明书中采用	

7.4.2 弹簧

弹簧是机械中常用的零件,具有功、能转换特性,可用来减震、夹紧、测力、储存能量等。弹簧种类很多,应用很广,如图7-54所示。

弹簧是标准件,其结构形式和尺寸大小均已标准化,其中最常见的是圆柱螺旋弹簧。圆柱螺旋弹簧根据用途可分为压缩弹簧、拉伸弹簧和扭转弹簧。本节主要介绍圆柱螺旋压缩弹簧的各部分名称及规定画法。

a) 圆柱螺旋弹簧　　b) 平面蜗卷弹簧　　c) 板弹簧　　d) 片弹簧

图7-53　常见的弹簧种类

1. 圆柱螺旋压缩弹簧各部分的名称及尺寸计算

(1) 簧丝直径 d ——制造弹簧的钢丝直径。

(2) 弹簧直径

① 弹簧外径 D_2 ——弹簧外圈直径,即最大的直径;

② 弹簧内径 D_1 ——弹簧内圈直径,即最小的直径,$D_1=D_2-2d$;

③ 弹簧中径 D ——弹簧的平均直径,$D=(D_2+D_1)/2=D_2-d=D_1+d$。

(3) 节距 t:除两端支承圈外,相邻两圈的轴向距离。

(4) 弹簧的圈数

① 支承圈数 n_2 ——为了使弹簧压缩时受力均匀,工作平稳,制造时把弹簧两端并紧磨平。这些并紧磨平的几圈不参与弹簧受力变形,只起支承作用,称为支承圈。支承圈一般为1.5、2和2.5圈三种,其中2.5圈较为常用。如图7-55所示,两端并紧1/2圈,磨平3/4圈,$n_2=2.5$圈。

②有效圈数 n——保持相等节距的工作圈数；

③总圈数 n_1——总圈数为支承圈数与有效圈数之和，即 $n_1=n+n_2$。

(5)自由高度 H_0——没有外力作用时弹簧的高度，$H_0=n \cdot t+(n_2-0.5)d$。

(6)展开长度 L——制造弹簧时簧丝的落料长度，即坯料长度，

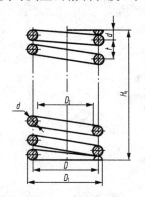

图 7-55　压缩弹簧的尺寸

$$L \approx n_1\sqrt{(\pi D_2)^2+t^2}$$

(7)旋向：与螺旋线的旋向含义相同，分右旋和左旋。一般为右旋。

2．弹簧的规定画法(GB/T 4459.4—2003)

(1)圆柱螺旋压缩弹簧的画法：

①在平行于螺旋弹簧轴线的投影面的视图中，其各圈的轮廓应画成直线；

②有效圈数 4 圈以上时，可以每端只画 1～2 圈(支承圈除外)，其余可省略不画；

③螺旋弹簧均可画成右旋，但左旋弹簧不论画成左旋或右旋，一律要注明"左"字；

④螺旋压缩弹簧如要求两端并紧且磨平时，不论支承圈多少均按支承圈为 2.5 圈绘制，必要时也可按实际结构绘制。

圆柱螺旋压缩弹簧的绘图步骤如图 7-56 所示。

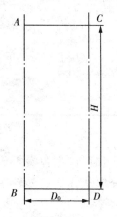 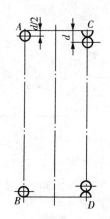 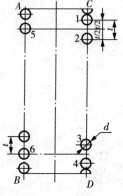 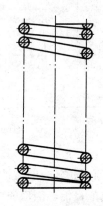

a) 计算中径 D、H_0，作矩形 ABCD　　b) 作与支承圆部分直径和簧丝直径相等的圆和半圆　　c) 画出与有效圆部分与簧丝直径相等的圆　　d) 按旋向方向作相应圆的公切线及剖面线

图 7-56　圆柱螺旋压缩弹簧的绘图步骤

(2)弹簧的表示方法:

弹簧的表示方法有视图、剖视和示意画法,圆柱螺旋弹簧的表示方法见表7-12。

表7-15 圆柱螺旋弹簧的表示方法

名称	视图与力学性能参数	剖视图和示意图
圆柱螺旋压缩弹簧	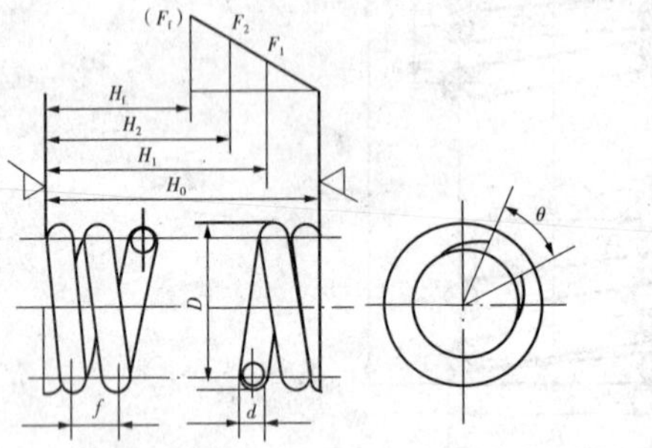	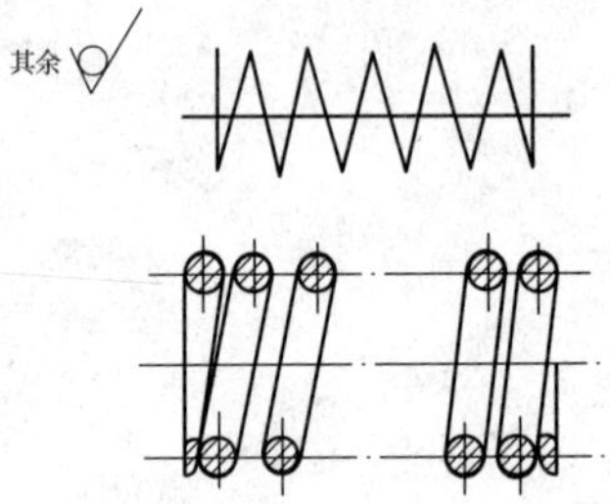
圆柱螺旋拉伸弹簧	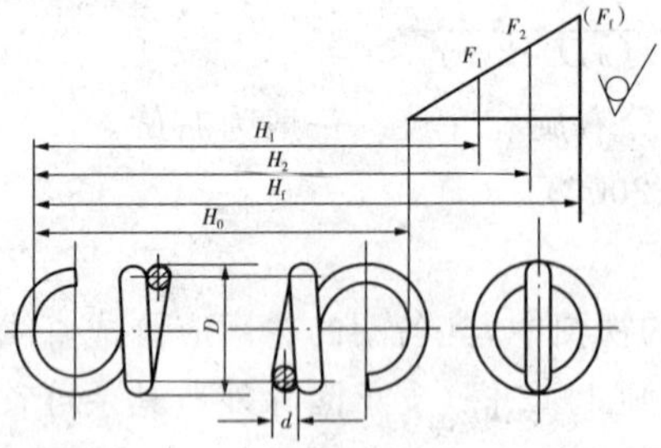	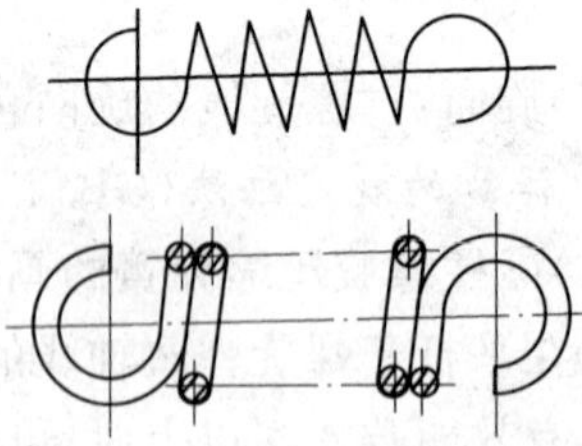
圆柱螺旋扭转弹簧	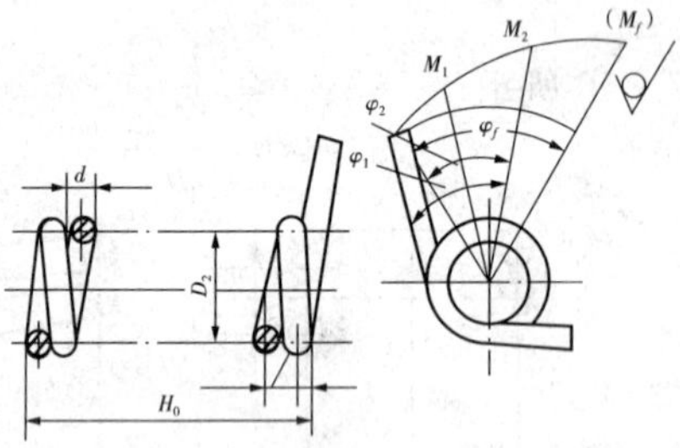	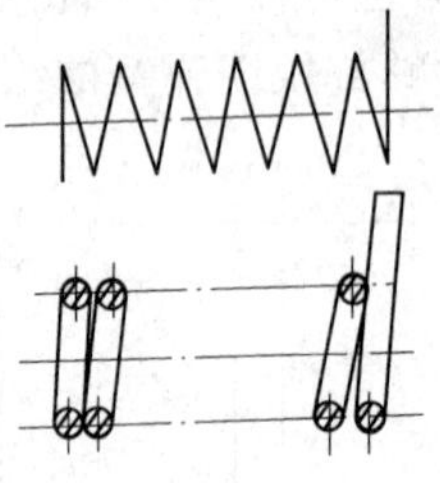

(3)弹簧在装配图中的画法

①一般情况下,装配图中的弹簧按剖视图的方式画出。具体画图时,可把弹簧看作是实心的物体,因而被弹簧挡住的零件结构一般不画出来,可见部分应从弹簧的外轮廓线或弹簧钢丝剖面的中心线画起,如图7-57a所示。

②在装配图中,被剖切后的簧丝直径在图形上小于或等于2mm时,可用示意画法画出,也可用将剖面涂黑表示,如图7-57bc所示;此外,当弹簧内还有零件需要表达时,还可按图7-57d所示的形式绘制。

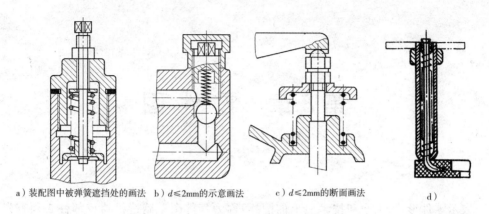

a) 装配图中被弹簧遮挡处的画法　b) $d\leqslant 2mm$ 的示意画法　c) $d\leqslant 2mm$ 的断面画法　d)

图 7-57　弹簧在装配图中的画法

本章小结

(1) 通过本章的学习,了解了螺纹的种类及应用,熟练掌握螺纹的画法和标注方法;

(2) 掌握常用螺纹紧固件的规定标记,熟悉它们的查表方法,并熟练掌握连接装配图的画法;

(3) 熟悉普通平键、半圆键的规定标记,键槽的画法和尺寸注法以及连接装配图的画法;

(4) 掌握销的规定标记及连接装配图的画法;

(5) 了解齿轮的用途、种类和模数等概念,掌握直齿圆柱齿轮各部分的名称和尺寸计算方法,并掌握直齿圆柱齿轮的画法、尺寸注法及其啮合画法;了解其他齿轮的各部分名称、画法及尺寸标注方法;

(6) 掌握滚动轴承的用途以及本章中介绍的几种滚动轴承的画法和标记;

(7) 了解弹簧的用途和种类,掌握圆柱螺旋压缩弹簧的画法及标记,并掌握弹簧在装配图中的画法。

本章内容与生产实际联系密切,在日常生活中应用也很广泛,因此,在学习时,要利用到工厂去参观和实践的机会,仔细观察接触到的机器结构,并注意观察日常生活中的一些实物和用品,如汽车、摩托车、自行车等,特别注意有哪些标准件和常用件,它们的类型、连接方式、应用场合等,这对本章的学习是很有帮助的。重点掌握各种连接图正确绘制,对今后学习装配图画法、及读装配图都起着重要作用。

第8章 零件图

表示零件形状、大小和技术要求的图样，称为零件图。制造机器或部件必须首先制造零件，而要制造出合格的零件，则必须先读懂零件图，准确地理解设计者的设计意图，想象出零件的结构形状，了解零件加工和检验时的尺寸和技术要求，以便采取相应的加工和检验方法，制造出合格的零件。

本章将结合生产实际，依据零件在机器中的作用和要求来讨论零件图的作用和内容、零件图的视图表达、尺寸标注和技术要求等内容。通过对典型零件的分析，总结轴套类、轮盘类、叉架类、箱体类等四类零件的结构形状、视图表达、尺寸标注和技术要求方面的特点和规律，以培养和提高绘制、识读零件图的能力。

8.1 零件图的作用与内容

8.1.1 零件图的作用

任何一台机器或部件都是由许多零件按一定的装配关系和技术要求装配而成的，因此，零件是组成机器或部件的基本单位。而零件图是制造和检验零件的依据，是组织生产的主要技术文件之一，在生产过程（包括备料、制造、检验）中，零件图是必备的重要技术文件。

8.1.2 零件图的内容

一张完整的零件图（如图 8-1 所示）应具备以下四个内容：
1. 一组图形

根据零件的结构特点，用必要的视图、剖视图、断面图及其他表达方法，正确、完整、清晰地表达零件的内、外结构形状。

2. 全部尺寸

用正确、完整、清晰、较合理的尺寸，表达出零件各部分的形状大小及相对位置。

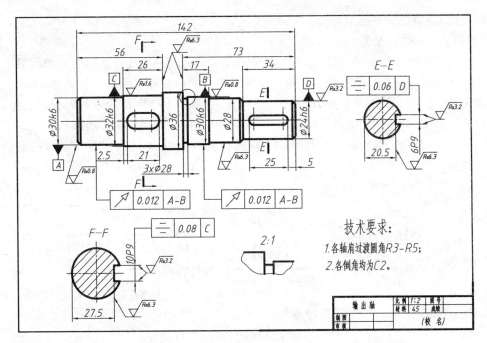

图 8-1　输出轴零件图

3. 技术要求

用规定的代号、符号和文字注出零件在制造、检验、装配和使用时应达到的各项技术要求。如表面结构、尺寸公差、几何公差、热处理及其他特殊要求等。

4. 标题栏

用标题栏写出该零件的名称、数量、材料、比例、图号以及设计、制图、审核者的姓名、日期等。

8.2　零件表达方案的确定

零件表达方案的确定,应在分析零件结构形状、加工方法,以及它在机器中所处位置等基础上来完成,应以最少数量的视图,正确、完整、清晰、基本合理地表达出零件各部分的结构形状。

8.2.1　零件视图的选择原则

零件视图的选择包括主视图的选择和其他视图的选择以及视图数量、表达方法的选择。

1. 主视图的选择原则

主视图是零件图中最重要的视图。其选择得是否合理,不但直接关系到零件结构形状表达得清楚与否,而且关系到其他视图的数量和位置的确定,影响到读图和画图的方

便。因此,必须选好主视图。选择主视图所依据的原则是:

(1) 显示形体特征的原则

无论结构怎样复杂的零件,总可以将它分解成若干个基本体,主视图应较明显或较多地反映出这些基本体的形状及其相对位置关系。如图 8-2a 所示的轴承座,大体上可分为上、下两部分,上部是带长方形凸台的套筒,下部是支持套筒的座和底板。显然,从上向下投射(B向)时,套筒和底板重叠;从左向右投射(C向)时,套筒的形状以及在底板上的位置表达不清;而从前向后投射(A向)得出来的视图,最能显示这两部分的形状和相对位置。

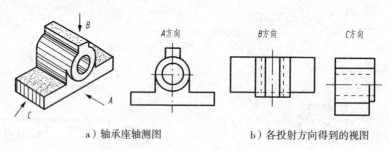

a) 轴承座轴测图　　　　　b) 各投射方向得到的视图

图 8-2　显示形体特征原则

由上述可知,根据"显示形体特征的原则"来选择主视图,就是将最能反映零件结构形状和相对位置的方向作为主视图的投影方向。

(2) 零件合理位置的原则

加工位置原则:加工位置是零件在加工时所处的位置。选择主视图时应尽量与零件的主要加工位置一致,这样在加工时可以直接进行物图对照,便于看图和测量尺寸,减少差错。如对在车床或磨床上加工的轴、套、轮、盘等零件,为方便看图,应将这些零件按轴线水平横向放置。图 8-3 为轴在车床上的加工位置,上方则是该轴的主视图;图 8-4a 为透盖在车床上的加工位置,图 8-4b 为透盖的主视图。

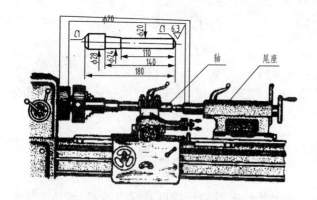

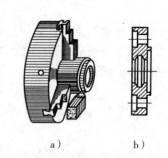

图 8-3　轴在车床上的加工位置要　　　　图 8-4　端盖在车床上的加工位置

工作位置原则:工作位置是零件在装配体中或工作时所处的位置。零件主视图的位置应尽量与零件在机器或部件中的工作位置一致,这样便于根据装配关系来考虑零件的形状及有关尺寸,对画图和看图都较为方便。如图 8-5 所示是吊钩和拖钩的工作位置及主视图的选择。

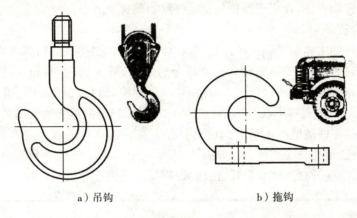

a）吊钩　　　　　　　　b）拖钩

图 8-5　吊钩和拖钩的工作位置及主视图的选择

自然安放位置原则：当加工位置各不相同，工作位置又不固定时，可按零件自然安放平稳的位置作为其主视图的位置。

此外，还应兼顾其他视图的选择，考虑视图的合理布局，充分利用图幅。

2. 其他视图的选择原则

主视图确定后，其他视图的选择原则是：在正确、完整、清晰地表达零件结构形状的前提下，所选用的视图数量要尽量少。

其他视图的选择一般可按下述步骤进行：

① 首先应考虑零件各个主要形体的表达，除主视图外，还需要几个必要的基本视图和其他视图。

② 根据零件的内部结构，选择适当的剖视和断面图。一般优先考虑在基本视图上作剖视。

③ 对尚未表达清楚的局部结构、细小结构和倾斜结构，可采用一些局部（剖）视图、局部放大图和斜（剖）视图等。相关视图应尽量保持投影对应关系，并配置在原图附近。

④ 考虑是否可以省略、简化或取舍一些视图，对总体方案作进一步修改。每增加一个视图，都应有其存在的意义。

8.2.2　常用零件表达方案举例

零件表达方案的确定，是一个既有原则性，又有灵活性的问题。具体确定时，应当将几种表达方案加以比较，从中选择较好的方案表达零件。零件的种类很多，按其结构特点、视图表达、尺寸标注、制造方法等，大致可以分为轴套类、轮盘类、叉架类和箱体类四种类型。同种类零件的表达方案有许多相同之处，熟悉这四类零件的视图表达方法，有助于更好掌握确定零件表达方案的一般规律。

1. 轴套类零件

轴套类零件是机器中最常见的一类零件，包括各种轴、丝杆、套筒等。在机器中，轴类零件主要用于支承传动件(如齿轮、链轮、带轮等),传递运动和动力。套类零件主要用于支承和保护转动零件,或用于保护与它的外壁相配合的表面。

(1)结构分析

轴套类零件的主体是同轴回转体(如圆柱体、圆锥体等)构成的阶梯状结构。大多数轴的长度大于它的直径,按外形轮廓可将轴分为光轴、阶梯轴、空心轴等,轴上常常还有一些工艺结构,如轴肩、键槽、螺纹、退刀槽、砂轮越程槽、圆角、倒角、中心孔等。如图8-1所示的输出轴,它的基本形状是同轴回转体,有键槽、倒角和退刀槽等工艺结构。

大多数套类零件的壁厚小于它的内孔直径。在套类零件上常常还有油槽、倒角、退刀槽、螺纹、油孔、销孔等工艺结构。如图8-6所示的车床尾座空心套为中空的套筒,内有退刀槽、莫氏锥度、倒角,外有油孔、油槽、键槽、圆角、销孔等工艺结构。

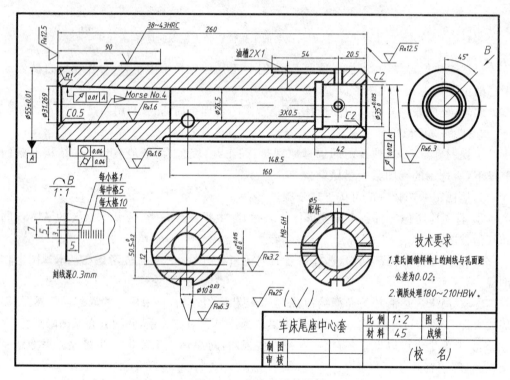

图8-6 柱塞套零件图

(2)表达方案

由于这类零件加工的主要工序一般都在车床、磨床上进行,加工时轴线成水平位置,因此,主视图常将轴线水平横向放置,符合加工位置原则。一般用一个基本视图(主视图)加上一系列直径尺寸表达各组成部分的轴向位置。对轴上的孔、键槽等局部结构可用局部视图、局部剖视图或断面图表达;对退刀槽、越程槽和圆角等细小结构可用局部放大图加以表达;对套筒或空心轴可采用全剖、半剖或局部剖视图表达。

如图8-1所示的输出轴,主视图采取轴线水平放置的加工位置,其投影方向取垂直于轴线正对着键槽的方向。主视图反映了轴的结构特点、键槽的形状、倒角等。采用移出断面图表达键槽的深度,局部放大图表达退刀槽的结构。

又如图8-6所示的车床尾座空心套,主视图采用全剖视图,表达内部左右通孔的结构,右端上方还可以看见油孔和油槽结构;左视图主要是表明刻线标尺的位置及投射方向;B向斜视图表示倾斜45°外圆表面上刻线标尺的情况;在主视图的下方有两个移出断面图,因它们画在剖切线的延长线上,所以省略了标注,通过断面图可进一步了解到空心套筒的下方有一宽度为10mm的键槽,距右端148.5mm处有一个$\phi 8$的通孔,右边的断面图还表达了M8-6H的螺孔和$\phi 5$的油孔。

2. 轮盘类零件

这类零件包括各种轮子(齿轮、手轮、带轮)、法兰盘、端盖及压盖等。轮类零件在机器中通常起着传递扭矩的作用;盘类零件起连接、支承轴承、轴向定位和密封等作用。虽然作用各不相同,但在结构上和表达方法上都有共同之处。

(1) 结构分析

轮盘类零件主要由同轴回转体或其他平板形构成,其盘体厚度方向的尺寸比其他两个方向的尺寸要小。根据其作用的不同,常有凸台、凹坑、均布安装孔、轮辐、键槽、螺孔、销孔等结构。

(2) 表达方案

轮盘类零件的表达一般采用两个基本视图,即主、左(右)视图或主、俯视图。主视图采用以轴线为水平横放的加工位置原则或工作位置原则,将反映厚度的方向作为主视图的投影方向,常用全剖(包括阶梯剖、旋转剖、复合剖)视图反映内部结构和相对位置;另一视图则主要表达零件的外形轮廓和孔、槽、肋、轮辐等的相对位置及分布情况;对于个别细小结构采用局部剖视图、断面图、局部放大图等表达;如果两端面都较复杂,还需增加另一端面的视图。

如图8-7所示是手轮的零件图,主视图选择轴线水平放置,符合零件的加工位置原则。为表达零件的内部结构,主视图采用了两个相交的剖切平面剖开零件后的全剖视图;为表达外部轮廓,选择了一个左视图,主要表达了手轮的轮缘、轮毂、轮辐的形状和位置关系。

如图8-8所示是机床尾座上的一个端盖,主视图选择轴线水平放置,与工作位置一致,又符合加工位置。主视图采用相交的和平行的剖切平面(复合剖)将其内部结构全部表示出来。选用了一个右视图,表达其端面轮廓形状及各孔的相对位置。

3. 叉架类零件

这类零件包括拨叉、连杆、支架、支座、摇臂、杠杆等零件,一般在机器中起支承、操纵、调节、连接等作用。

(1) 结构分析

叉架类零件多数形状不规则,外形结构比内腔复杂,且整体结构复杂多样,形状差异较大。多为铸造或锻造成毛坯,再经过必要的机械加工而成。其中叉杆类零件通常由支承部分、工作部分和连接部分组成,而支架类零件通常由支承部分、连接部分和安装部分组成。这类零件常带有倾斜结构和凸台、凹坑、圆孔、螺孔等结构,图8-9所示的拨叉就属于这类零件。

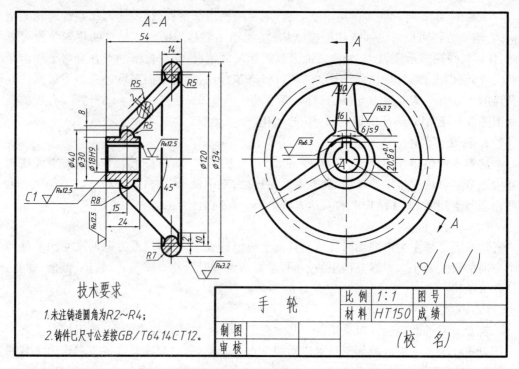

图 8-7 手轮零件图

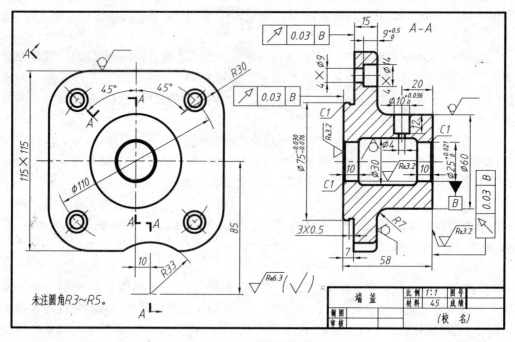

图 8-8 端盖零件图

(2) 表达方案

叉架类零件常用 1~3 个基本视图表达其主要结构。由于这类零件加工工序较多，加工位置经常变化。因此,主视图应按零件的工作位置或自然安放位置选择,并选取最能反映形状特征的方向作为主视图的投影方向。内部结构通常采用全剖视图或局部剖视图表达,倾斜结构用斜视图或斜剖视图表达,连接部分(一般为支承板、肋板、轮辐等)用断面图表达。

如图8-9所示的拨叉,采用主、俯两个基本视图。由于其在工作时处于倾斜位置,加工位置又不确定,所以主视图将其放平,以反映拨叉形状特征的方向作为主视图的投影方向;主视图以表达外形为主,在凸台销孔处用局部剖视图表示。俯视图表达各部分在宽度方向的相对位置,取过拨叉基本对称中心线的全剖视图,表达圆柱形套筒、叉口及其连接关系。"A"向斜视图表达倾斜凸台的真实形状。肋板的断面形状较简单且主、俯视图中也有足够的空位,所以采用了重合断面表示。由于拨叉制造过程中,两件合铸,加工后分开,因而在主视图上,用双点画线画出与其对称的另一件的部分投影。

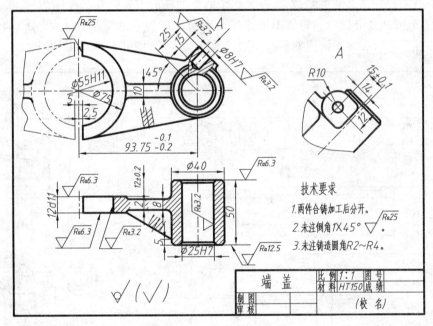

图8-9 拨叉零件图

4. 箱体类零件

这类零件是机器或部件的主要零件之一,常见的箱体类零件有减速箱体、泵体、阀体、机座等,一般起支承、容纳、零件定位的作用,此外,还是保护机器中其他零件的外壳,以利于安全生产。

(1)结构分析

箱体类零件的内、外结构都很复杂,常用薄壁围成不同的空腔,箱体上还常有支承孔、凸台、注油孔、放油孔、安装板、肋板、螺孔和螺栓孔等结构。毛坯多为铸件,也有焊接件,只有部分表面要经机械加工,因此,具有许多铸造工艺结构,如铸造圆角、起模斜度等。

(2)表达方法

由于箱体类零件结构形状复杂,加工位置多变,因而常以工作位置或自然安放位置确定主视图位置,以最能反映其各组成部分形状特征及相对位置的方向作为主视图的投影方向。表达方案一般用三个或三个以上的基本视图。根据具体结构特点选用半剖视、全剖视或局部剖视,并辅以断面图、斜(剖)视图、局部(剖)视图、局部放大图等表达方法。

图8-10 减速器箱体轴测图

图8-10是减速器箱体的轴测图,图8-11则是该减速器箱体的零件图,对照着可以看出:

① 主视图的位置与箱体的工作位置相同,主视图主要表达了箱体的形状与位置特征,它采用了四处局部剖视图:左下方表达了圆形油标的安装孔及凸台($\phi24$孔和$\phi35$凸台处),右上方两处分别表达箱体上下连接凸台及连接通孔的结构($4\times\phi9$处)和锥销孔的结构,右下方则表达了箱体壁厚及下边的放油孔(M10螺孔和$\phi17$凸台处)。

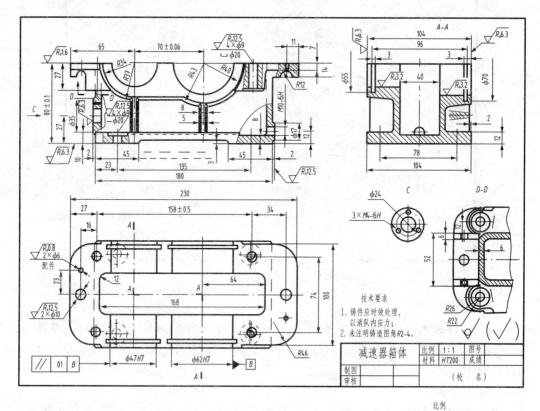

图8-11 减速器箱体零件图

② 俯视图主要表达了箱体的凸缘、内腔及安装底板的外形(虚线),同时也表达了连接孔、安装孔(虚线圆)、销孔的相互位置。

③ 左视图采用了阶梯全剖视图,主要表达箱体前后凸台上的轴承孔与内腔相通的内

部形状,箱体凸缘、放油孔的位置、安装端盖的插槽、肋板的形状等内部结构。

④ 此外,还用"C"向局部视图表达了圆形油标的形状,用"D—D"局部剖视图表达下凸台的端面形状,吊耳的数量及分布,并方便了一些尺寸的标注。

8.3 零件图的尺寸标注

零件图上的尺寸是零件加工、检验的重要依据。因此,在零件图中标注尺寸时,要认真负责,一丝不苟。其基本要求如下:

正确:尺寸的注写应符合国家标准"技术制图"和"机械制图"的要求;

完整:注全零件各部分结构形状的定形尺寸、定位尺寸以及必要总体尺寸,不多注也不少注;

清晰:尺寸布置要便于看图查找;

合理:注写尺寸要考虑设计和加工工艺要求,有正确的尺寸基准概念。

前三项要求已在第1章、第5章中分别作了介绍,本节仅就零件图上合理标注尺寸应注意的问题作一些讨论。

8.3.1 尺寸基准

1. 尺寸基准的概念

标注尺寸时,首先要正确地选择尺寸基准。所谓尺寸基准,就是指零件装配到机器上或在加工测量时,用以确定其位置的一些点、线、面。尺寸基准的选择既要满足设计要求,又要便于加工、测量。常选择零件的底面、端面、对称平面、主要的轴线、中心线等作为尺寸基准。

2. 尺寸基准的分类

零件图上的尺寸基准根据零件在生产过程中所起的作用可分为两类:

(1)设计基准。在设计中用以确定零件在机器中的位置及其几何关系的基准,称为设计基准。常见的设计基准为零件上主要回转结构的轴线、对称平面、重要支承面、装配面、结合面以及主要加工面。

如图 8-12 中的轴线是径向尺寸的设计基准,ϕ40 圆柱的左端面是安装轴承的定位端面,所以是轴向尺寸的设计基准。

(2)工艺基准。根据零件加工、测量、检验的要求而确定的基准,称为工艺基准。

如图 8-12 中,从轴的右端面注出轴向尺寸 50、164、186、12,分别是加工各轴段长度尺寸和键槽位置的测量基准,所以是轴向尺寸的工艺基准。

(3)主要基准和辅助基准。每个零件都有长、宽、高三个方向的尺寸,每个方向上至少应当选择一个尺寸基准。但有时考虑加工和测量方便,常增加一些辅助基准。一般把确定重要尺寸的设计基准称为主要基准,把附加的工艺基准称为辅助基准。在选择辅助基准时,要注意主要基准和辅助基准之间、两辅助基准之间,都需要直接标注尺寸把它们联系起来,如图 8-12 中的轴向尺寸 164。

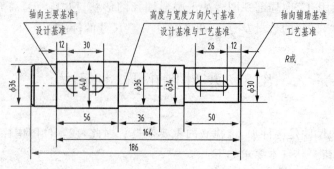

图 8-12 轴的尺寸基准

3. 尺寸基准的选择

选择设计基准标注尺寸的优点是:能反映设计要求,保证设计的零件达到机器对该零件的工作要求,满足机器的工作性能。

选择工艺基准标注尺寸的优点是:能反映零件的工艺要求,使零件便于加工和测量。

由此可知,在标注尺寸时应尽可能地将工艺基准和设计基准重合,这样既可以满足设计要求,又可以满足工艺要求。如两基准不能重合,则应以保证设计要求为主。

8.3.2 合理标注尺寸应注意的问题

1. 标注尺寸时应考虑设计要求

(1)零件的主要尺寸应直接注出

主要尺寸是指零件上有配合要求或影响零件质量、保证机器(或部件)性能的尺寸。这种尺寸一般有较高的加工要求,直接标注出来,便于在加工时得到保证。如图 8-13 所示,尺寸"a"是影响中间滑轮与支架装配的尺寸,是主要尺寸,应当直接标注,以保证加工时容易达到尺寸要求,不受累积误差的影响。

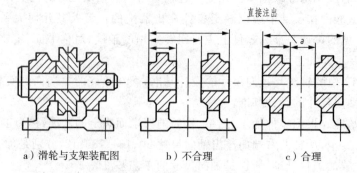

a) 滑轮与支架装配图　　b) 不合理　　c) 合理

图 8-13 主要尺寸的确定与标注

设计中的主要尺寸一般是指:
① 直接影响机器传动准确性的尺寸,如齿轮的中心距;
② 直接影响机器性能的尺寸,如车床的中心高等;

③ 两零件的配合尺寸,如轴、孔的直径尺寸和导轨的宽度尺寸等;
④ 安装位置尺寸,如图 8-11 中箱体底板上的中心距等。

(2)采用综合式的尺寸标注形式

由于零件设计要求和工艺方法不同,尺寸基准的选择也不相同,因而零件图上尺寸标注的形式有以下三种:

① 坐标式。就是把同一方向的一组尺寸,从同一基准出发标注,如图 8-14a 所示轴的轴向尺寸 A、B、C 都是以轴的左端面为基准标注的。

② 链状式。就是把同一方向的一组尺寸,逐段连续标注,基准各不相同,前一个尺寸的终止处就是后一个尺寸的基准,如图 8-14b 所示轴的轴向尺寸 A、D、E 即为链状式。

③ 综合式。就是上述两种尺寸标注形式的综合,如图 8-14c 所示。这种尺寸标注形式最能适应零件设计与工艺要求。机械图样一般都采用综合式标注。

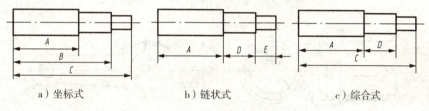

a)坐标式　　　　b)链状式　　　　c)综合式

图 8-14　尺寸标注的形式

(3)避免注成封闭的尺寸链

一组首尾相连的链状尺寸称为封闭尺寸链,如图 8-15a 所示。尺寸注成封闭尺寸链形式,有各段尺寸精度相互影响的缺点,很难同时保证图中四个尺寸的精度,给加工带来困难。因此,应在封闭尺寸链中选择最不重要的尺寸空出不注(称开口环),如图 8-15b 所示。

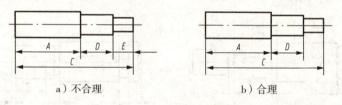

a)不合理　　　　　　b)合理

图 8-15　避免注成封闭的尺寸链

2. 标注尺寸时应考虑工艺要求

(1)按加工顺序标注尺寸

在满足零件设计要求的前提下,尽量按加工顺序标注尺寸,便于工人看图加工,如图 8-16 所示。

(2)按加工方法的要求标注尺寸

如图 8-17a 所示的下轴衬是与上轴衬合起来加工的。因此,半圆尺寸应注直径 ϕ 而不注半径 R。同理,图 8-17b 中也应注直径 ϕ。

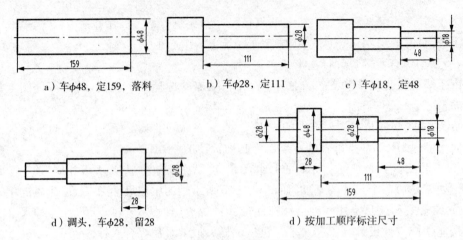

a）车φ48，定159，落料　　b）车φ28，定111　　c）车φ18，定48

d）调头，车φ28，留28　　d）按加工顺序标注尺寸

图 8-16　轴的加工顺序和尺寸标注

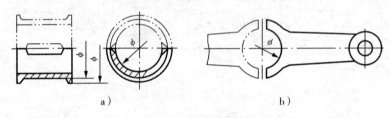

a）　　　　　　　　b）

图 8-17　按加工方法的要求标注尺寸

（3）按加工工序不同分别注出尺寸

如图 8-18 所示，键槽是在铣床上加工的，阶梯轴的外圆柱面是在车床上加工的。因此键槽尺寸集中标注在视图上方，而外圆柱面的尺寸集中注在视图的下方，使尺寸布置清晰，便于不同工种的工人看图加工。

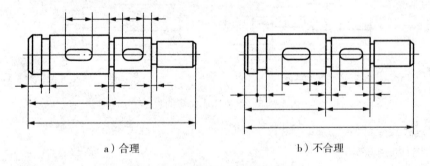

a）合理　　　　　　　　b）不合理

图 8-18　按加工工序不同标注尺寸

（4）考虑测量及检验的方便与可能标注尺寸

如图 8-19a、b 所示，实际加工后测量尺寸时，是测量槽底面或平面到圆柱面的距离；在剖视图中还应将零件外部和内部结构尺寸分别标注在视图两侧，如图 8-19c、d 所示。

（5）加工面与非加工面的尺寸标注

零件上同一加工面与其他非加工面之间一般只能有一个联系尺寸，以免在切削加工面时其他尺寸同时改变，无法达到所注的尺寸要求，如图 8-20 所示。

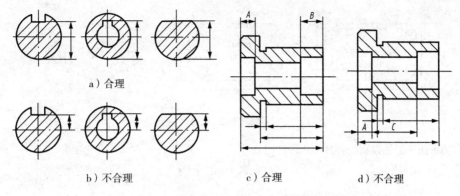

a）合理

b）不合理　　　　c）合理　　　　d）不合理

图 8-19　考虑测量及检验的方便与可能标注尺寸

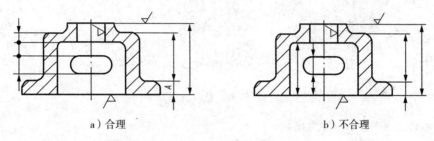

a）合理　　　　　　　　　　　b）不合理

图 8-20　加工面与非加工面的尺寸标注

8.3.3　常见结构要素的尺寸注法

1. 零件上常见结构的尺寸注法

(1) 圆角过渡处的尺寸标注

圆角过渡处的有关尺寸，应用细实线延长相交后引出标注，如图 8-21 所示。

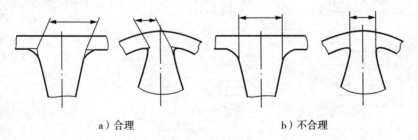

a）合理　　　　　　　　　b）不合理

图 8-21　圆角过渡处的尺寸标注

(2) 零件中常见底板的尺寸标注

常见底板尺寸标注的示例如图 8-22 所示。

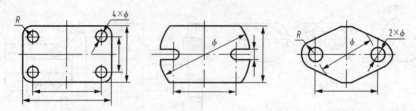

图 8-22 常见底板的尺寸标注

(3)端面、法兰盘等结构图形的尺寸标注

常见端面、法兰盘尺寸标注的示例如图 8-23 所示。

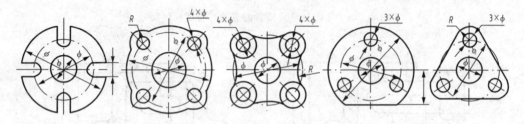

图 8-23 常见端面、法兰盘的尺寸标注

2. 零件上常见孔的尺寸注法

零件上常见孔的尺寸注法见表 8-1。

表 8-1 常见孔的尺寸注法

孔的类型		标注方法		说明
		普通注法	旁注法	
螺孔	通孔	3×M6-7H EQS	3×M6-7H EQS 或 3×M6-7H EQS	各类孔均可采用旁注法加符号的方法进行简化标注。用旁注法标注时,应注意指引线应从装配时的装入端引出; 3×M6 表示螺纹大径为 6mm,均匀分布的三个螺孔; 螺孔深度可以与螺孔直径连注,也可以分开注出; 需要注出钻孔深度时,应明确注出孔深尺寸
	不通孔	3×M6-7H EQS	3×M6-7H▼10 EQS 或 3×M6-7H▼10 EQS	
		3×M6-7H EQS	3×M6-7H▼10 孔▼12EQS 或 3×M6-7H▼10 孔▼12EQS	

(续表)

孔的类型		标注方法		说　明
		普通注法	旁注法	
光孔	一般孔	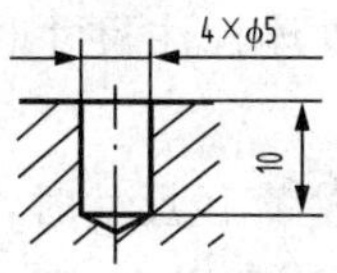	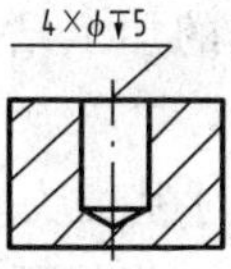 或 	4×φ5 表示直径为5mm均布的四个光孔,孔深可与孔径连注,也可以分开注出
	精加工孔	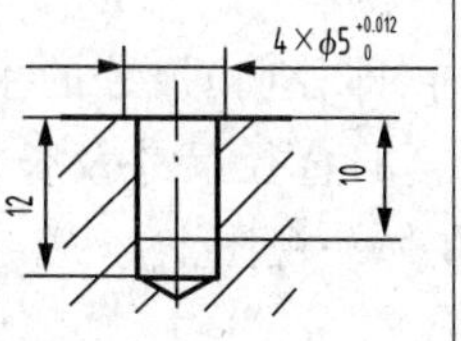	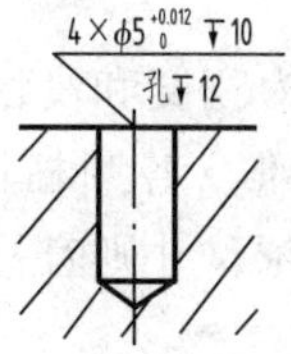 或 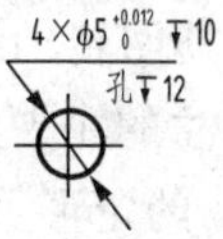	光孔深为12mm,钻孔后需精加工至 $\phi 5_0^{+0.012}$、深10mm
沉孔	柱形沉孔	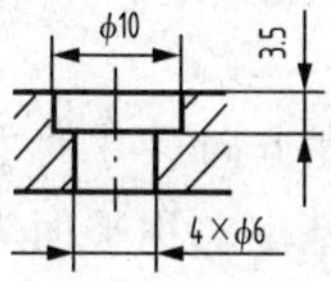	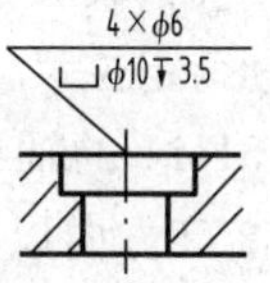 或 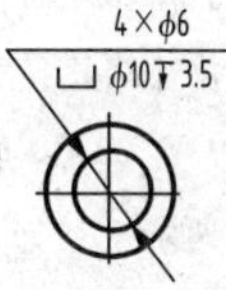	柱形沉孔的小直径φ6、大直径φ10、深度为3.5mm,均需注出
	锪平孔	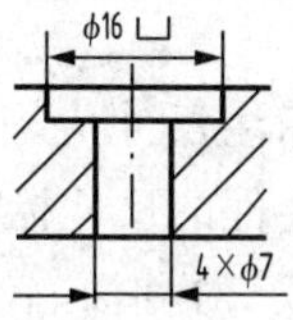	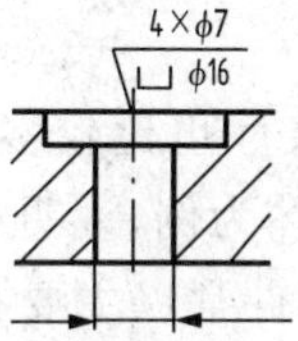 或 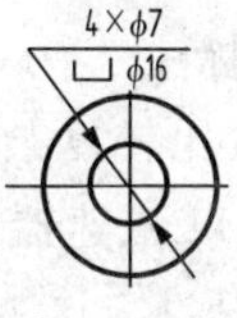	锪平面φ16的深度不需标注,一般锪平到不出现毛面为止
	锥形沉孔	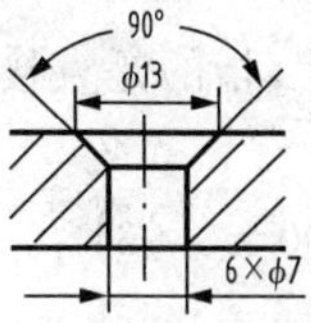	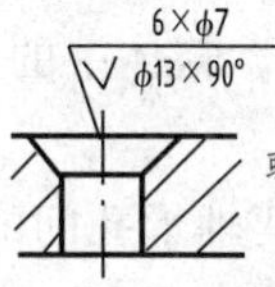 或 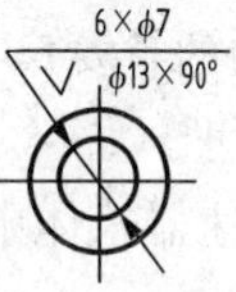	6×φ7 表示直径为7mm均匀分布的六个孔,锥形部分的尺寸可以旁注,也可以直接注出

3. 典型零件的尺寸注法

(1)轴套类零件的尺寸标注

轴套类零件要求注出各轴段直径大小的径向尺寸和各轴段长度的轴向尺寸。一般径向尺寸以轴线为主要基准,称为径向尺寸基准;轴向尺寸以重要轴肩端面为主要基准,称为轴向尺寸基准。

如图 8-1 输出轴零件图中径向尺寸基准为轴线,φ36 的轴肩端面是定位面,是轴向尺寸的主要基准。为了加工测量方便,轴的两个外端面和另一定位面为轴向尺寸辅助基准,标注轴向尺寸时,应按加工顺序标注,并注意按不同工序分类集中标注。

图 8-6 车床尾座空心套零件图的径向尺寸基准为轴线,长度尺寸基准为右端面,图中 20.5、42、148.5 等尺寸都是从右端面出发标注的,该端面也是加工过程的测量基准。

左端锥孔长度自然形成,不用标注;"$\phi 5$ 配作"说明该孔必须与螺母装配后一起加工;左端长度尺寸 90 表示淬火热处理的范围。

(2) 轮盘类零件的尺寸标注

轮盘类零件宽度和高度方向尺寸的主要基准是回转轴线或主要形体的对称平面,长度方向尺寸的主要基准是有一定精度要求的加工结合面。具体标注尺寸时,可用形体分析法标注出其定形、定位尺寸。

如图 8-7 所示的手轮零件图,径向尺寸基准为轴线,标注直径尺寸时,一般都注在非圆视图上;轴向尺寸以手轮的端面为基准。此外还标注了轮缘、轮毂、轮辐的定形定位尺寸。

如图 8-8 所示的端盖,其回转轴线为宽度和高度方向(即径向)尺寸的主要基准,左端面为长度方向(即轴向)尺寸的主要基准。各圆柱体(孔)的直径尺寸及长度尺寸尽可能配置在主视图上,而均布孔的定形、定位尺寸则宜标注在另一视图上。

(3) 叉架类零件的尺寸标注

叉架类零件常以主要孔的轴线、对称平面、较大加工面、结合面为长、宽、高三个方向尺寸的主要基准,按形体分析法标注其定形、定位尺寸。

如图 8-9 所示的拨叉,以叉架孔 $\phi 55H11$ 的轴线为长度方向尺寸的主要基准,标出与孔 $\phi 25H7$ 轴线间的中心距 $93.75_{-0.2}^{-0.1}$;高度方向以拨叉的基本对称平面为主要基准;宽度方向则以叉架的两工作侧面为主要基准,标出尺寸 12d11、12 ± 0.2。

(4) 箱体类零件的尺寸标注

因为箱体类零件的形状比较复杂,尺寸也比较多,所以标注尺寸应当有一个正确的方法和步骤。下面以图 8-11 减速器箱体为例,说明箱体类零件的尺寸标注。

① 箱体类零件的尺寸基准。这类零件常以主要孔的轴线、对称面、较大的加工平面或结合面作为长、宽、高方向的主要基准。

② 直接注出箱体类结构的重要尺寸。箱体中的重要尺寸,指的是直接影响机器的工作性能和质量好坏的那些尺寸。如:

中心距。如图 8-11 减速器箱体中两轴承孔间的距离 100 ± 0.0315 它直接影响两齿轮的正确啮合。

配合尺寸。如图 8-11 减速器箱体中两轴承孔 $\phi 62H7$ 和 $\phi 72H7$,它影响着轴承的配合性能。

与安装有关的尺寸:如图 8-11 所示减速器中结合面到安装面的距离 $130_{-0.5}^{0}$。

③ 标注定形、定位尺寸。箱体类零件主要是铸件,因此,所注的尺寸必须满足木模制造的要求且便于制作。在标注定形、定位尺寸时应采用形体分析法结合结构分析,逐个标注出各形体的定形、定位尺寸。减速器箱体的尺寸标注顺序为:

a. 上、下底板及螺栓孔的尺寸标注;

b. 轴孔的尺寸标注;

c. 观察油孔和放油孔的尺寸标注;

d. 箱体、吊板和肋板的尺寸标注;

e. 检查有无遗漏和重复的尺寸,尺寸配置乱的地方进行调整。

最后得出图 8-11 所示的全部尺寸。

8.4　零件图上的技术要求

零件图中除了图形和尺寸以外,还应具备加工和检验零件的技术要求。零件图的技术要求主要指零件几何精度方面的要求,如表面粗糙度、尺寸公差、几何公差,对材料的热处理和表面处理的要求,对零件表面修饰的说明以及对指定加工方法和检验的说明。这些内容可以用符号、代号或标记标注在图形中,也可以用文字在标题栏附近注写。

8.4.1　表面结构表示法

表面结构是表面粗糙度、表面波纹度、表面缺陷、表面纹理等的总称。这里主要介绍常用的表面粗糙度表示法。

1. 表面粗糙度的概念

零件在加工过程中,由于刀具运动与摩擦、机床的震动及零件的塑性变形等各种因素的影响,使零件表面存在着间距较小的轮廓峰谷。这种加工后零件表面上具有较小间距的峰谷所形成的微观几何形状特性,称为表面粗糙度,如图 8-24 示意。

表面粗糙度是评定零件表面质量的技术指标,反映了零件表面的加工质量,直接影响零件的耐磨性、抗腐蚀性、疲劳强度、密封性和配合质量。但提高表面质量,减少表面粗糙度值,就会使加工工艺复杂化,从而增加加工成本。因此,应在满足零件表面功能的前提下,科学地、合理地选用表面粗糙度数值。

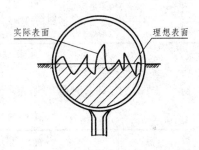

图 8-15　零件表面的峰谷示意图

2. 表面粗糙度的评定参数(GB/T1031—2009)

国家标准《表面粗糙度　参数及其数值》(GB/T1031—2009)中规定评定零件表面粗糙度的主要参数是轮廓的算术平均偏差 R_a 和轮廓的最大高度 R_z,如图 8-25 所示。

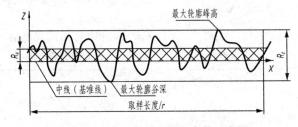

图 8-25　表面粗糙度评定参数示意图

参数 R_a 被推荐优先选用,其常用值的表面外观情况及对应的加工方法和应用举例如表 8-2 所示。

表 8-2 R_a 参数值与应用举例 单位(μm)

R_a	表面特征	主要加工方法	应用举例
25	可见刀痕	粗车、粗铣、粗刨、钻、粗纹锉刀和粗砂轮加工	粗糙度最低的加工面，很少使用
12.5	微见刀痕	粗车、刨、立铣、平铣、钻	不接触表面、不重要的接触面，如螺钉孔、倒角、机座底面等
6.3	可见加工痕迹	精车、精铣、精刨、铰、镗、粗磨等	没有相对运动的零件接触面，如箱、盖、套筒、要求紧贴的表面、键和键槽工作表面；相对运动速度不高的接触面，如支架孔、衬套、带轮轴孔的工作表面等
3.2	微见加工痕迹		
1.6	看不见加工痕迹		
0.8	可辨加工痕迹方向	精车、精铰、精拉、精镗、精磨等	要求很好配合的接触面，如与滚动轴承配合的表面、锥销孔等；相对运动速度较高的接触面，如滑动轴承的配合表面、齿轮轮齿的工作表面等
0.4	微辨加工痕迹方向		
0.2	不可辨加工痕迹方向		
0.1	暗光泽面	研磨、抛光、超级精细研磨等	精密量具的表面、极重要零件的摩擦面，如汽缸的内表面、精密机床的主轴颈、坐标镗床的主轴颈等

3. 表面结构的图形符号

标注表面结构要求时的图形符号种类、名称、尺寸及其含义见表 8-3。

表 8-3 表面结构的符号和含义 单位(μm)

符号名称	符 号	含义及说明
基本图形符号	h=字体高度 H_1=1.4h H_2=3h 符号线宽=H/10	未指定工艺方法的表面，当作为注解时，可单独使用
扩展图形符号		用去除材料的方法获得的表面
		用于不去除材料的表面，也可表示保持上道工序形成的表面

(续表)

符号名称	符 号	含义及说明
表面结构补充要求的注写		在表面结构符号上加一小圆,表示构成图形封闭轮廓的所有表面有相同的表面结构要求
		位置 a 注写第一表面结构要求; 位置 b 注写第二表面结构要求; 位置 c 注写加工方法; 位置 d 注写表面纹理方向; 位置 e 注写加工余量;

3. 表面结构要求在图样中的注法(GB/T131—2006)

表面结构要求对每一表面一般只标注一次,并尽可能注在相应的尺寸及其公差的同一视图上,除非另有说明,所标注的表面结构要求是对完工零件表面的要求。

(1)表面结构符号、代号的标注位置与方向

标注的总原则是根据 GB/T4458.4—2003"机械制图 尺寸注法"的规定,使表面结构的注写和读取方向与尺寸的注写和读取方向一致,如图 8-26 所示。

(2)标注在轮廓线上或指引线上

表面结构要求可标注在轮廓线上,其符号应从材料外指向并接触表面,如图 8-26 所示。必要时,表面结构符号还可用带黑点或箭头的指引线引出标注,如图 8-27 所示。

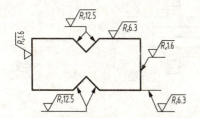

图 8-26 表面结构要求在轮廓线上的标注

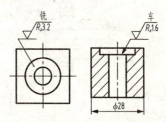

图 8-27 用指引线引出标注表面结构要求

(3)标注在特征尺寸的尺寸线上

在不致引起误解时,表面结构要求可以标注在给定的尺寸线上,如图 8-28 所示。

(4)标注在形位公差的框格上

表面结构要求可标注在形位公差框格的上方,如图 8-29 所示。

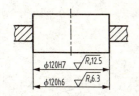

图 8-28 表面结构要求标注在尺寸线上

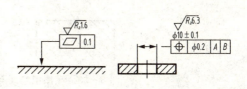

图 8-29 表面结构要求标注在形位公差框格的上方

(5)标注在延长线上

表面结构要求可以直接标注在延长线上,或用带箭头的指引线引出标注,如图8-30所示。

(6)标注在圆柱和棱柱表面上

圆柱和棱柱表面的表面结构要求只标注一次,如图8-30所示。如果每个棱柱表面有不同的表面结构要求,则应分别单独标注,如图8-31所示。

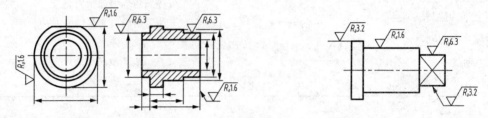

图8-30 表面结构要求标注在圆柱特征的延长线上　　图8-31 圆柱和棱柱的表面结构要求的注法

4. 表面结构要求的简化注法(GB/T131—2006)

(1)有相同表面结构要求的简化注法

如果在工件的多数(包括全部)表面有相同的表面结构要求,则其表面结构要求可统一标注在图样的标题栏附近(不同的表面结构要求应直接标注在图形中),如图8-32所示。此时(除表面有相同要求的情况外),表面结构要求的符号后面应有:

① 在圆括号内给出无任何其他标注的基本符号,如图8-32a所示;

② 在圆括号内给出不同的表面结构要求,如图8-32b所示。

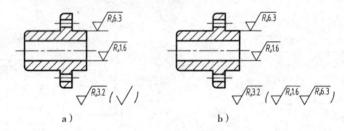

图8-32 大多数表面有相同表面结构要求的简化注法

(2)多个表面有共同要求的注法

当多个表面具有相同的表面结构要求或图纸空间有限时,可以采用简化注法。

① 可用带字母的完整符号,以等式的形式,在图形或标题栏附近,对有相同表面结构要求的表面进行简化标注,如图8-33所示;

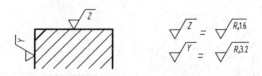

图8-33 在图纸空间有限时的简化注法

② 可用图8-34a、b、c所示的表面结构符号,以等式的形式给出对多个表面共同的

表面结构要求。

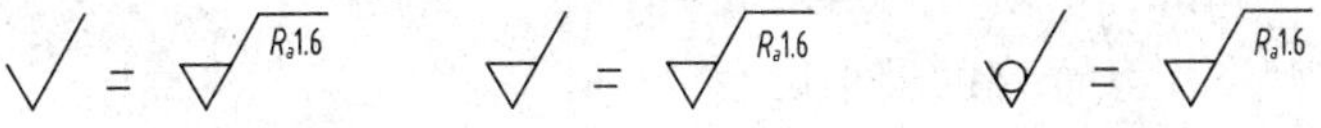

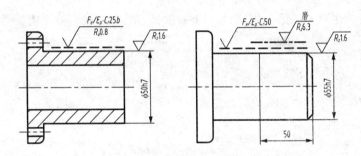

(a) 未指定工艺方法　　(b) 要求去除材料　　(c) 不允许去除材料

图 8-34　多个表面结构要求的简化注法

5. 两种或多种工艺获得的同一表面的注法(GB/T131—2006)

由几种不同的工艺方法获得的同一表面,当需要明确每种工艺方法的表面结构要求时,可按图 8-35a 所示进行标注(图中 Fe 表示基体材料为钢,Ep 表示加工工艺为电镀)。

图 8-35b 所示为三个连续的加工工序的表面结构、尺寸和表面处理的标注。

第一道工序:单向上限值,$R_z=1.6\mu m$。

第二道工序:镀铬,无其他表面结构要求。

第三道工序:一个单向上限值,仅对长为 50mm 的圆柱表面有效,$R_z=6.3\mu m$。

图 8-35　多种工艺获得的同一表面的注法

8.4.2　极限与配合(GB/T 1800—2009、GB/T 1801—2009)

1. 互换性的概念

从规格大小相同的零件中任取一个,不经选择和修配,便可顺利地装配到机器上,并能保证机器的使用要求,零件的这种性质称为互换性。它为成批大量生产、缩短生产周期、降低成本、维修机器提供了有利条件。

2. 极限的有关术语及定义

在零件的加工过程中,由于受到机床精度、刀具磨损、测量误差和操作技能等的影响,不可能也没必要把零件的尺寸做得绝对准确。为了保证零件间的互换性,必须将零件的尺寸控制在一个允许变动的范围内。我们把允许尺寸变动的两个极端称为极限。下面以图 8-36 为例说明极限的有关术语。

(1) 公称尺寸　设计给定的尺寸,如图中的 $\phi 32$。

(2) 实际(组成)要素　由接近实际(组成)要素所限定的工件实际表面的组成要素部分,即通过测量所得到的实际尺寸。

(3) 极限尺寸　尺寸要素允许的尺寸的两个极端。

上极限尺寸:尺寸要素允许的最大尺寸。

如　孔：Dmax＝φ32mm＋0.039mm＝φ32.039mm；

轴：dmax＝φ32mm－0.025mm＝φ31.975mm。

下极限尺寸：尺寸要素允许的最小尺寸。

如　孔：Dmin＝φ32mm－0mm＝φ32mm；

轴：dmin＝φ32mm－0.05mm＝φ31.950mm。

(4)极限偏差　极限尺寸与公称尺寸的代数差称为极限偏差。它包括：

上极限偏差＝上极限尺寸－公称尺寸，其代号为：孔 ES，轴 es。

如　孔：ES＝32.039mm－32mm＝0.039mm；

轴：es＝31.975mm－32mm＝－0.025mm。

下极限偏差＝下极限尺寸－公称尺寸，其代号为：孔 EI，轴 ei。

如　孔：EI＝32mm－32mm＝0mm

轴：ei＝31.950mm－32mm＝－0.050mm

(5)尺寸公差　允许尺寸的变动量，称为尺寸公差，简称公差。公差值等于上极限尺寸与下极限尺寸代数差的绝对值，也等于上极限偏差与下极限偏差之代数差的绝对值。

如　孔的公差＝32.039mm－32mm＝0.039mm－0＝0.039mm

轴的公差＝31.975mm－31.950mm＝－0.025mm－(－0.050mm)＝0.025mm

(6)公差带图和公差带　为了图示有关公差与配合之间的关系，不画出孔和轴的全部图形，只将有关部分画出来，我们把这种图形称为公差带图，如图 8-37 所示。

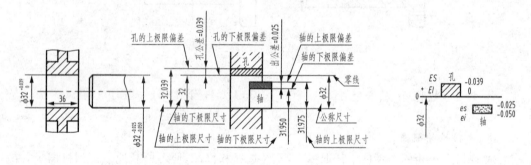

图 8-36　尺寸、公差、偏差的基本概念　　　　图 8-37　公差带图

在公差带图中，确定偏差的一条基准直线称为零偏差线，简称零线，通常用来表示公称尺寸。由代表上、下极限偏差的两条直线所限定的一个区域称为公差带。

(7)标准公差　标准中规定用以确定公差带大小的任一公差。标准公差用符号"IT"表示，共分 20 个等级，依次为 IT01、IT0、IT1、IT2…IT18，其中 IT01 精度最高，IT18 精度最低。基本尺寸相同时，公差等级越高(数值越小)，标准公差越小；公差等级相同时，基本尺寸越大，标准公差越大，如附表所示。

(8)基本偏差　标准中规定用以确定公差带相对零线位置的上极限偏差或下极限偏差，一般为靠近零线的那个偏差。国标规定孔与轴的基本偏差代号用拉丁字母表示，大写为孔，小写为轴，各有 28 个，如图 8-38 所示。

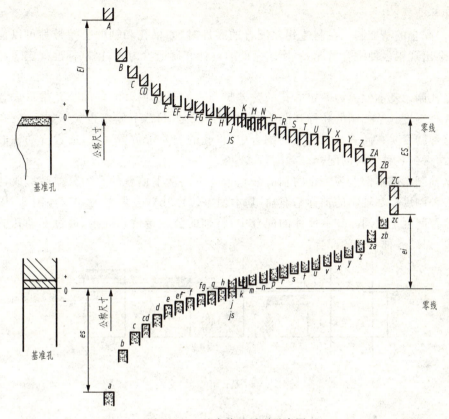

图 8-38 基本偏差系列示意图

由此可知,公差带是由标准公差和基本偏差两个要素组成。标准公差确定公差带的大小,而基本偏差确定公差带的位置,如图 8-39 所示。

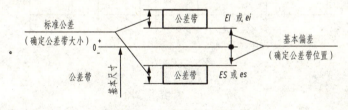

图 8-39 标准公差与基本偏差

3. 配合的有关术语及定义

(1)配合的种类 基本尺寸相同的相互结合的孔和轴公差带之间的关系称为配合。由于孔和轴的实际尺寸不同,它们之间的配合有松有紧。根据配合的松紧情况,将其分为三种,如图 8-40 所示。

间隙配合:孔与轴装配时有间隙(包括最小间隙等于零)的配合。此时,孔的公差带在轴的公差带之上。

过盈配合:孔与轴装配时有过盈(包括最小过盈等于零)的配合。此时,孔的公差带在轴的公差带之下。

过渡配合:孔和轴装配时,可能具有间隙或过盈的配合。此时,孔的公差带与轴的公差带相互交叠。

(2)配合的基准制 在制造相互配合的零件时,如果孔和轴的公差带都可以任意变动,则会出现很多种配合情况,不便于零件的设计和制造。为此,国家标准规定了两种配合制度:

基孔制。基本偏差为一定的孔的公差带与不同基本偏差的轴的公差带形成各种配合的一种制度。基孔制的孔称基准孔,基本偏差代号"H",下偏差为"0",如图8-40a所示。这种制度是在同一基本尺寸的配合中,将孔的公差带位置固定,通过变动轴的公差带位置,得到各种不同的配合。

基轴制。基本偏差为一定的轴的公差带与不同基本偏差的孔的公差带形成各种配合的一种制度。基轴制的轴称基准轴,基本偏差代号"h",上偏差为"0",如图8-40b所示。这种制度是在同一基本尺寸的配合中,将轴的公差带位置固定,通过变动孔的公差带位置,得到各种不同的配合。

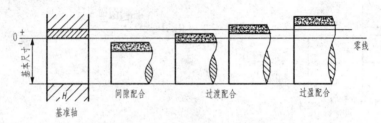

a)基孔制

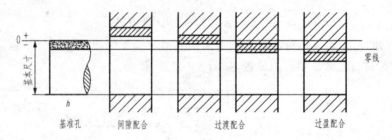

b)基轴制

图8-40 配合示意图

4. 极限与配合的选用

(1)常用和优先配合

由于标准公差有20个等级,基本偏差有28种,因而可以组成大量的配合。过多的配合既不能发挥标准的作用,也不利于生产,为此,国家标准规定了优先、常用和一般用途的孔、轴公差带和与之相应的优先和常用配合。

① 基孔制优先配合:基孔制的常用配合有59种,其中包括优先配合13种:

间隙配合。H7/g6、H7/h6、H8/f7、H8/h7、H9/d9、H9/h9、H11/c11、H11/h11。

过渡配合。H7/k6。

过盈配合。H7/n6、H7/p6、H7/s6、H7/u6。

② 基轴制优先配合:基轴制的常用配合有47种,其中优先配合也是13种:

间隙配合:G7/h6、H7/h6、F8/h7、H8/h7、D9/h9、H9/h9、C11/h11、H11/h11。
过渡配合:K7/h6。
过盈配合:N7/h6、P7/h6、S7/h6、U7/h6。

(2) 优先采用基孔制

优先采用基孔制可以减少定值刀具、量具的规格数量。只有在具有明显经济效益和不适合采用基孔制的场合,才采用基轴制。例如,使用冷拔钢作轴与孔的配合;标准的滚动轴承的外圈与孔的配合,往往采用基轴制。

5. 极限与配合的标注

在标注配合的孔或轴的尺寸时,必须注写标准公差等级与基本偏差代号(或偏差值)。标注的形式有以下几种:

(1) 零件图上的标注形式

极限与配合在零件图上的标注有三种形式:

① 标注公差带代号。在孔或轴的公称尺寸后面只标注公差带代号,如图 8-41a 所示。此法适用于大批量生产。

② 注极限偏差值。在孔或轴的公称尺寸后只标注极限偏差值,如图 8-41b 所示。此法适用于单件小批量生产。

③ 同时注公差带代号和极限偏差值:在孔或轴的公称尺寸后面同时标注公差带代号和极限偏差值。此时,偏差值须加上括号,如图 8-41c 所示。此法适用于产量不祥时。

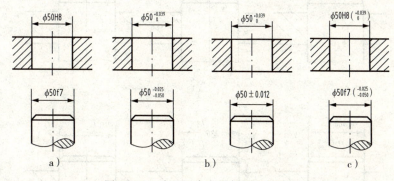

图 8-41 公差配合在零件图上的标注

标注极限偏差值时,上极限偏差注在公称尺寸的右上方,下极限偏差与公称尺寸注在同一底线上;一般偏差数字比公称尺寸数字小一号。其余注意事项见图 8-42。

图 8-42 极限偏差值的注写方法

(2) 在装配图上的标注方法

极限与配合在装配图上通常采用组合的标注形式：

① 一般标注形式：在公称尺寸后面注出孔和轴的配合代号，如图 8-43 所示。其中孔的配合代号注在上边，轴的配合代号注在下边。

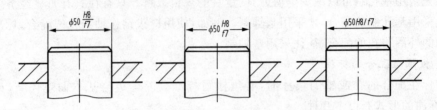

图 8-43 装配图上配合代号的标注

② 标注极限偏差的形式：允许将孔和轴的极限偏差分别注在公称尺寸后面，如图 8-44a 所示。

③ 同时标注配合代号的形式：允许将孔和轴的配合代号和极限偏差值同时标注在公称尺寸后面，如图 8-44b 所示。

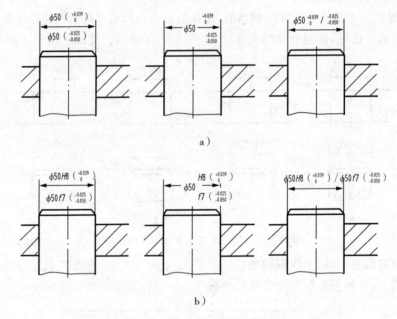

a)

b)

图 8-44 装配图上极限偏差注法

(3) 特殊标注形式

与标准件和外购件相配合的孔和轴，可以只标注该零件的公差代号，如图 8-45 所示。

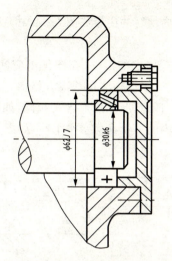

图 8-45　标准件、外购件与零件相配时注法

8.4.3　几何公差（GB/T 1182—2008）

1. 几何公差的概念

在生产中，不仅零件的尺寸不可能做得绝对准确，零件的形状和位置也会产生误差，如图 8-46a 中的小轴，由于加工后产生直线度误差（如图中细双点画线所示），致使装配困难，使用受到影响；而图 8-46b 中的轴套，其左端面对轴线产生了垂直度误差，使其难以与其他零件的表面紧密接触。我们把加工后对零件宏观的几何形状和相对位置的许变动量，称为几何公差，它包括形状、方向、位置和跳动公差。几何公差也是评定产品质量的一项重要技术指标。

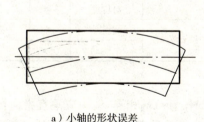

a）小轴的形状误差　　　　　　　　b）轴套的位置误差

图 8-46　零件的几何公差示例

2. 几何公差和基准的代号

（1）几何公差的代号

国家标准"几何公差形状、方向、位置和跳动公差标注（GPS）"（GB/T1182—2008）规定用在图样上的几何公差应采用代号的形式来标注。当无法用代号标注时，允许在技术要求中用文字说明。

几何公差的代号由框格和带箭头的指引线组成，框格用细实线绘制，高为 $2h$，只能在图样上水平或垂直放置,框格内填写的内容如图 8-47a 所示。

(2) 基准代号

对有方向、位置和跳动公差要求的零件,在图样上应注明基准代号。与被测要素相关的基准用一个大写字母表示。字母标注在基准方格内,与一个涂黑的或空白的三角形相连以表示基准,涂黑的和空白的基准三角形含义相同,如图 8-47b 所示。无论基准代号在图样中的方向如何,方格内的字母都应水平书写,如图 8-47c 所示。

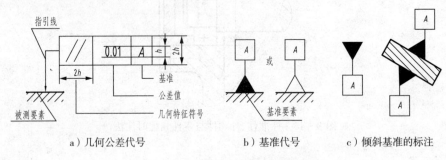

图 8-47 几何公差代号和基准代号

3. 几何公差的几何特征及符号

国家标准规定的几何特征符号有 14 种,各几何特征的名称和符号见表 8-4。

表 8-4 几何特征名称和符号

公差类型	几何特征	符 号	基准要求	公差类型	几何特征	符 号	基准要求
形状公差	直线度	—	无	方向公差	平行度	∥	有
	平面度	▱	无		垂直度	⊥	有
	圆度	○	无		倾斜度	∠	有
	圆柱度	⌭	无	位置公差	位置度	⊕	有或无
形状、方向或位置公差	线轮廓度	⌒	无或有		同轴(心)度	◎	有
	面轮廓度	⌓	无或有		对称度	═	有
				跳动公差	圆跳动	↗	有
					全跳动	↗↗	有

4. 几何公差的标注

用带箭头的指引线将被测要素与公差框格的任意一端相连,箭头应垂直指向被测要素如图 8-47a 所示。与被测要素相关的基准用基准符号表示,基准符号中的三角形底边与基准要素重合,如图 8-47b 所示。

(1) 被测要素或基准要素为轮廓线或表面

指引线的箭头应垂直指向或基准三角形放置在该要素的轮廓线或其延长线上,并都应明显地与尺寸线错开,如图 8-48a 所示。箭头也可指向或基准三角形也可放置在引出线的水平线上,该引出线引自被测面,如图 8-48b 所示。

(2) 被测要素或基准要素为轴线、对称平面或中心点

指引线箭头或基准符号应与相应要素的尺寸线对齐,如图 8-49 所示。

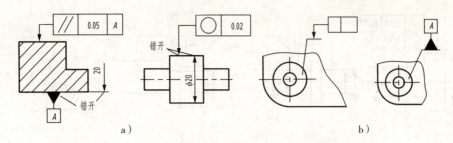

图 8-48 被测、基准要素为线或面时的标注

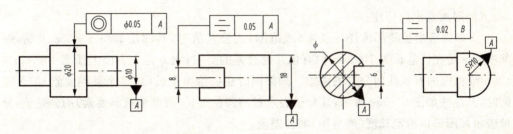

图 8-49 被测、基准要素为轴线或中心平面时的标注

(3) 公共基准或组成基准

当基准要素是两个要素组成的公共基准时,其标注如图 8-50a 所示;两个或三个要素组成的基准时的标注,如图 8-50b 所示。

(4) 指引线箭头或基准符号与尺寸线箭头重叠

当基准符号与尺寸线的箭头重叠时,则该尺寸线的箭头可以省略,如图 8-51a 所示;当指引线的箭头与尺寸线的箭头重叠时,则指引线的箭头可以代替尺寸箭头,如图 8-51b 所示。

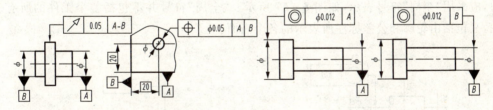

图 8-50 基准要素在框格中的标注　　图 8-51 省略箭头的标注

(5) 多项几何公差要求或相同的几何公差要求

同一要素有多项几何公差要求时,可采用框格并列标注法标注,如图 8-52a 所示;多处要素有相同的几何公差要求时,可在框格指引线上绘制多个箭头,如图 8-52b 所示。

(6) 指定范围

当被测范围仅为被测要素的一部分时,应用粗点画线加尺寸标出指定范围,如图 8-53 所示。

(7) 公差带为圆、圆柱或圆球

当给定的公差带为圆、圆柱或圆球时,应在公差数值前加注 ϕ 或 $S\phi$,如图 8-54 所示。

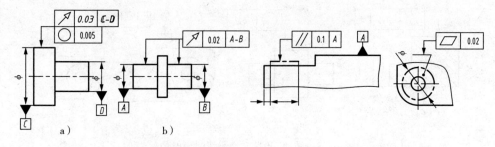

图 8-52　一处多项、一项多处的标注　　　　图 8-53　指定范围的标注

(8) 附加要求的标注

① 如需给出被测部位任一长度(或范围)的公差值时,其注法如图 8-55a、b 所示。其中图 a 是在任意长为 100mm 内有该几何公差的要求;图 b 是在表面上任意 100mm×100mm 范围内有该几何公差的要求。如果同时还需给出全长(或整个被测要素)的公差值时,其注法如图 8-55c 所示,其分子表示被测部位全长(或整个被测要素)的公差值,分母表示被测部位给定长度(或范围)的公差值。

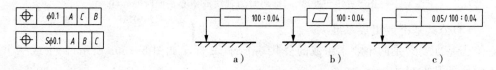

图 8-54　公差带为圆、圆柱或球的标注　　　　图 8-55　给出任一长度的标注

② 对于被测部位数量的说明,可注写在框格的上方;对于一些解释性的说明,可注写在框格下方,如图 8-56 所示。

③ 如果线(或面)轮廓度特征适用于横截面的整周轮廓或由该轮廓所示的整周表面时,应采用"全周"符号表示,如图 8-57 所示。"全周"符号并不包括整个工件的所有表面,只包括由轮廓和公差标注所表示的各个表面。

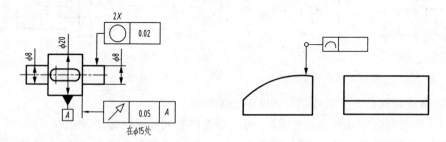

图 8-56　附加说明的标注　　　　图 8-57　整周轮廓的标注

④ 以螺纹轴线为被测要素或基准要素时,默认为螺纹中径圆柱的轴线,否则应另有说明。如图 8-58 所示,用"MD"表示大径,用"LD"表示小径;以齿轮、花键轴线为被测要素或基准要素时,需说明所指的要素,如用"PD"表示节径,用"MD"表示大径,用"LD"表示小径。

如图 8-59 所示为曲轴零件的几何公差标注示例,其中的几何公差含义如下:

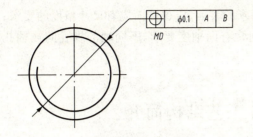
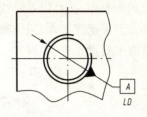

图 8-58 螺纹轴线为被测要素或基准要素时的标注

键槽中心平面对基准 F(左端圆台部分的轴线)的对称度公差为 0.025mm。

左端圆锥面对公共基准轴线 A-B 的径向圆跳动公差为 0.025mm。

φ40 的轴线对公共基准轴线 A-B 的平行度公差为 0.02mm。

φ30 的外圆表面对公共基准轴线 C-D 的径向圆跳动公差为 0.025mm,圆柱度公差为 0.006mm。

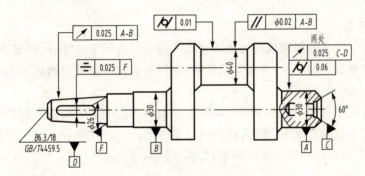

图 8-59 几何公差标注综合实例

8.4.4 典型零件技术要求的确定

1. 轴套类零件的技术要求

有配合要求的表面,表面粗糙度要求较高,且应选择并标注尺寸公差。有配合的轴颈和重要的端面应有形位公差要求,如同轴度、径向圆跳动、端面圆跳动及键槽的对称度等,如图 8-1、图 8-6 所示。

2. 盘盖类零件的技术要求

有配合要求的表面、轴向定位的端面,其表面粗糙度和尺寸精度要求较高,端面与轴线之间常有垂直度或端面圆跳动的要求;外圆柱和内孔的轴线间也常有同轴度要求;此外,均布的孔、槽有时会有位置度的要求,如图 8-7、图 8-8 所示。

3. 叉架类零件的技术要求

叉架类零件的安装孔、轴座、圆孔、加工面、结合面的表面粗糙度、尺寸精度较高;根据零件的使用要求,常有圆度、平行度、垂直度等形位公差要求,如图 8-9 所示。

4. 箱体类零件的技术要求

箱体类零件中轴承孔、结合面、销孔等表面粗糙度要求较高,其余加工面要求较低;

轴承孔的中心距、孔径以及一些有配合要求的表面、定位端面应有尺寸精度的要求；大的结合面常有平面度要求，同一轴的轴孔间常有同轴度要求，不同轴的轴孔间或轴孔和底面间常有平行度要求，如图 8-10 所示。

8.5 零件工艺结构简介

零件的结构形状主要是由它在机器中的作用以及它的制造工艺所决定。因此，零件的结构除了满足使用要求外，还必须在零件加工、测量、装配过程中提出一系列工艺要求，使零件具有合理的工艺结构。下面介绍一些常见的工艺结构。

8.5.1 零件上的铸造工艺结构

1. 铸造圆角

起模时为了防止砂型在转角处脱落和浇注溶液时将砂型冲坏，同时也为了避免铸件冷却收缩时产生裂纹和缩孔，形成铸造缺陷，在铸件表面转角处应做成圆角，称之为铸造圆角，如图 8-60a、b 所示。

铸造圆角在零件图中应该画出，其半径一般取 $R3\sim R5mm$，或取壁厚的 $0.2\sim 0.4$ 倍。通常标注在技术要求中，如"未注铸造圆角为 $R3\sim R5$"。铸件表面一经加工，铸造圆角便被切去，转角处应画成倒角或尖角，如图 8-60c 所示。

2. 拔模斜度

为了便于从砂型中顺利取出木模，铸件一般应沿起模方向设计出一定的斜度，称为拔模斜度或称起模斜度，如图 8-60 所示。拔模斜度一般为 1∶20，也可以用角度表示（木模造型约取 1°～3°）。该斜度在图上可以不标注，也不一定画出，必要时在技术要求中用文字说明。

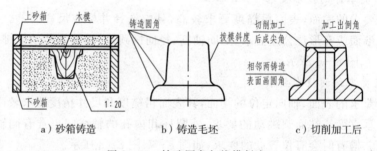

图 8-60 铸造圆角与拔模斜度

3. 铸件壁厚

为避免铸件因壁厚不均匀致使金属冷却速度不同而产生裂纹或缩孔，设计时应使铸件壁厚保持均匀，由薄到厚应当逐渐过渡，如图 8-61 所示。

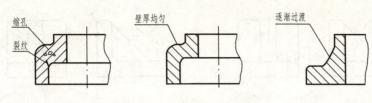

图 8-61 铸件壁厚应均匀

4. 铸件各部分结构形状应尽量简化

为了便于制模、造型、清砂以及机械加工，铸件形状应尽可能简单平直，凸台安放合理，如图 8-62 所示。

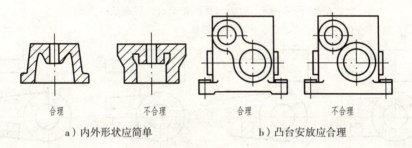

a) 内外形状应简单 　　　　　　b) 凸台安放应合理

图 8-62 铸件形状设计应合理

5. 过渡线画法

由于设计、工艺上的要求，在机件的表面相交处，常常用铸造圆角或锻造圆角进行过渡，而使物体表面的交线变得不明显，我们把这种不明显的交线称为过渡线。为了区别相邻表面，需用细实线画出过渡线。过渡线的画法与没有圆角时交线的画法完全相同，只是在表示时稍有差异。下面，按不同情况的过渡线加以说明：

(1) 当两回转面相交时，过渡线不应与圆角的轮廓线接触，如图 8-63a 所示；

(2) 当两回转面的轮廓相切时，过渡线在切点附近应断开，如图 8-63b 所示；

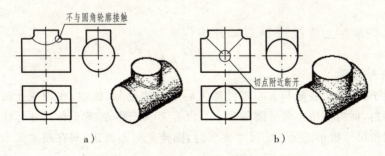

图 8-63 两圆柱相贯过渡线画法

(3) 当平面与平面、平面与曲面相交时，过渡线应在转角处断开，并加画过渡圆弧，其弯曲方向与铸造圆角的弯曲方向一致，如图 8-64 所示。

(4) 对零件上常见连接板与圆柱相交，且有圆角过渡时，这时过渡线的画法取决于板的截断面形状和相交或相切关系，如图 8-65 所示。

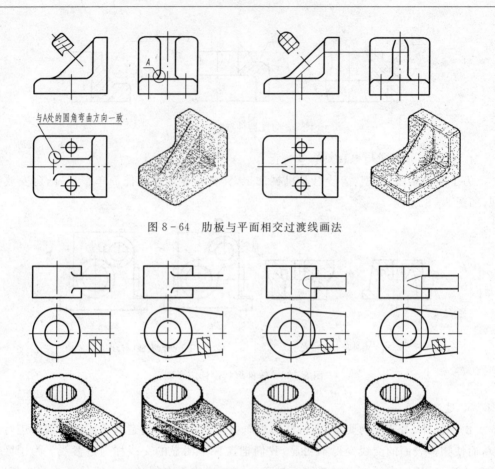

图 8-64 肋板与平面相交过渡线画法

图 8-65 连接板与圆柱面相交相切过渡线画法

在生产实际中,对于一般铸、锻件表面的过渡线画法要求并不高,只要求在图样上将组成机件的各个几何体的形状、大小和相对位置清楚地表示出来即可,因为过渡线会在生产过程中自然形成。

8.5.2 零件上的机械加工工艺结构

1. 倒角和倒圆

为了便于孔、轴的装配和去除零件加工后形成的毛刺、锐边,在轴或孔的端部,一般都加工出斜角,称为倒角。常见倒角为 $45°$,也有 $30°$ 和 $60°$ 等,它们的尺寸标注如图 8-66 所示。当倒角尺寸很小或无一定尺寸要求时,图样上可不画出,只在技术要求中注明"锐边倒钝"即可。

为了避免因应力集中而产生裂纹,在轴或孔中直径不等的交接处,常加工成环面过渡,称为倒圆。如图 8-66 所示。

2. 退刀槽和砂轮越程槽

零件在切削加工时为了进、退刀方便或使被加工表面达到完全加工,常在轴肩和孔的台阶部位预先加工出退刀槽或砂轮越程槽。其形式和尺寸可根据轴、孔直径的大小,从相应标准中查得。其尺寸注法可按"槽宽×槽深"或"槽宽×直径"的形式集中标注,如图 8-67 所示。

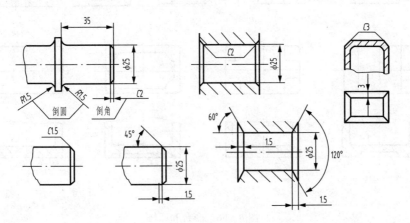

图 8-66 倒角和倒圆

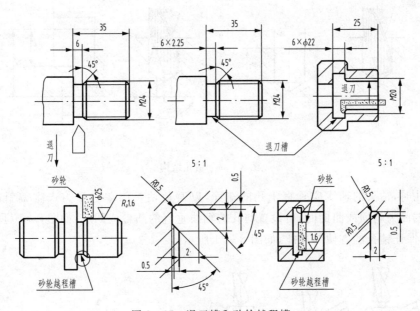

图 8-67 退刀槽和砂轮越程槽

3. 凸台和凹坑

为了保证零件表面在装配时接触良好和减少机械加工的面积,常在零件表面上设计出凸台或凹坑,并尽量使多个凸台在同一水平面上,以便加工,如图 8-68 所示。

4. 钻孔结构

零件上有各种不同用途和不同形式的孔,常用钻头加工而成。图 8-69 表示用钻头加工的不通孔和阶梯孔的情况。其中 a 图为钻不通孔,其底部的圆锥孔应画成顶角 120°的圆锥角;b 图为钻阶梯孔,此时交接处画成 120°的圆台。标注钻孔深度时,不应包括锥坑部分,如图 8-69 所示。

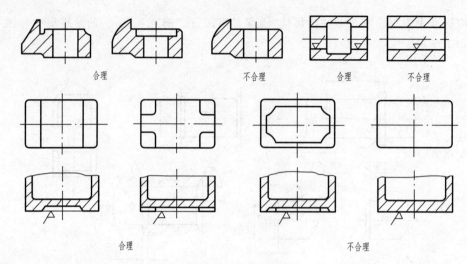

图 8-68 凸台和凹坑

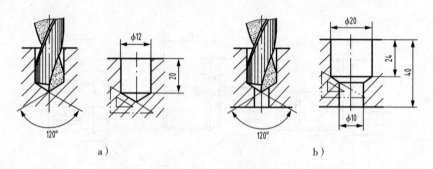

图 8-69 钻孔结构

钻孔时,钻头的轴线应垂直于孔的端面,以避免钻头因单边受力产生偏斜或折断。如孔的端面为斜面或曲面时,可设置与孔的轴线垂直的凸台或凹坑,如图 8-70 所示。同时,还要保证钻孔的方便与可能,如图 8-71 所示。

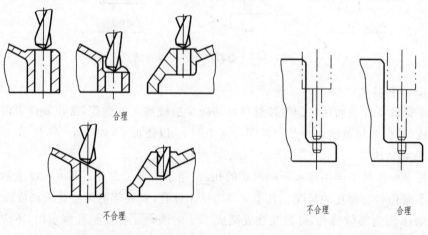

图 8-70 钻头要尽量垂直于被钻孔的端面　　图 8-71 钻孔的方便

8.6 识读零件图

正确、熟练地识读零件图,是从事技术工作的技术人员必须具备的基本功之一。所谓识读零件图,就是根据零件图分析想象出零件的结构形状,熟悉零件的尺寸和技术要求等,以便在加工制造时采取相应的技术措施,来达到图样上提出的要求。本节着重讨论读零件图的方法和步骤,通过一个实例,结合零件的结构分析、视图选择、尺寸标注和技术要求,阐述识读零件图的过程。

8.6.1 识读零件图的要求

1. 了解零件的名称、材料和用途。
2. 分析零件图形及尺寸,想象出零件各组成部分的结构形状和相对位置,理解设计者的意图。
3. 看懂技术要求,了解零件的制造方法,研究零件结构的合理性。

8.6.2 识读零件图的方法和步骤

1. 识读零件图的方法

由于一般情况下,机器零件都可以看成是由一些基本形体叠加和切割组成的,因此,识读零件图的方法仍是用组合体的形体分析法和线面分析法。

2. 识读零件图的步骤

(1)读标题栏

从标题栏中了解零件的名称、材料、比例、件数等,联系典型零件的分类特点,初步了解零件在机器或部件中的用途、形体概貌、制造时的工艺要求,估计出零件的实际大小。对于不熟悉的零件,则需要进一步参考有关技术资料,如装配图和技术说明书等文字资料。

(2)分析视图

首先找出主视图,再看有多少视图、剖视图和断面图。弄清各视图、剖视图、断面图的名称、投影方向、剖切位置、剖切方法和表达的目的。

(3)分析形体

应用形体分析法与线面分析法以及剖视图的读图方法,仔细分析视图,具体方法如下:

① 应用形体分析法假想把零件分解成几个基本部分。
② 利用投影对应关系,在各个视图上找出有关该部分的图形。
③ 应用线面分析法或剖视图的读图方法,结合结构分析,逐一读懂基本部分的形状。
④ 弄清各基本部分的相对位置,将其综合起来,想象出零件的整体结构形状。

⑤ 在分析、想象过程中,可以先分析想象出粗略轮廓,然后再分析细节形状;先分析主要的部分,后分析次要的部分。

(4) 分析尺寸

零件图上的尺寸是加工制造零件的重要依据。因此,必须对零件的全部尺寸进行仔细的分析。分析时可以从以下三个方面考虑:

① 分析长、宽、高三个方向的尺寸基准。

② 从基准出发,弄清哪些是主要尺寸及次要尺寸。

③ 根据结构形状,找出定形尺寸、定位尺寸和总体尺寸,检查尺寸标注是否齐全合理。

(5) 分析技术要求

零件图中的技术要求是制造零件的一些质量指标,加工过程中必须采取相应的工艺措施予以保证。看图时对于表面粗糙度、尺寸精度、形位公差以及其他技术要求等项目,要逐项仔细分析。然后根据现有加工条件,确定合理的加工方法,制定正确的制造工艺,以保证提高产品质量。

3. 读图举例

图 8-72 是蜗杆蜗轮减速器箱体的零件图,以其为例说明读零件图的一般方法和步骤。

(1) 读标题栏　由图 8-72 箱体零件的标题栏可知:

① 由零件名称箱体可知,此零件是蜗杆蜗轮减速器中的一个主要零件,属于箱体类零件。箱体的作用是安装一对啮合的蜗杆蜗轮,运动由蜗杆传入,经啮合后传给蜗轮,得到较大的降速后,再由输出轴输出。

② 由材料是 HT200 可知,此零件是铸造成毛坯,经必要的机械加工而成的,因此有铸造圆角、起模斜度等结构。

③ 由画图可知比例 1∶2、件数 1 等。该零件是起支撑与包容作用。根据绘图比例由图形的总体尺寸可估计零件的实际大小比图形大一倍。

(2) 分析视图,明确表达目的,从图 8-72 可看出:

① 该箱体的零件图采用主视图、俯视图、左视图三个基本视图,另外还用了 A、B、E、F 四个局部视图。

② 主视图是全剖视图,重点表达了箱体内部的主要结构形状。在主视图的右下方有一个重合断面,是表达肋板的形状。

③ 俯视图采用半剖视图,在主视图上可找到剖切平面 A—A 的剖切位置。

④ 左视图大部分表达了箱体的外形,采用局部剖视是用于表达蜗杆支撑孔处的结构。

⑤ A 向视图表达了底板上放油塞处的局部结构;B 向视图表达了箱体两侧凸台的形状;F 向视图表达了圆筒、底板和肋板的连接情况。E 向视图采用了简化画法,表达了底板的凹槽形状。

(3) 分析形体,想象零件的形状

① 根据形体分析法该箱体可分为四个主要部分:主体部分、蜗轮轴的支撑部分、肋板

部分和底板部分。

② 按投影关系找出各个部分在其他视图上的对应投影。

③ 主体部分　用来容纳啮合的蜗轮蜗杆。

④ 蜗轮轴的支撑部分　是箱体的蜗轮轴的轴孔。

⑤ 肋板部分　作用是用来加强蜗轮轴孔部分与底板的连接效果。

⑥ 底板部分　作用是用来安装箱体。

⑦ 综合起来想象出蜗轮箱体的结构形状,如图 8-72、图 8-73、图 8-74 所示。

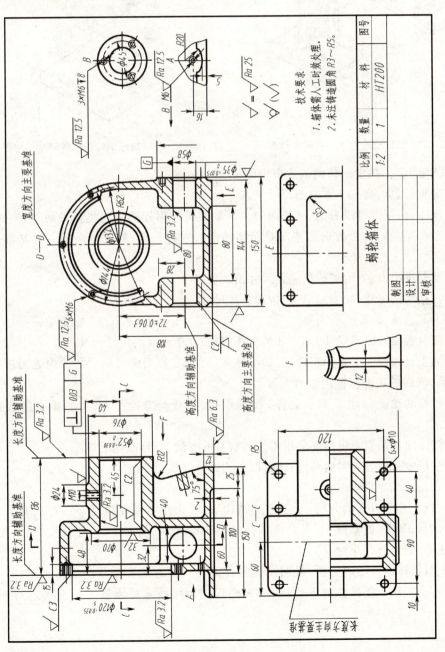

图8-72　蜗杆蜗轮箱体零件图

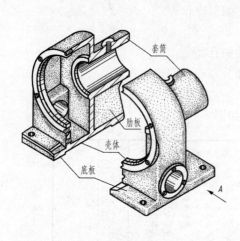

图 8-73 蜗杆蜗轮箱体剖开的实体图　　图 8-74 蜗杆蜗轮箱体各局部结构图

(4) 分析尺寸,搞清形体间的定形定位尺寸

① 分析长、宽、高三个方向的尺寸基准。

② 从主、俯视图可以看出,度方向的主要基准是过蜗杆轴线的竖直平面,箱体的左、右端面是辅助基准;宽度方向的基准是箱体的前后对称平面;高度方向的主要基准是底板底面。

③ 从基准出发,弄清哪些是主要尺寸及次要尺寸。

④ 根据结构形状,找出定形、定位和总体尺寸。

(5) 分析技术要求

① 配合表面标出了尺寸公差,如轴承孔直径、孔中心线的定位尺寸等。

② 加工表面标注了表面粗糙度,如主体部分的左、右端面和轴承孔的内表面粗糙度要求较高,底面的表面粗糙度可略大等。

③ 重要的线面标注了形位公差,如轴承孔、轴线与基准平面 A 的垂直度公差为 0.03 等。

④ 箱体的其余表面粗糙度是用不去除材料的方法获得,或是毛坯面。

⑤ 该箱体需要人工时效处理;铸造圆角为 $R3 \sim R5$。

(6) 归纳总结

通过以上几个方面的分析,对零件的结构形状、大小以及在机器中的作用有了全面的、深入的认识。在此基础上,可对该零件的结构设计、图形表达、尺寸标注、技术要求、加工方法等,提出合理化建议。

以上对箱体零件图的分析,说明了读零件图的一般方法和步骤。必须指出,各个步骤在读图过程中不宜孤立地进行,而应对图形、尺寸、技术要求等灵活交叉进行识读、分析。

8.7 零件测绘

零件测绘是根据实际零件徒手目测绘制草图,测量并标注出它的尺寸,制定出它的技术要求,经整理后用仪器或计算机绘制出零件图的过程。零件测绘对学习先进技术,交流革新成果、改造和维修现有设备、仿造机器及配件等都有重要作用。因此,测绘是工程技术应用型人才必备的基本技能之一。

8.7.1 零件的测绘步骤

1. 了解和分析测绘零件

了解零件的名称、类型、材料以及在机器中的位置和作用,分析零件的结构形状及大致的加工方法,酝酿零件的表达方案。

图 8-75 是阀盖零件的轴测剖视图。该零件材料为 ZG25,是球阀上的一个重要零件,起密封作用,属于盘盖类零件。

2. 确定零件的表达方案

先根据显示零件形状特征的原则,按零件的加工位置或工作位置确定主视图;再按零件的内外结构特点选用必要的其他视图和剖视、断面等表达方法。视图表达方案要求完整、清晰、简练。

该阀盖以加工位置或工作位置确定主视图,反映厚度的方向为主视图投影方向,轴线水平横向放置,并采用全剖。另一视图为左视图。

3. 绘制零件草图

零件草图是绘制零件图的依据,一般是在车间或机器旁徒手(或部分使用绘图仪器)绘制的,它必须具备零件图的全部内容。零件草图要求达到内容完整,表达正确,图线清晰,粗细分明;尺寸标注正确、完整、清晰、基本合理;字体工整,比例匀称,技术要求合理。因此,草图不应是"潦草"的图,应认真对待,仔细画好。画零件草图的步骤如下:

(1)徒手画出各主要视图的作图基准线,确定各视图的位置。注意留出标注尺寸、技术要求的空间,如图 8-76a 所示。

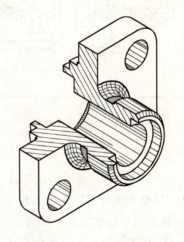

图 8-75 阀盖轴测剖视图

(2)目测比例,详细地徒手画出零件的内外结构形状。对零件上的缺陷,如破旧、磨损、铸件砂眼、气孔等不应画出,如图 8-76b 所示。

(3)测量和标注尺寸。根据零件尺寸标注的要求,徒手画出全部尺寸界线、尺寸线和箭头,并画出剖面线。然后集中测量各个尺寸,逐个填上相应的尺寸数值,如图 8-76c

所示。

(4) 拟定技术要求。根据零件在机器中的作用、功能或实践经验,确定表面粗糙度、尺寸公差、形位公差及热处理要求等。

(5) 填写标题栏、检查校对,完成草图如图 8-76d 所示。

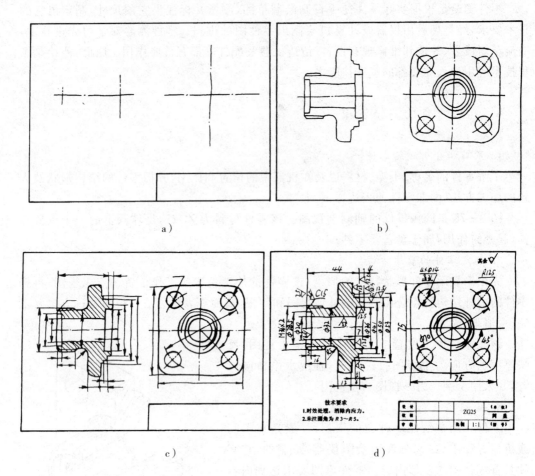

图 8-76 绘制阀盖零件草图的方法和步骤

4. 根据零件草图绘制零件图

(1) 整理零件草图 因为画零件草图受工作地点、时间条件等限制,所以画完草图后应对其进行审核和整理。整理内容如下:

① 完善表达方案。

② 尺寸标注及布置是否合理,对不合理处应及时修改。

③ 技术要求要查阅有关资料进行核对,并使其符合产品要求,尽量做到标准化和规范

(2) 画零件图 画零件图的步骤如下:

① 选比例、定图幅。

② 画底稿图:先画各视图基准线,再画主要轮廓线,最后完成细节部位结构要素。

③ 检查描深,画剖面线、尺寸界线、尺寸线、箭头。
④ 标注尺寸数字,注写技术要求,填写标题栏。
⑤ 检查完成全图,如图 8-77 所示。

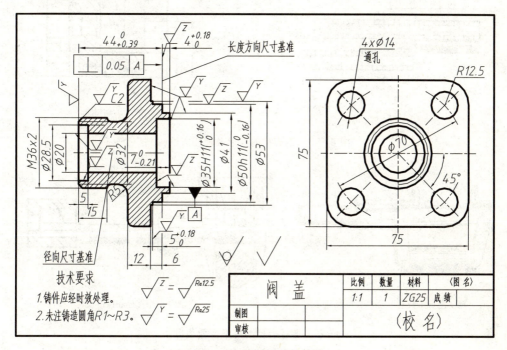

图 8-77 绘制阀盖零件图

8.7.2 零件尺寸测量方法

测量零件尺寸是测绘工作的重要内容。零件图上全部尺寸的测量,应在画完草图后集中进行。这样,不但可以提高工作效率,还可以避免错误和遗漏。

1. 常用测量工具

(1)测量非加工尺寸、无公差标注要求的尺寸,常用简单量具如直尺和卡钳。
(2)测量精度要求高的尺寸,常用千分尺、游标卡尺等。

2. 常用测量工具的使用方法

(1)钢直尺的使用方法:钢直尺的外形如图 8-78a 所示,可以用它来直接测量工件的线性尺寸,具体测量方法如图 8-78bc 所示。

(2)游标卡尺的使用方法:游标卡尺的外形如图 8-79 所示。可用它来测量工件的外形长度及内孔、槽的深度,还可以测量工件的内、外直径,具体测量方法如图 8-79 所示。

(3)卡钳的使用方法:卡钳分内卡和外卡,其外形如图 8-80a 所示。卡钳一般是和钢直尺、游标卡尺结合起来,可测量工件的长度、壁厚、中心距和内腔尺寸等。使用卡钳测量工件时,经常在卡钳上画线作为测量位置的标记。具体测量方法如图 8-80 所示。

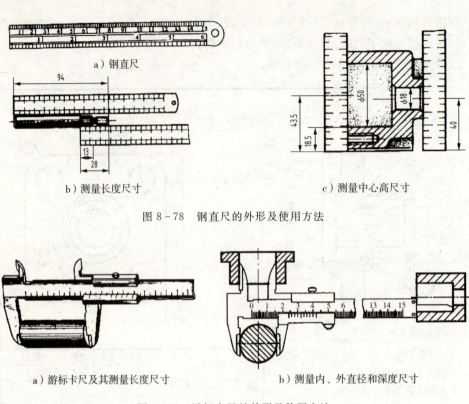

图 8-78 钢直尺的外形及使用方法

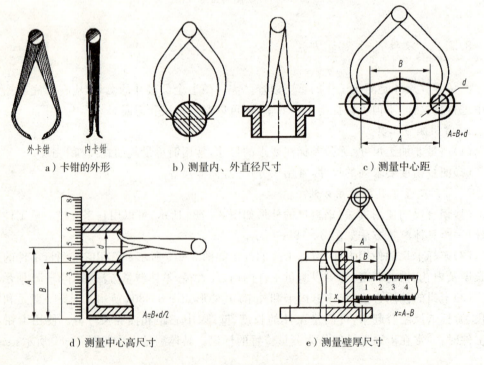

图 8-79 游标卡尺的外形及使用方法

图 8-80 卡钳的外形及使用方法

(4)圆角规和螺纹规(又称样板)的使用:可用它来直接测量圆角的半径或螺纹的螺距,如图 8-81 所示。

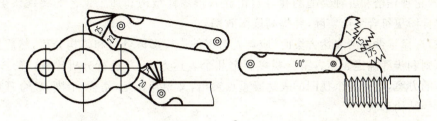

a)用圆角规测量圆角的半径尺寸　　b)用螺纹规测量螺纹的螺距

图 8-81　圆角规和螺纹规的外形及使用方法

(5)拓印法的应用:测量曲线、曲面可用铅丝、印泥、白纸等用具拓印,如图 8-82 所示。

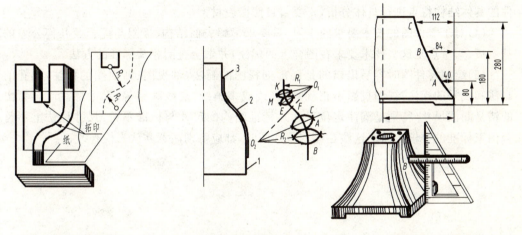

a)用拓印方法测量曲面　　b)用铅丝测量曲线　　c)用坐标法测量曲面

图 8-82　用拓印法测量曲线及曲面

3. 测量尺寸时的注意事项

(1)零件上的重要尺寸应精确测量,并进行必要的计算、核对,不能随意圆整;

(2)有配合关系的尺寸一般只测出其基本尺寸,再依其配合性质,从极限偏差表中查出其极限偏差;

(3)零件上损坏或磨损部分的尺寸,应参照相关零件和有关资料进行确定;

(4)对于零件上的标准结构要素,如螺纹、倒角、键槽、退刀槽、螺栓孔、锥度、中心孔等,应将测量尺寸按有关标准圆整。

本章小结

(1)零件图是机械图样的重要内容,它要求综合应用已学过的全部知识和技能,重点是零件图的视图选择和尺寸注法。零件图的视图选择和尺寸注法要涉及零件的结构设计和制造加工工艺知识,因此,要利用实习的机会,了解零件毛坯的制造方法(如铸造、锻造等),了解零件的加工方法(如车、铣、钻、磨等),以及常见的零件结构(如倒角、圆角、退刀槽、砂轮越程槽和各种类型的孔等),由此获得零件结构和加工工艺的感性认识,使绘制的零件图更符合生产实际,并提高读图效率。

(2)选择零件视图表达方案时,应首先对零件进行形体分析和结构分析,然后按视图选择原则和步骤确定表达方案。要多制定几个表达方案,并进行分析比较,确定一个比较恰当的方案,做到各个视图的表达既重点突出,又相互补充、完整、清晰、较合理地表达出零件的结构形状。

(3)根据零件的作用及其结构特点,通常将零件大体上分为四大类:轴套类、轮盘类、叉架类、箱体类。学习过程中,应注意归纳不同类型的零件及其在视图选择和尺寸标注上的不同特点,使我们能更好地掌握零件图视图选择和尺寸标注这两部分重点内容。此外,还要注意由于零件的结构形状是多种多样的,在选择视图和标注尺寸时,还应针对零件的具体结构特点进行具体分析,不要盲目照搬教材。

(4)对于零件图的技术要求的学习,只要求了解表面结构、极限与配合及几何公差的基本概念,重点是这些技术要求在图样上的标注,并学会查阅相关标准的方法。

(5)绘制零件图时容易出错的是局部剖视图的画法,剖视图、断面图的标注,螺孔的画法和代号的标注,视图投影不正确,漏画线或多画线,交线画错等;尺寸标注时容易出的错是漏注尺寸(特别是漏注定位尺寸),标准结构的尺寸与标准不符,尺寸注法上不符合国家标准的要求。以上这些在绘制零件图时,都应特别注意并认真检查改正。

第 9 章 装 配 图

机器是由部件和零件组合而成的。复杂的机器一般由若干零件组成若干部件,再由部件和一些零件组装成机器。因此,设计和制造机器时还要用机械图样来表达机器或部件的结构形状、工作原理和技术要求,以及零部件间的装配、连接关系,我们将这种机械图样称为装配图。

根据装配图的种类将其分为以下二种:

(1)总装图。表示机器或设备的整体外形轮廓、基本性能和各部分大致装配关系的图样。一般用于总装车间指导机器的装配工作。

(2)装配图。表示机器或部件的工作原理、性能结构及零件之间装配连接关系等内容的图样。一般用于机器的设计、制造、测绘和维修,是机械设计和生产中的重要技术文件,也是本章的主要内容。

9.1 装配图概述

9.1.1 装配图的作用

装配图是反映的产品的设计意图和指导产品生产的重要技术文件,也是产品使用和维修的必备技术资料。在设计新产品或改进原有产品时,一般先根据产品的工作原理图画出装配图,然后根据装配图提供的零件结构和尺寸进行零件设计,绘制零件图。在产品制造过程中,装配图是制订装配工艺规程、进行装配和检验的技术依据。在机器使用和维修时,也需要通过装配图来了解机器的工作原理和构造。

9.1.2 装配图的内容

如图 9-1 所示是滑动轴承的分解轴测图,它是由 8 种零件组成的用于支承轴的部件。如图 9-2 所示是该部件的装配图,由图 9-2 可以看出,一张完整的装配图必须具备下列内容:

1. 一组视图

装配图上用一组图形完整、清晰、准确地表达出机器的工作原理、各零件的相对位置及装配关系、连接方式和重要零件的结构形状。

2. 必要的尺寸

装配图上标注出反映机器或部件的规格（性能）尺寸、零件之间的配合尺寸、外形尺寸、部件和机器的安装尺寸和其他重要尺寸等检验和安装时所需要的尺寸。

3. 技术要求

装配图上用符号或文字注写说明机器或部件在装配、检验、调试、使用等方面所必须满足的技术条件。

4. 零部件的序号、明细栏和标题栏

在装配图中，应对每个不同的零部件编写序号，并在明细栏中依次填写每个零件的名称、代号、数量和材料等内容。标题栏一般包括机器或部件的名称、比例、绘图及审核人员的签名等。

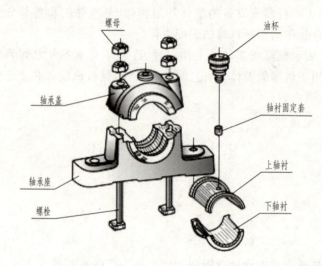

图 9-1 滑动轴承分解轴测图

9.2 装配图的画法

装配图和零件图一样，应按国家标准的规定将装配体的内外结构形状表达清楚，前面所介绍的图样画法和零件视图的选择原则都适用于装配体。但由于装配图所表达的重点与零件图不同，因此，为了便于表达和作图，国家标准对装配图还有一些特殊的规定。

9.2.1 装配图表达方案的确定

装配图同零件图一样，要以主视图的选择为中心来确定部件的表达方案。现以如图 9-2 所示的滑动轴承装配图为例，介绍装配图表达方案的选择原则。

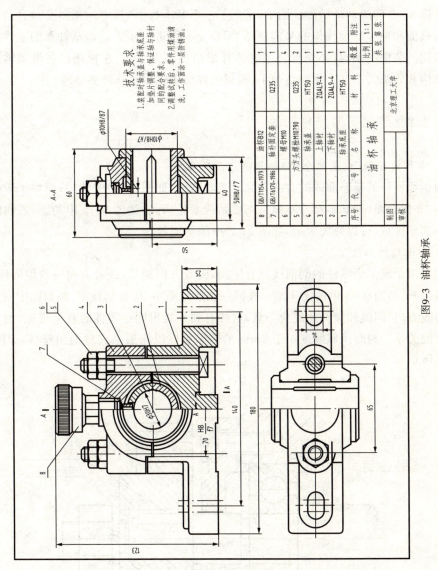

图 9-2 滑动轴承装配图

1. 主视图的选择原则

以最能反映出装配体的结构特征、工作原理、传动路线、主要装配关系，并尽可能多地反映出各个零件结构形状和相对位置的方向作为画主视图的投射方向，以装配体的工作位置或习惯放置位置为主视图的位置，使装配体的主要轴线或主要安装面呈水平或垂直。

如图 9-1 所示，滑动轴承装配图根据上述原则选择主视图投射方向（见图 9-2），为表达内、外部结构,主视图采用了半剖,这样既能清晰地反映其装配干线、工作原理,又能表达其主要零件的主要结构和主要零件间的相互位置关系。

2. 其他视图的选择

为补充主视图上没有表达清楚而又必须表达的内容,应再选择其他视图进行表达。所选择的视图要重点突出,相互配合,避免重复。

在图9-2的滑动轴承装配图中,采用了三个基本视图,其中左视图是通过装配体的前后对称面和油杯的轴线作的半剖视图,配合主视图进一步表达滑动轴承的工作原理和各零件间的装配关系,且补充反映了它的外形结构。由于主、左视图已将滑动轴承的大部分结构和装配关系基本反映清楚了,所以俯视图重点表达其外部结构。

9.2.2 装配图的规定画法

1. 零件间接触面(或配合面)和非接触面的画法

两相邻零件的接触面或配合面只画一条轮廓线,如图9-3中的①;而对于未接触的两表面、非配合面(即基本尺寸不同),则要画两条轮廓线,如图9-3中的③;若间隙很小或狭小剖面区域,可以夸大表示,如图9-3中的⑦所示。

2. 剖面线的画法

相邻两个或多个零件的剖面线应有区别,或者方向相反,或者方向一致但间隔不等,并相互错开,如图9-3中的④所示。在同一张装配图中,所有剖视图、断面图中同一零件的剖面线方向、间隔和倾斜角度应一致,这样有利于找出同一零件的各个视图,想象其形状和装配关系。剖面区域厚度小于2mm的图形可以以涂黑来代替剖面符号,如图9-3中的⑦所示。

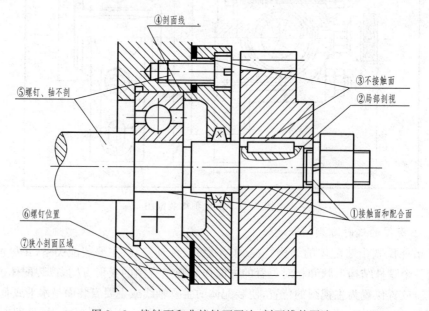

图9-3 接触面和非接触面画法、剖面线的画法

3. 实心零件的画法

在装配图中,对于紧固件以及轴、连杆、球、键、销等实心零件,若按纵向剖切,且剖切平面通过其对称平面或轴线时,则这些零件均按不剖绘制,如图 9-3 中的⑤处所示。如果需要特别表明这些零件上的局部结构,如凹槽、键槽、销孔等,可用局部剖视表示,如图 9-3 中的②所示。

9.2.3 装配图的特殊画法

1. 拆卸画法

在装配图中,可假想沿某些零件的结合面剖切,即将剖切平面与观察者之间的零件剖掉后再进行投射,此时在零件结合面上不画剖面线。但被切部分(如螺杆、螺钉等)必须画出剖面线。如图 9-2 中的俯视图,为了表示轴瓦与轴承座的装配情况,图的右半部就是沿轴承盖与轴承座的结合面剖开画出的。

当装配体上某些零件,其位置和基本连接关系等在某个视图上已经表达清楚时,为了避免遮盖某些零件的投影或避免重复画图,在其他视图上可假想将这些零件拆去不画,如图 9-2 的左视图就是拆去油杯之后的投影。当需要说明时,可在所得视图上方注出"拆去×××"字样。

2. 假想画法

部件中某些零件的运动范围和极限位置,可用细双点画线画出其轮廓。如图 9-4 所示,用细双点画线画出了扳手的另一个极限位置。

对于与本部件有关但不属于本部件的相邻零、部件,可用细双点画线表示其与本部件的连接关系,如图 9-5 所示的转子油泵。

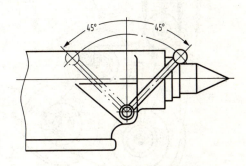

图 9-4 运动零件的极限位置

3. 单独表达某零件

在装配图上,如所选择的视图已将大部分零件的形状、结构表达清楚,但仍有少数零件的某些主要结构还未表达清楚时,可单独画出这些零件的视图或剖视图,但必须在所画视图上方注出该零件的视图名称,在相应视图附近用箭头指明投射方向,并注上同样的字母。如图 9-5 所示的转子油泵中的泵盖 B 向视图。

4. 展开画法

当轮系的各轴线不在同一平面内时,为了表示传动关系及各轴的装配关系,可假想用剖切平面按传动顺序沿它们的轴线剖开,然后将其展开画出剖视图,这种表达方法称展开画法,如图 9-6 所示。这种展开画法,在表达机床的主轴箱、进给箱以及汽车的变速器等较复杂的变速装置时经常使用。

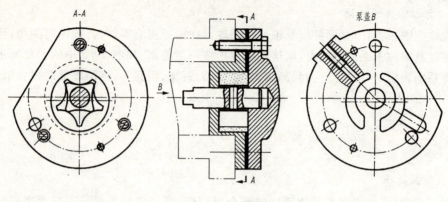

图 9-5 转子油泵

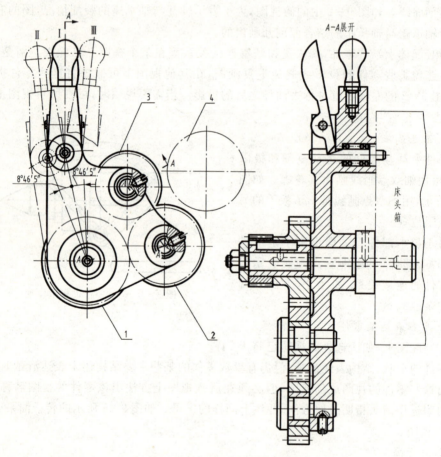

图 9-6 装配图中的展开画法

5. 夸大画法

凡装配图中直径、斜度、锥度或厚度小于 2mm 的结构,如垫片、细小弹簧、金属丝等,可以不按实际尺寸画,允许在原来的尺寸上稍加夸大画出。实际尺寸大小应在该零件的零件图上给出。

9.2.4 装配图的简化画法

1. 相同零、部件组的简化画法

对于重复出现且有规律分布的零、部件组如螺纹连接零件组、油杯、油标等,可仅详细地画出一组或几组,其余只需用细点画线表示其位置即可,如图出图 9-7a 所示。

2. 零件上工艺结构的简化画法

零件的某些工艺结构,如小圆角、倒角、退刀槽起模斜度等在装配图中允许不画;螺栓头部和螺母也允许按简化画法画出,如图 9-7b 所示。

3. 带传动、链传动的简化画法

在装配图中,可用粗实线表示带传动中的带,如图 9-7c 所示,用细点画线表示链传动中的链,如图 9-7d 所示。

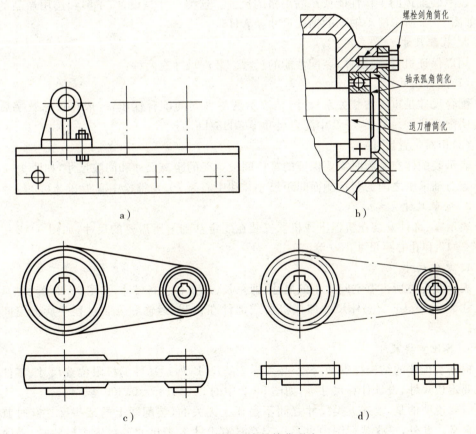

图 9-7 装配图中的简化画法

9.3 装配图中的尺寸标注和技术要求

9.3.1 装配图中的尺寸标注

装配图与零件图的作用不同,对尺寸标注的要求也不同。装配图是设计和装配机器(或部件)时用的图样,不是制造零件的直接依据。因此,装配图不必把零件制造时所需要的全部尺寸都标注出来,而只需标注一些必要的尺寸。这些尺寸按其作用不同,大致可分为以下五大类。

1. 性能(规格)尺寸

表示装配体的工作性能或产品规格的尺寸。这类尺寸是设计、了解和选用产品的依据,如图9-2所示滑动轴承的轴孔尺寸 $\phi 50H8$。

2. 装配尺寸

用以保证机器(或部件)装配性能的尺寸。装配尺寸有两种:

(1)配合尺寸

配合尺寸是重要的装关系尺寸,他表示两零件间的配合性质,一般在尺寸数字后面都注明配合代号。如图9-2中配合尺寸 $\phi 60H8/k6$。

(2)相对位置尺寸

表示装配体在装配时需要保证的零件间较重要的距离尺寸和间隙尺寸,如图9-2中轴承盖与轴承座之间的非接触面间距尺寸2和中心高70、两螺栓中心距 85 ± 0.300。

3. 安装尺寸

表示零、部件安装在机器上或机器安装在固定基础上所需要的尺寸,如图9-2中的孔 $2\times \phi 17$ 和孔心距尺寸180等。

4. 总体尺寸

表示装配体所占有空间大小的尺寸,即总长、总宽和总高尺寸,如图9-2滑动轴承中的尺寸240、80、160。总体尺寸即该机器或部件在包装、运输和安装过程中所占空间的大小。

5. 其他重要尺寸

根据装配体的结构特点和需要,必须标注的尺寸,如运动件的极限位置尺寸、零件间的主要定位尺寸、设计计算尺寸等,如图9-2中的35、55、85 ± 0.300 等。

需要说明的是,上述五类尺寸之间不是孤立无关的,装配图上的某些尺寸有时兼有几种含义。此外,一张装配图中也不一定都具有上述五类尺寸。在标注尺寸时,必须明确每个尺寸的作用,对装配图没有意义的结构尺寸不需注出。

9.3.2 装配图中的技术要求

装配图上的技术要求主要是针对该装配体的工作性能、装配及检验要求、调试要求及使用与维护要求所提出的,不同的装配体具有不同的技术要求。拟定装配体技术要求时,应具体分析,一般从以下三个方面考虑：

1. 装配要求

指装配过程中应注意的事项及装配后应达到的技术要求,如准确度、装配间隙、润滑要求等。

2. 检验要求

指对装配体基本性能的检验、试验、验收方法的说明等。

3. 使用要求

对装配体的性能、维护、保养、使用注意事项的说明。

上述各项技术要求,不是每张装配图都要全部注写,应根据具体情况而定。装配图技术要求一般采用文字注写在明细栏的上方或图纸下方的空位处。

9.4 装配图上零、部件的序号和明细栏

为便于图纸管理、生产准备、装配机器和看懂装配图,对装配图上各零、部件都必须编号。这种编号称为零件序号。还应在标题栏上方编制相应的明细栏。

9.4.1 编写零、部件序号的方法

1. 零、部件序号的编写原则

(1)装配图中所有的零、部件都必须编写序号,并与明细栏中的序号一致。

(2)装配图中一个零、部件只编写一个序号,同一张装配图中相同的零、部件应编写同样的序号。

(3)装配图中的标准化组件(如油杯、滚动轴承、电动机等)可作为一个整体,只编写一个序号。

(4)序号应按顺时针或逆时针方向顺次排列整齐。如在整个图上无法连续排列时,应尽量在每个水平或垂直方向上顺次排列。

2. 序号的注写形式

(1)在细实线的指引线端部画一水平线或圆(均为细实线),在水平线上或圆内注写序号,序号字高比图中所注尺寸数字大一号或大二号；

(2)在指引线的另一端附近直接注写序号,序号字高应比图中尺寸数字大二号,如图 9-8a 所示。

(3)在同一装配图中,编写序号的形式应保持一致。

3. 指引线的画法

(1)指引线的引出端应从零、部件的可见轮廓内画一小圆点。若所指的部分内不便画圆点时(很薄的零件或涂黑的剖面),可在指引线的末端画出箭头,并指向该部分的轮廓,如图 9-8b 所示。

(2) 指引线相互不能相交,当通过有剖面线的区域时,指引线不应与剖面线平行;必要时,指引线可以画成折线,但只可曲折一次,如图 9-8b 所示。

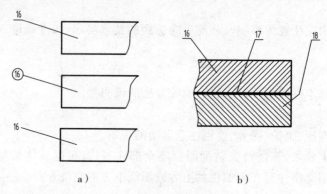

图 9-8 序号及指引线的形式

(3) 一组紧固件以及装配关系清楚的零件组,可以采用公共指引线,如图 9-9 所示。

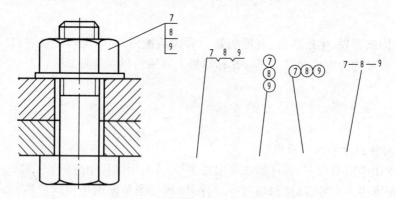

图 9-9 紧固件或零件组的序号形式

9.4.2 明细栏

明细栏可按 GB/T 10609.2—1989 中推荐使用的规定格式绘制。明细栏一般由序号、代号、名称、数量、材料、重量、分区、备注等组成,也可按实际需要增加或减少。各工厂企业有时也有各自的标题栏、明细栏格式,本课程推荐的装配图作业格式如图 9-10 所示。

绘制和填写明细栏时应注意以下问题:

(1) 明细栏应配置在标题栏的上方,其分界线是粗实线,明细栏的外框竖线是粗实线,明细栏的横线和内部竖线均为细实线(包括最上一条横线)。

(2) 序号应自下而上顺序填写,以便发现漏编零件时,可继续向上补填。如向上延伸位置不够时,可以在紧靠标题栏的左边位置自下而上延续。

(3) 当装配图中不能在标题栏的上方配置明细栏时,可作为装配图的续页按 A4 幅面单独给出明细栏,此时,其顺序应是自上而下延伸,还可连续加页,但应在明细栏的下方配制标题栏。

(4)标准件的国标代号可写入备注栏。

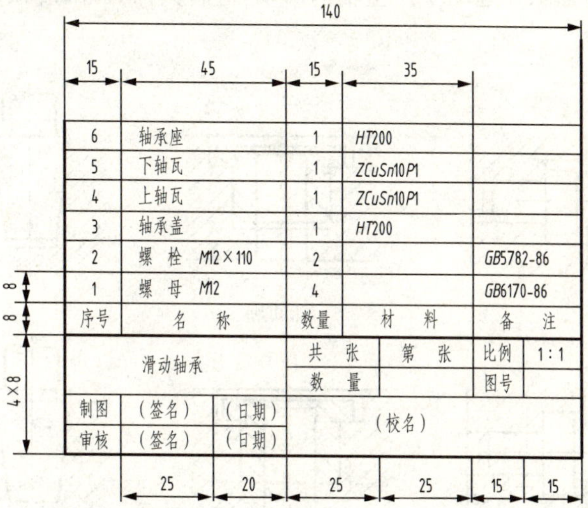

图9-10 装配图明细栏格式

9.5 绘制装配图的方法和步骤

为了保证装配质量和装拆方便,使机器或部件达到规定的力学性能,在设计装配体时,应考虑合理的装配工艺结构和常见装置,并在装配图上把这些结构正确地表示出来。

9.5.1 常见的装配工艺结构

1. 接触面与配合面的结构

(1)为了避免装配时表面互相发生干涉,两零件接触时,在同一方向上(横向或竖向)只应有一对接触面,这样既可保证配合质量,使装配工作顺利,又给加工带来方便,如图9-11所示。

(2)两零件有一对相交成直角的表面接触时,在转角处应制出倒角、圆角或退刀槽等,以保证两零件表面接触良好,如图9-12所示。

(3)较长的接触平面或圆柱面应制出凹槽,以减少加工面积,保证接触良好,如图9-13所示。

(4)在螺栓或螺钉等紧固件的连接中,被连接件的接触面应制成沉孔或凸台,且需经机械加工,这样既可减少加工面积,又可保证接触良好,如图9-14所示。

2. 零件的定位与紧固结构

(1)螺纹连接

为保证螺纹拧紧,螺杆上螺纹终止处应制出退刀槽,如图9-15a所示,或在螺孔上制出凹坑或倒角,如图9-15b和c所示。螺纹的大径应小于定位柱面的直径,如图9-15d

所示。螺钉头与沉孔之间的间隙应大于螺杆与螺孔之间的间隙,如图 9-15e 所示。

(2) 为防止滚动轴承在运动中产生轴向窜动,应将其内、外圈沿轴向顶紧,如图 9-16 所示。

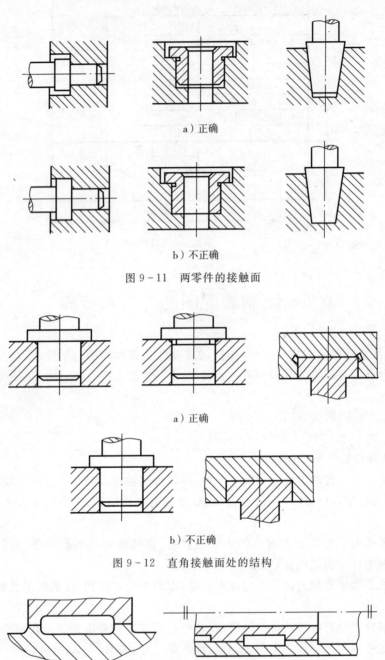

图 9-11 两零件的接触面

图 9-12 直角接触面处的结构

图 9-13 较长接触面处的结构

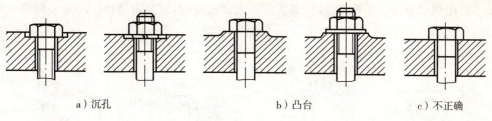

a）沉孔　　　　　　　　b）凸台　　　　　　c）不正确

图 9-14　紧固件与被连接件接触面的结构

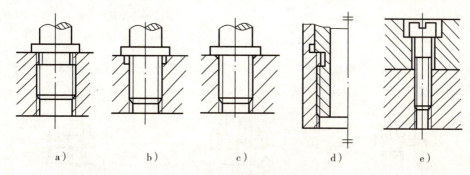

a)　　　　　b)　　　　　c)　　　　　d)　　　　　e)

图 9-15　螺纹连接工艺结构

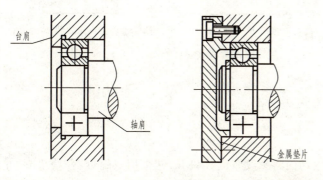

图 9-16　滚动轴承的紧固

3. 注意装拆的方便与可能

（1）滚动轴承若以轴肩或孔肩定位，则轴肩或孔肩的高度应小于轴承内圈或外圈的厚度，或在轴肩与孔肩上加工出放置拆卸工具的槽、孔等，以保证维修时便于拆卸，如图 9-17 所示。同理，零件上加装衬套时，也要考虑拆卸的方便与可能。

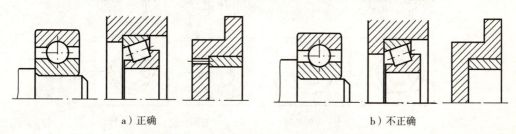

a）正确　　　　　　　　　　　　　　　b）不正确

图 9-17　方便滚动轴承和套筒的装拆结构

（2）用螺纹紧固件连接零件时，必须注意其活动空间，以便于装拆。一是要留出扳手空间，有转动的余地；二是要保证有装拆的空间，如图9-18所示。

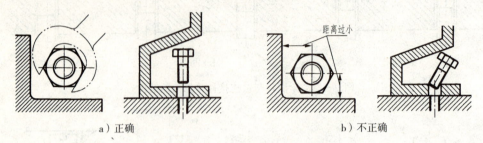

a）正确　　　　　　　　　　　　b）不正确

图9-18　留出扳手空间和装拆空间

（3）在图9-19a中，螺栓不便于装、拆和拧紧，若在箱壁上开一手孔或改用双头螺柱，问题即可解决，如图9-19b、c所示。

a）不合理　　　　　　　b）合理　　　　　　　c）合理

图9-19　螺栓应便于装、拆与拧紧

9.5.2　机器上的常见装置

1. 螺纹防松装置

为防止机器在工作中由于振动而将螺纹紧固件松开，常采用双螺母、弹簧垫圈、止动垫圈和开口销等防松装置，其结构如图9-20所示。

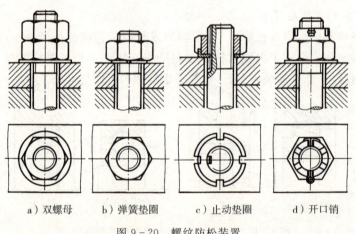

a）双螺母　　b）弹簧垫圈　　c）止动垫圈　　d）开口销

图9-20　螺纹防松装置

2. 滚动轴承的固定装置

使用滚动轴承时，须根据受力情况采用一定的结构，将滚动轴承的内、外圈固定在轴上或机体的孔中。因考虑到工作温度的变化，会导致滚动轴承工作时卡死，所以应留有少量的轴向间隙，如图 9-21 所示，右端轴承内外圈均作了固定，左端只固定了内圈。

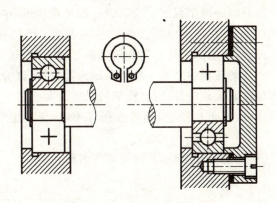

图 9-21 滚动轴承固定装置

3. 密封装置

为了防止灰尘、杂屑等进入轴承，并防止润滑油的外溢以及阀门或管路中的气、液体的泄漏，通常采用图 9-22 所示的密封装置。

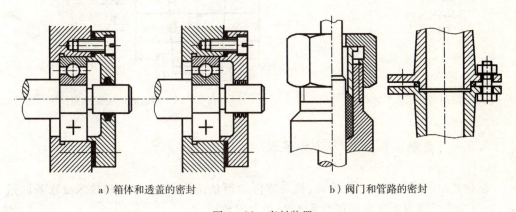

a) 箱体和透盖的密封　　　　　　b) 阀门和管路的密封

图 9-22 密封装置

9.5.3 绘制装配示意图

装配示意图又称装配简图，是用国家标准中规定的图形符号和简化画法绘制的图样，是一种表意性的图示方法，用于将装配体的结构特征、零件间相对位置、传动路线、装配连接关系和配合性质表示出来。

如图 9-23、图 9-24 所示是四通阀的工作原理图和装配示意图，从图中可看出装配示意图和装配图的区别。装配示意图的绘制方法如下。

(1) 装配示意图是将装配体当做透明体绘制的，所以既可画出外部轮廓，又可画出内部结构,但和剖视图不同,其表达可不受前后层次的限制。

(2)装配示意图是用规定代号及示意画法绘制的,各零件可按其外形和结构特点形象地画出大致轮廓;一些常用零件及构件的规定代号,可参阅国家标准"机械制图 机构运动简图符号"(GB/T4460—1984)绘制。

(3)装配示意图一般只画一两个视图。绘制时一般尽量将所有零件都集中在一个视图上表达出来,实在无法表达时,才画出第二个图,但应与第一个图保持投影关系。

(4)绘制装配示意图时,一般从主要零件和较大的零件入手,按装配顺序和零件的位置逐个画出示意图;两零件的接触面之间一般要留出间隙,以便区分零件,这和装配图的规定画法不同;各零部件之间大致符合比例,特殊情况可放大或缩小。

(5)绘制装配示意图时,还可用涂色、加粗线条等手法,使其更形象化。常采用展开画法和旋转画法。

(6)图形画好后,还要编上零件序号,并注写零件名称和数量。

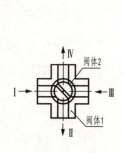

图9-23 四通阀的工作原理图

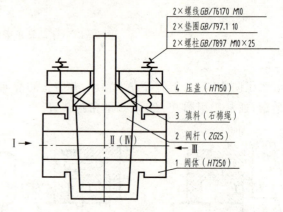

图9-24 四通阀的装配示意图

9.5.4 绘制装配图的方法和步骤

绘制装配图的过程是一次检验、校对零件的形状结构、尺寸标注和技术要求等的过程,如发现装配结构上有错误和不妥之处,可及时改正。

以根据四通阀的工作原理图和装配示意图及四通阀的零件图(图9-25~图9-27)为例,说明绘制装配图的方法和步骤。

1. 装配图表达方案的确定

参看9.2.1装配图表达方案的确定,选择表达方案如下:

四通阀零件较少,结构简单,因此,选择二个基本视图,主、俯视图均采用半剖视既反映装配体外部总的结构特征,特别是阀体(1号件)的外形,又反映了装配体内部的结构形状以及传动路线、工作原理;同时还反映了管路的防漏装置。再用一个局部视图表达主要零件阀杆(2号件)下部方槽的形状。

2. 确定绘图比例和图纸幅面

在表达方案确定以后,根据装配体的大小、复杂程度和视图数量确定绘图比例及图纸幅面；布图时，要考虑各视图间留出一定空档，以便注写尺寸和编写序号，图幅右下角应有足够的位置画标题栏、明细栏和注写技术要求。

3. 画图步骤

(1) 图面布局　画出图框，定出标题栏和明细栏位置，绘制各视图的主要基准线（通常是指主要轴线——即装配干线、对称中心线、主要零件的基面或端面等），如图 9-28a 所示。

(2) 逐层画出各视图　一般从主视图开始绘制，几个基本视图同时进行，先画主要部分，后画细节部分；剖开的机件应直接画成剖开的形状；还应解决好零件装配时的工艺结构、轴向定位、表面的接触关系、互相遮挡等问题。

四通阀的主要零件是阀体、阀杆和压盖。画出阀体的主要轮廓线后，接着画阀杆的轮廓线，再画压盖的轮廓线。画完主要零件基本轮廓线之后，可继续绘制其他零件，整个装配图应先用细实线绘制底图，如图 9-28b 所示。

(3) 检查校对底稿　对装配底稿图进行检查校对，如发现零件草图（包括尺寸）有错，尤其是装配尺寸有错，应及时纠正，确认无误后描深并画剖面线，如图 9-28c 所示。

(4) 标注装配图上应注的尺寸及配合代号，注写技术要求；编写零件序号、填写标题栏及明细栏，完成全图如图 9-29 所示。

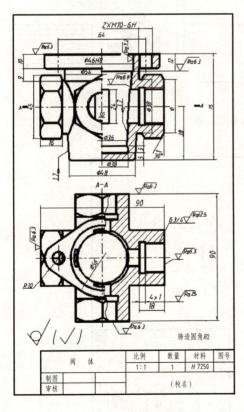

图 9-25　阀体的零件图

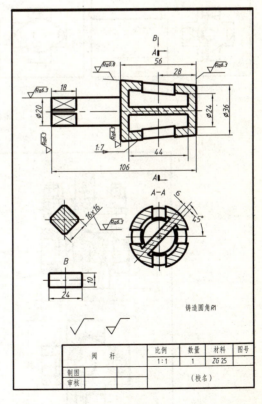

图 9-26　阀杆的零件图

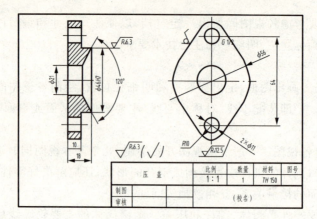

图 9-27 压盖的零件图

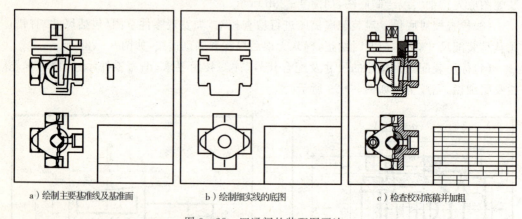

a) 绘制主要基准线及基准面　　b) 绘制细实线的底图　　c) 检查校对底稿并加粗

图 9-28 四通阀的装配图画法

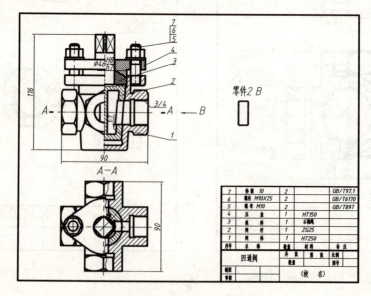

图 9-29 四通阀的装配图

9.6 读装配图和由装配图拆画零件图

在生产实践中,经常要遇到读装配图的问题。在设计时,需要依据装配图设计零件并画出零件图;在装配时,需根据装配图将零件组装成部件或机器;在维修时,需参照装配图进行拆卸和重装;在技术交流时,需参阅装配图来了解机器或部件的具体情况等。

9.6.1 识读装配图的基本要求

(1)明确装配体的功用、性能及工作原理。
(2)明确装配体的结构,了解组成装配体的零件及各零件间的定位、紧固方式和装配关系。
(3)明确各零件的作用、结构形状;想象零件的动作过程和装卸顺序及方法。
(4)明确装配体的使用及调整方法。

9.6.2 识读装配图的方法和步骤

不同的工作岗位看图的目的是不同的。有的仅需要了解机器或部件的用途和工作原理;有的要了解零件的连接方法和拆卸顺序;有的要拆画零件图等。一般说来,应按以下方法和步骤读装配图:

1. 概括了解

从标题栏和有关的说明书中了解机器或部件的名称和大致用途;从绘图比例和外形尺寸了解装配体的大小;从明细栏和图中的序号了解组成机器或部件的零件的名称、数量、材料以及标准件的规格;从视图的数量图形的复杂性初步判断装配体的复杂程度。

如图9-29所示的是阀的装配图,该部件装配在液体管路中,用以控制管路的"通"与"不通",其体积较小,由7种零件组成,是一个简单的部件。

2. 分析视图

了解各视图、剖视图和断面图的数量及表达的意图,明确视图的名称、剖切位置、投射方向,这下一步深入看图作准备。

在图9-30阀的装配图中,采用了主(全剖视)、俯(全剖视)、左三个视图和一个B向局部视图的表达方法。有一条装配轴线,部件通过阀体上的G1/2螺纹孔、φ12的螺栓孔和管接头上的G3/4螺孔装入液体管路中。

3. 分析传动路线工作原理

一般可从图样中直接分析,当部件比较复杂时,需参考说明书。分析时,应从部件的传动入手,了解其工作原理。

图9-30所示阀的工作原理从主视图看最清楚。即当杆1受外力作用向左移动时,钢球4压缩弹簧5,阀门被打开,当去掉外力时钢球在弹簧作用下将阀门关闭。旋塞7可以调整弹簧作用力的大小。

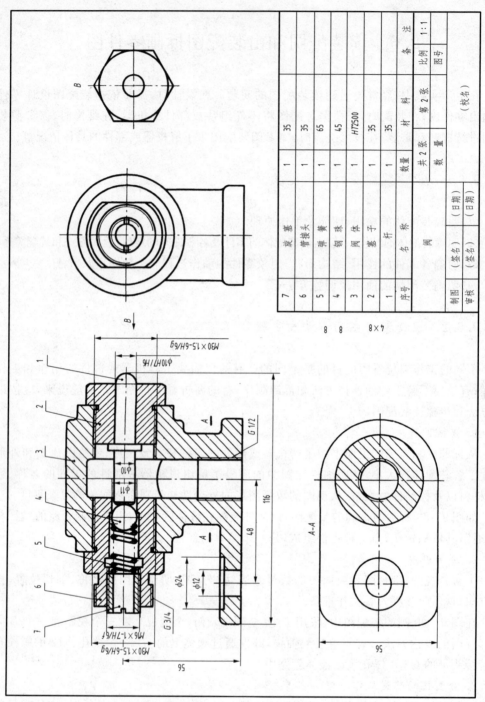

图9-30 阀的装配图

4. 分析装配关系

阀的装配关系从主视图看也最清楚。左侧将钢球4、弹簧5依次装入管接头6中,然后将旋塞7拧入管接头,调整好弹簧压力,再将管接头拧入阀体左侧M30×1.5的螺孔中。右侧将杆1装入塞子2的孔中,再将塞子2拧入阀体右侧M30×1.5的螺孔中。杆

1 和管接头 6 径向有 1mm 的间隙,管路接通时,液体由此间隙流过。

5. 分析零件主要结构形状和用途

(1)应先看简单件,后看复杂件 将标准件、常用件及一看就懂的简单零件看懂后,再将其从图中"剥离"出去,然后集中精力分析剩下的为数不多的复杂零件。

(2)应依据剖面线划定各零件的投影范围 根据国家标准对剖面线的规定,先将复杂零件在各个视图上的投影范围及其轮廓搞清楚,可借助丁字尺、三角板、分规等帮助找投影关系。

(3)应读懂零件的主要结构形状,了解其用途 运用形体分析法并辅以线面分析法进行仔细分析,不仅要分析出零件的主要结构形状,还要考虑零件为什么要采用这种结构形状,以进一步分析该零件的作用。

(4)应仔细分析在装配图中表达不够完整的零件的结构形状 可先分析相邻零件的结构形状,根据它和周围零件的关系及其作用,再来确定该零件的结构形状。若有零件图,也可作为参考,以弄清零件的细小结构及其作用。

6. 归纳总结

在以上分析的基础上,还要对技术要求和标注的尺寸进行分析,并把部件的性能、结构、装配、操作、维修等几方面联系起来研究,进行归纳总结,这样对部件才能有一个全面的了解。

上述看图方法和步骤是为初学者看图时理出一个思路,各步骤可根据装配图的具体情况交替或穿插进行。

9.6.3 由装配图拆画零件图

在设计新机器时,通常是根据使用要求先画装配图,确定实现其工作性能的主要结构,然后根据装配图再来画零件图,我们把这一过程称为由装配图拆画零件图。拆画零件图的过程也是继续设计零件的过程。

1. 拆画零件图的要求

(1)拆画前,必须认真阅读装配图,全面深入了解设计意图,分析清楚装配关系、技术要求和各个零件的主要结构。

(2)拆画时,要从设计方面考虑零件的作用和要求,从工艺方面考虑零件的制造和装配,使所画的零件图既符合设计要求又符合生产要求。

2. 拆画零件图的方法和步骤

(1)看懂装配图

将要拆画的零件从整个装配图中分离出来。例如,要拆画阀装配图中阀体 3 的零件图,首先将阀体 3 从主、俯、左三个视图中分离出来,然后想象其形状。对于该零件的大致形状进行想象并不困难,但阀体内形腔的形状,因其左、俯视图没有表达,所以还不能最终确定该零件的完整形状。通过主视图中 G1/2 螺孔上方的相贯线形状得知,阀体形腔为圆柱形,轴线垂直放置,且圆柱孔的直径等于 G1/2 螺孔的直径,如图 9-31 所示。

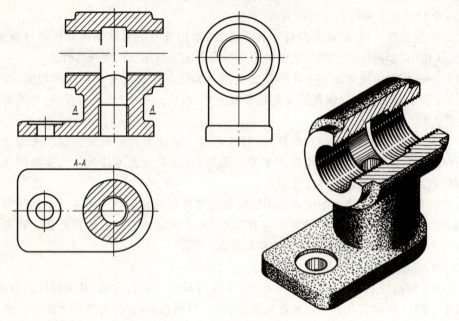

图 9-31 拆画零件图过程

(2) 确定视图表达方案

零件图和装配图表达的侧重点不同，因此，要根据零件自身的结构特点及前面介绍的零件图视图选择原则，重新选择视图，确定表达方案。可以参考装配图的表达方案，但要注意不应受原装配图的限制。如图 9-32 所示的阀体，其表达方法是：主、俯视图和装配图相同，左视图采用半剖视图。

(3) 补齐所缺尺寸

由于装配图上给出的尺寸较少，而在零件图上则需注出零件各组成部分的全部尺寸，所以很多尺寸是在拆画零件图时才确定的。此时应注意以下几点：

① 抄注　装配图中已注出的重要尺寸，应直接抄注在零件图上。

② 查找　零件的标准结构的尺寸数值，应从明细栏或有关标准中查得。如螺栓、螺母、螺钉、键、销等标准件的尺寸；螺孔直径、螺孔深度、键槽、销孔等尺寸；倒角、倒圆、退刀槽、砂轮越程槽等标准结构的尺寸数值。

③ 计算　需要计算确定的尺寸，应由计算而定，如齿轮的轮齿各部分尺寸及由两个齿轮中心距所确定的孔心距等。

④ 量取　在装配图上没有标出的其他尺寸，按绘图比例在装配图上直接量得，并取整数。

⑤ 协调　有装配关系和相对位置关系的尺寸，在相关的零件图上要协调一致。

阀体的尺寸标注如图 9-32 所示。

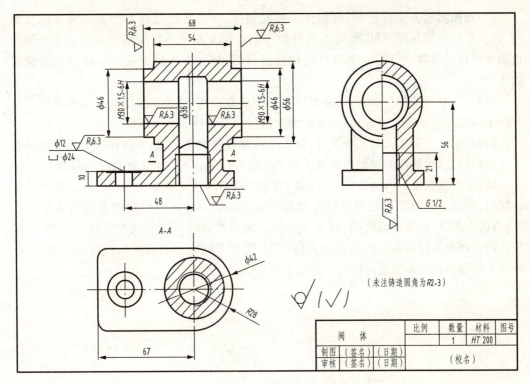

图 9-32　阀体零件图

(4) 零件图上技术要求的确定

标注零件的表面粗糙度、形位公差及技术要求时，应结合零件各部分的功能、作用、要求及与其他零件的关系，应用类比法参考同类产品图样、资料，合理选择精度，同时还应使标注数据符合有关标准。

拆画零件图是一种综合能力训练。它不仅需要具有看懂装配图的能力，而且还应具备有关的专业知识。随着计算机绘图技术的普及，拆画零件图的方法将会变得更容易。如果是由计算机绘出的机器或部件的装配图，可对被拆画的零件进行拷贝，然后加以整理，并标注尺寸，即可画出零件图，本节的阀体零件图，就是采用这种方法拆画的。

本章小结

(1) 装配图的视图表达有其自身的特点，主要是为了区分不同的零件、表达零件间的装配连接关系、表达部件的运动情况和工作原理等，因此，要注意一些装配图特有的表达方法（如拆卸画法、假想画法、接触面和非接触面画法、剖面线画法等）。在学习本章时，既要注意抓住装配图与零件图的共同点，更要注意抓住它与零件图的不同点，这样才会重点突出，融会贯通。此外，熟练掌握螺纹连接、键销连接、轴承画法和齿轮啮合画法等，也是画好装配图的基础，画图时如果对这些结构不熟悉的话，应查阅教材或国家标准，绝对不能随意乱画。

(2)视图表达方案选好后,应抓住各装配轴线,并将装配轴线上的有关零件依次画出,可从里向外或从外向里,也可以两种顺序结合起来画。画装配图的关键在于要正确地确定零件的位置,否则,一个零件的位置画错后,与它有连接关系的零件的位置也就错了。

(3)由于装配图较复杂,在画完底稿后必须认真检查,擦去不要的线条后再加深。没有仔细检查底稿就匆忙加深,是造成图面上出错和不整洁的主要原因。

(4)装配图上需注出的几种尺寸,应先弄清它们的意义,在熟悉部件的情况下是可以注好的。因此,对部件的装配关系和工作情况进行仔细分析也是注好尺寸的基础。

(5)在看装配图和拆画零件图时,除了制图知识外,还要具备一些一般机器的结构设计知识、制造工艺知识以及与部件有关的专业知识。一般作业中均附有说明或作业指导,应认真阅读;没有附说明的,由老师讲解。如果遇到的是一个从未见过的部件,最好先找到它的产品说明书或其他参考资料,看了这些资料后再去看装配图就比较容易些,拆画零件图时也比较容易标注尺寸及技术要求。

附 录

附表1 普通螺纹直径与螺距系列、基本尺寸(GB/T 193—2003, GB/T 196—2003)

标记示例

公称直径24mm，螺距为3mm的粗牙右旋普通螺纹：M24

公称直径24mm，螺距为1.5mm的细牙左旋普通螺纹：M24×1.5LH

mm

公称直径 D, d		螺距 P		粗牙小径 D_1, d_1	公称直径 D, d		螺距 P		粗牙小径 D_1, d_1
第一系列	第二系列	粗牙	细 牙		第一系列	第二系列	粗牙	细 牙	
3		0.5	0.35	2.459		22	2.5	2, 1.5, 1, (0.75), (0.5)	19.294
	3.5	(0.6)		2.850	24		3	2, 1.5, 1, (0.75)	20.752
4		0.7	0.5	3.242		27	3	2, 1.5, 1, (0.75)	23.751
	4.5	(0.75)		3.688	30		3.5	(3), 2, 1.5, 1, (0.75)	26.211
5		0.8		4.134		33	3.5	(3), 2, 1.5, 1, (0.75)	29.211
6		1	0.75, (0.5)	4.917	36		4	3, 2, 1.5, (1)	31.670
8		1.25	1, 0.75, (0.5)	6.647		39	4		34.670
10		1.5	1.25, 1, 0.75, (0.5)	8.376	42		4.5	(4), 3, 2, 1.5, (1)	37.129
12		1.75	1.5, (1.25), 1, (0.75), (0.50)	10.106		45	4.5		40.129
	14	2	1.5, (1.25), 1, (0.75), (0.50)	11.835	48		5		42.587
16		2	1.5, 1, (0.75), (0.5)	13.835		52	5		46.587
	18	2.5	2, 1.5, 1, (0.75), (0.5)	15.294	56		5.5	4, 3, 2, 1.5, (1)	50.046
20		2.5	2, 1.5, 1, (0.75), (0.5)	17.294	60		5.5		54.046

注：(1)优先选用第一系列，括号内尺寸尽可能不用。第三系列未列入；

(2)M14×1.25仅用于火花塞；M35×1.5仅用于滚动轴承锁紧螺母；

(3)中径 D_2, d_2 未列入。

附表 2 非螺纹密封的管螺纹 (GB/T 7307—2001)

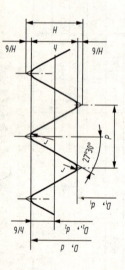

标记示例
内螺纹 G1 1/2
A级外螺纹 G1 1/2A
B级外螺纹 G1 1/2B
左旋 G1 1/2B-LH

$P = \dfrac{25.4}{n}$ $H = 0.960491P$

mm

尺寸代号	每25.4mm内的牙数 n	螺距 P	牙高 h	圆弧半径 r	大径 $d=D$	基本直径 中径 $d_2=D_2$	小径 $d_1=D_1$
1/16	28	0.907	0.581	0.125	7.723	7.142	6.561
1/8	28	0.907	0.581	0.125	9.728	9.147	8.566
1/4	19	1.337	0.856	0.184	13.157	12.301	11.445
3/8	19	1.337	0.856	0.184	16.662	15.806	14.950
1/2	14	1.814	1.162	0.249	20.955	19.793	18.631
5/8	14	1.814	1.162	0.249	22.911	21.749	20.587
3/4	14	1.814	1.162	0.249	26.441	25.279	24.117
7/8	14	1.814	1.162	0.249	30.201	29.039	27.877
1	11	2.309	1.479	0.317	33.249	31.770	30.291
$1\frac{1}{8}$	11	2.309	1.479	0.317	37.897	36.418	34.939
$1\frac{1}{4}$	11	2.309	1.479	0.317	41.910	40.431	38.952
$1\frac{1}{2}$	11	2.309	1.479	0.317	47.803	46.324	44.845

(续表)

尺寸代号	每 25.4mm 内的牙数 n	螺距 P	牙高 h	圆弧半径 r	基本直径 大径 $d=D$	基本直径 中径 $d_2=D_2$	基本直径 小径 $d_1=D_1$
$1\frac{3}{4}$	11	2.309	1.479	0.317	53.746	52.267	50.788
2	11	2.309	1.479	0.317	59.614	58.135	56.658
$2\frac{1}{4}$	11	2.309	1.479	0.317	65.710	64.231	62.752
$2\frac{1}{2}$	11	2.309	1.479	0.317	75.184	73.705	72.226
$2\frac{3}{4}$	11	2.309	1.479	0.317	81.534	80.055	78.576
3	11	2.309	1.479	0.317	87.884	86.405	84.926
$3\frac{1}{2}$	11	2.309	1.479	0.317	100.330	98.851	97.372
4	11	2.309	1.479	0.317	113.030	111.551	110.072
$4\frac{1}{2}$	11	2.309	1.479	0.317	125.730	124.251	122.772
5	11	2.309	1.479	0.317	138.430	136.951	135.472
$5\frac{1}{2}$	11	2.309	1.479	0.317	151.130	149.651	148.172
6	11	2.309	1.479	0.317	163.830	162.351	160.872

附表 3 梯形螺纹直径与螺距系列、基本尺寸（GB/T 5796.1～5796.4—2005）

标记示例

公称直径为 40mm，螺距为 7mm，右旋的单线梯形螺纹：Tr40×7

公称直径为 40mm，导程为 14mm，螺距为 7mm，左旋的双线梯形螺纹：Tr40×14(P7)LH

mm

公称直径 d		螺距 P	中径 $d_2=D_2$	大径 D_4	小径		公称直径 d		螺距 P	中径 $d_2=D_2$	大径 D_4	小径	
第一系列	第二系列				d_3	D_1	第一系列	第二系列				d_3	D_1
8		1.5	7.25	8.3	6.2	6.5			5	25.5	28.5	22.5	23
	9	2	8	9.5	6.5	7		30	6	27	31	23	24
10		2	9	10.5	7.5	8	32		6	29	33	25	26
	11	2	10	11.5	8.5	9		34	6	31	35	27	28
12		3	10.5	12.5	8.5	9	36		6	33	37	29	30
	14	3	12.5	14.5	10.5	11		38	7	34.5	39	30	31
16		4	14	16.5	11.5	12	40		7	36.5	41	32	33
	18	4	16	18.5	13.5	14		42	7	38.5	43	34	35
20		4	18	20.5	15.5	16	44		7	40.5	45	36	37
	22	5	19.5	22.5	16.5	17		46	8	42	47	37	38
24		5	21.5	24.5	18.5	19	48		8	44	49	39	40
	26	5	23.5	26.5	20.5	21	50		8	46	51	41	42

注：(1) 本标准规定了一般用途梯形螺纹基本牙型，公称直径为 8～300mm（本表仅摘录 8～50mm）的直径与螺距系列以及基本尺寸；
(2) 应优先选用第一系列的直径；
(3) 在每一个直径所对应的诸螺距中，本表仅摘录应优先选用的螺距和相应的基本尺寸。

附表 4 六角头螺栓

六角头螺栓——A 和 B 级(GB/T 5782—2000)　　六角头螺栓——全螺栓——A 和 B 级(GB/T 5783—2000)

标记示例

螺栓 GB/T 5782—2000　M12×80　螺纹规格 d=M12,公称长度 l=80mm,性能等级为 8.8 级,表面氧化,A 级的六角头螺栓

螺栓 GB/T 5783—2000　M12×80　螺纹规格 d=M12,公称长度 l=80mm,性能等级为 8.8 级,表面氧化,全螺纹,A 级的六角头螺栓

mm

螺纹规格		M4	M5	M6	M8	M10	M12	M16	M20	M24	M30	M36	M42	M48
b 参考	$l\leq125$	14	16	18	22	26	30	38	46	54	66	78	—	—
	$125<l\leq200$	—	—	—	28	32	36	44	52	60	72	84	96	108
	$l>200$	—	—	—	—	—	—	57	65	73	85	97	109	121
c_{max}		0.4	0.5		0.6			0.8				1		
K		2.8	3.5	4	5.3	6.4	7.5	10	12.5	15	18.7	22.5	26	30
d_{smax}		4	5	6	8	10	12	16	20	24	30	36	42	48
s_{max}		7	8	10	13	16	18	24	30	36	46	55	65	75

(续表)

螺纹规格 d		M4	M5	M6	M8	M10	M12	M16	M20	M24	M30	M36	M42	M48
e_{min}	A	7.66	8.79	11.05	14.38	17.77	20.03	26.75	33.53	39.98	—	—	—	—
	B	—	8.63	10.89	14.2	17.59	19.85	26.17	32.95	39.55	50.85	60.79	72.02	82.6
d_{wmin}	A	5.9	6.9	8.9	11.6	14.6	16.6	22.5	28.2	33.6	—	—	—	—
	B	—	6.7	8.7	11.4	14.4	16.4	22	27.7	33.2	42.7	51.1	60.6	69.4
l 范围	GB 5782	25~40	25~50	30~60	35~80	40~100	45~120	55~160	65~200	80~240	90~300	110~360	130~400	140~400
	GB 5783	8~40	10~50	12~60	16~80	20~100	25~100	35~100		40~100			80~500	100~500
l 系列	GB 5782	20~65(5 进位),70~160(10 进位),180~400(20 进位)												
	GB 5783	8,10,12,16,18,20~65(5 进位),70~160(10 进位),180~500(20 进位)												

注:(1) P—螺距。末端按 GB/T 2—1985 规定;
(2) 螺纹公差:6g;力学性能等级:8.8;
(3) 产品等级:A 级用于 $d \leqslant 24$ 和 $l \leqslant 10d$ 或者 $\leqslant 150$ mm(按较小值);
B 级用于 $d > 24$ 或 $l > 10d$ 或 $l > 150$ mm(按较小值)。

附表 5 双头螺柱

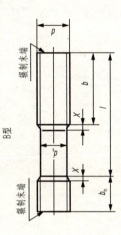

A 型

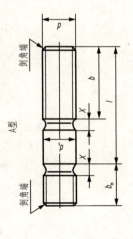

B 型

$b_m=1d$(GB/T 897—1988) $b_m=1.25d$(GB/T 898—1988) $b_m=1.5d$(GB/T 899—1988) $b_m=2d$(GB/T 900—1988)

标记示例

两端均为粗牙普通螺纹，$d=10\text{mm}$，$l=50\text{mm}$，性能等级为 4.8 级，B 型，$b_m=1d$ 的双头螺柱：
螺柱 GB/T 897—1988　M10×50

旋入一端为粗牙普通螺纹，旋螺母一端为螺距 $P=1\text{mm}$ 的细牙普通螺纹，$d=10\text{mm}$，$l=50\text{mm}$，性能等级为 4.8 级，A 型，$b_m=1d$ 的双头螺柱：螺柱 GB/T 897—1988　AM10—M10×1×50

旋入一端为过渡配合的第一种配合，旋螺母一端为粗牙普通螺纹，$d=10\text{mm}$，$l=50\text{mm}$，性能等级为 8.8 级，B 型，$b_m=1d$ 的双头螺柱：螺柱 GB/T 897—1988　GM10—M10×50—8.8。

mm

螺纹规格 d		M4	M5	M6	M8	M10	M12	M16	M20	M24	M30	M36	M42	M48
b_m	GB 897	—	5	6	8	10	12	16	20	24	30	36	42	48
	GB 898	—	6	8	10	12	15	20	25	30	38	45	52	60
	GB 899	6	8	10	12	15	18	24	30	36	45	54	65	72
	GB 900	8	10	12	16	20	24	32	40	48	60	72	84	96
d_s		A 型 $d_s \approx$ 螺纹大径　　B 型 $d_s \approx$ 螺纹中径												
x		1.5P												

(续表)

螺纹规格 d	M4	M5	M6	M8	M10	M12	M16	M20	M24	M30	M36	M42	M48
$\dfrac{l}{b}$	$\dfrac{16\sim22}{8}$	$\dfrac{16\sim22}{10}$	$\dfrac{20\sim22}{10}$	$\dfrac{20\sim22}{12}$	$\dfrac{25\sim28}{14}$	$\dfrac{25\sim30}{16}$	$\dfrac{30\sim38}{20}$	$\dfrac{35\sim40}{25}$	$\dfrac{45\sim50}{30}$	$\dfrac{60\sim65}{40}$	$\dfrac{65\sim75}{45}$	$\dfrac{70\sim80}{50}$	$\dfrac{80\sim90}{60}$
	$\dfrac{25\sim40}{14}$	$\dfrac{25\sim50}{16}$	$\dfrac{25\sim30}{14}$	$\dfrac{25\sim30}{16}$	$\dfrac{30\sim38}{16}$	$\dfrac{32\sim40}{20}$	$\dfrac{40\sim55}{30}$	$\dfrac{45\sim65}{35}$	$\dfrac{55\sim75}{45}$	$\dfrac{70\sim90}{50}$	$\dfrac{80\sim110}{60}$	$\dfrac{85\sim110}{70}$	$\dfrac{95\sim110}{80}$
			$\dfrac{32\sim75}{18}$	$\dfrac{32\sim90}{22}$	$\dfrac{40\sim120}{26}$	$\dfrac{45\sim120}{30}$	$\dfrac{60\sim120}{38}$	$\dfrac{70\sim120}{46}$	$\dfrac{80\sim120}{54}$	$\dfrac{95\sim120}{60}$	$\dfrac{120}{78}$	$\dfrac{120}{90}$	$\dfrac{120}{102}$
					$\dfrac{130}{32}$	$\dfrac{130\sim180}{36}$	$\dfrac{130\sim200}{44}$	$\dfrac{130\sim200}{52}$	$\dfrac{130\sim200}{60}$	$\dfrac{130\sim200}{72}$	$\dfrac{130\sim200}{84}$	$\dfrac{130\sim200}{96}$	$\dfrac{130\sim200}{108}$
										$\dfrac{210\sim250}{85}$	$\dfrac{210\sim300}{97}$	$\dfrac{210\sim300}{109}$	$\dfrac{210\sim300}{121}$
l 系列	16,(18),20,(22),25,(28),30,(32),35,(38),40,45,50,(55),60,(65),70,(75),80,(85),90,(95),100,110,120,130,140,150,160,170,180,190,200,210,220,230,240,250,260,280,300													

附表6 I型六角螺母

I型六角螺母——A和B级(GB/T 6170—2000)　　I型六角螺母——C级(GB/T 41—2000)

标记示例

螺纹规格 D=M12、性能等级为10级、不经表面处理、A级的I型六角螺母：螺母 GB/T 6170—2000 M12

螺纹规格 D=M12、性能等级为5级、不经表面处理、C级的I型六角螺母：螺母 GB/T 41—2000 M12

mm

螺母规格 D		M4	M5	M6	M8	M10	M12	M16	M20	M24	M30	M36	M42	M48
c		0.4	0.5			0.6			0.8					1
s_{max}		7	8	10	13	16	18	24	30	36	46	55	65	75
e_{min}	A,B级	7.66	8.79	11.05	14.38	17.77	20.03	26.75	32.95	39.55	50.85	60.79	72.02	82.6
	C级	—	8.63	10.89	14.2	17.59	19.85	26.17	32.95	39.55	50.85	60.79	72.02	82.6
m_{max}	A,B级	3.2	4.7	5.2	6.8	8.4	10.8	14.8	18	21.5	25.6	31	34	38
	C级	—	5.6	6.1	7.9	9.5	12.2	15.9	18.7	22.3	26.4	31.5	34.9	38.9
d_{wmin}	A,B级	5.9	6.9	8.9	11.6	14.6	16.6	22.5	27.7	33.2	42.7	51.1	60.6	69.4
	C级	—	6.9	8.7	11.5	14.5	16.5	22	27.7	33.2	42.7	51.1	60.6	69.4

注：(1) A级用于 D≤16 的螺母；B级用于 D>16 的螺母；C级用于 D≥5 的螺母；

(2) 螺纹公差：A、B级为6H，C级为7H；力学性能等级：A、B级为6、8、10级，C级为4、5级。

附表 7 平垫圈

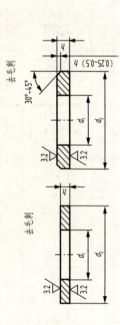

标记示例
标准系列，公称尺寸 d=80，性能等级为 140HV 级，不经表面处理的平垫圈：
垫圈 GB/T97.1—1985 8—140HV

公称尺寸 (螺纹规格) d	3	4	5	6	8	10	12	14	16	20	24	30	36	mm
内径 d_1	3.2	4.3	5.3	6.4	8.4	10.5	13	15	17	21	25	31	37	
外径 d_2	7	9	10	12	16	20	24	28	30	37	44	56	66	
厚度 h	0.5	0.8	1	1.6	1.6	2	2.5	2.5	3	3	4	4	5	

附表 8 标准型弹簧垫圈（GB/T 93—1987）

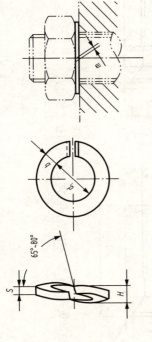

标记示例

规格 16mm，材料为 65Mn，表面氧化的标准型弹簧垫圈：垫圈 GB/T 93—1987 16

规格 （螺纹大径）	4	5	6	8	10	12	16	20	24	30	36	42	48
$d_{1\min}$	4.1	5.1	6.1	8.1	10.2	12.2	16.2	20.2	24.5	30.5	36.5	42.5	48.5
$S=b$ 公称	1.1	1.3	1.6	2.1	2.6	3.1	4.1	5	6	7.5	9	10.5	12
$m\leqslant$	0.55	0.65	0.8	1.05	1.3	1.55	2.05	2.5	3	3.75	4.5	5.25	6
$H_{\max}$	2.75	3.25	4	5.25	6.5	7.75	10.25	12.5	15	18.75	22.5	26.25	30

附表 9　螺钉

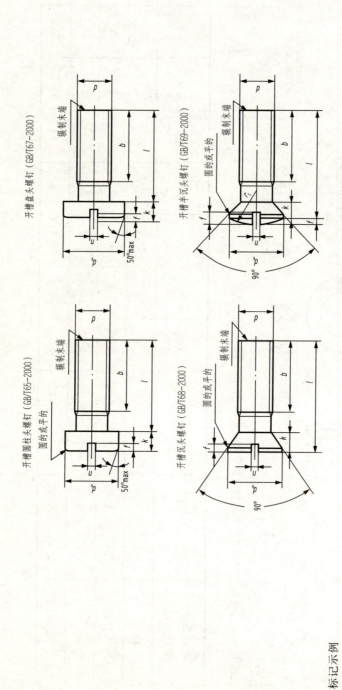

无螺纹部分杆径≈中径或=螺纹大径

标记示例
螺纹规格 d=M5、公称长度 l=20mm、性能等级为 4.8 级、不经表面处理的开槽圆柱头螺钉：
螺钉 GB/T 65—2000 M5×20

附 录

螺纹规格 d	P	b_{min}	n 公称	f GB 69	r_f GB 69	k_{max} GB 65	k_{max} GB 67	k_{max} GB 68 GB 69	d_{kmax} GB 65	d_{kmax} GB 67	d_{kmax} GB 68 GB 69	t_{min} GB 65	t_{min} GB 67	t_{min} GB 68	t_{min} GB 69	l 范围
M3	0.5	25	0.8	0.7	6	1.8	1.8	1.65	5.6	5.6	5.5	0.7	0.7	0.6	1.2	4~30
M4	0.7	38	1.2	1	9.5	2.6	2.4	2.7	7	8	8.4	1.1	1	1	1.6	5~40
M5	0.8	38	1.2	1.2	9.5	3.3	3.0	2.7	8.5	9.5	9.3	1.3	1.2	1.1	2	6~50
M6	1	38	1.6	1.4	12	3.9	3.6	3.3	10	12	11.3	1.6	1.4	1.2	2.4	8~60
M8	1.25	38	2	2	16.5	5	4.8	4.65	13	16	15.8	2	1.9	1.8	3.2	10~80
M10	1.5	38	2.5	2.3	19.5	6	6	5	16	20	18.3	2.4	2.4	2	3.8	12~80

l 系列　4、5、6、8、10、12、(14)、16、20、25、30、35、40、50、(55)、60、(65)、70、(75)、80

附表 10 内六角圆柱头螺钉（GB/T 70.1—2000）

mm

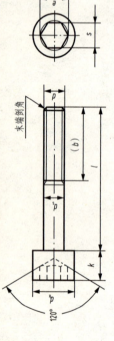

标记示例

螺纹规格 d＝M5、公称长度 l＝20mm、性能等级为 8.8 级、表面氧化的内六角圆柱头螺钉：

螺钉 GB/T70—1985 M5×20

螺纹规格 d	M3	M4	M5	M6	M8	M10	M12	M14	M16	M20	M24
P（螺距）	0.5	0.7	0.8	1	1.25	1.5	1.75	2	2	2.5	3
b 参考	18	20	22	24	28	32	36	40	44	52	60
$d_{k\max}$	5.5	7	8.5	10	13	16	18	21	24	30	36
$k_{\max}$	3	4	5	6	8	10	12	14	16	20	24
$t_{\min}$	1.3	2	2.5	3	4	5	6	7	8	10	12
s 公称	2.5	3	4	5	6	8	10	12	14	17	19
$e_{\min}$	2.87	3.44	4.58	5.72	6.86	9.15	11.43	13.72	16.00	19.44	21.73
$d_{s\max}$						$d_s = d$					
l 范围	5～30	6～40	8～50	10～60	12～80	16～100	20～120	25～140	25～160	30～200	40～200
l≤表中数值时，制出全螺纹	20	25	25	30	35	40	45	55	55	65	80
l 系列	5、6、8、10、12、(14)、(16)、20、25、30、35、40、45、50、(55)、60、(65)、70、80、90、100、110、120、130、140、150、160、180、200、										

注：括号内规格尽可能不采用。

附表 11 紧定螺钉

开槽锥端紧定螺钉（GB/T 71—1985）　开槽平端紧定螺钉（GB/T 73—1985）　开槽长圆柱端紧定螺钉（GB/T 75—1985）

标记示例

螺纹规格 $d=$ M10，公称长度 $l=20$ mm，性能等级为 14H 级、表面氧化的开槽锥端紧定螺钉：

螺钉　GB/T 71—1985　M10×20

螺纹规格 d	P	$d_f \approx$	d_{tmax}	d_{pmax}	n 公称	t min	t max	Z_{min}	l 公称
M3	0.5	螺纹小径	0.3	2	0.4	0.8	1.05	1.5	4～16
M4	0.7		0.4	2.5	0.6	1.12	1.42	2	6～20
M5	0.8		0.5	3.5	0.8	1.28	1.63	2.5	8～25
M6	1		1.5	4	1	1.6	2	3	8～30
M8	1.25		2	5.5	1.2	2	2.5	4	10～40
M10	1.5		2.5	7	1.6	2.4	3	5	12～50
M12	1.75		3	8.5	2	2.8	3.6	6	14～16
l 系列	4、5、6、8、10、12、(14)、16、20、25、30、40、45、50、(55)、60								

附表 12 普通平键

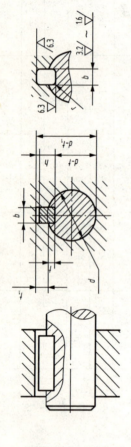

GB/T 1095—2003 平键及键槽的断面尺寸

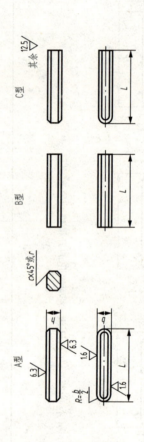

GB/T 1096—2003 普通平键型式尺寸

标记示例

平头普通平键,B型,$b=16$mm,$h=10$mm,$L=100$mm:键 B16×100 GB/T 1096—2003

附　录

轴径 d	键的公称尺寸			键槽						深度				半径 r	
				宽度 b						轴 t		毂 t_1			
				偏差											
				较松键连接		一般键连接		较紧键连接							
	b	h	L	轴 H9	毂 D10	轴 N9	毂 Js9	轴和毂 P9			偏差		偏差	最小	最大
6～8	2	2	6～20	+0.025 0	+0.060 +0.020	−0.004 −0.029	±0.0125	−0.006 −0.031		2	+0.1 0	1	+0.2 0	0.08	0.16
>8～10	3	3	6～36							1.8		1.4			
>10～12	4	4	8～45	+0.030 0	+0.078 +0.030	0 −0.030	±0.015	−0.012 −0.042		2.5		1.8		0.16	0.25
>12～17	5	5	10～56							3.0		2.3			
>17～22	6	6	14～70							3.5		2.8			
>22～30	8	7	18～90	+0.036 0	+0.098 +0.040	0 −0.036	±0.018	−0.015 −0.051		4.0		3.3		0.25	0.40
>30～38	10	8	22～110							5.0		3.3			
>38～44	12	8	28～140	+0.043 0	+0.120 +0.050	0 −0.043	±0.0215	−0.018 −0.061		5.0	+0.2 0	3.3	+0.2 0		
>44～50	14	9	36～160							5.5		3.8			
>50～58	16	10	45～180							6.0		4.3			
>58～65	18	11	50～200							7.0		4.4			

l 系列　6,8,10,12,14,16,18,20,22,25,28,32,36,40,45,50,56,63,70,80,90,100,110,125,140,160,180,200

注：$(d-t)$ 和 $(d+t_1)$ 的偏差按相应的 t 和 t_1 的偏差选取，但 $(d-t)$ 的偏差值应取负号。

附表 13 圆柱销（GB/T 119.1—2000）

A 型　$d_{公差}$:m6　　B 型　$d_{公差}$:h8　　C 型　$d_{公差}$:h11　　D 型　$d_{公差}$:u8

标记示例

公称直径 $d=8$mm,长度 $l=30$mm,材料 35 钢,热处理硬度 28～38HRC,表面氧化处理的 A 型圆柱销：
销 GB/T 119.1—2000　A8×30
公称直径 $d=8$mm,长度 $l=30$mm,材料 35 钢,热处理硬度 28～38HRC,表面氧化处理的 B 型圆柱销：
销 GB/T 119.1—2000　8×30

mm

d 公称	2	2.5	3	4	5	6	8	10	12	16	20
$a\approx$	0.25	0.3	0.4	0.5	0.63	0.80	1.0	1.2	1.6	2.0	2.5
$c\approx$	0.35	0.40	0.50	0.63	0.80	1.2	1.6	2.0	2.5	3.0	3.5
l（商品范围）	6～20	6～24	8～30	8～30	10～50	12～60	14～80	16～95	22～140	26～180	35～200
l 系列	6,8,10,12,14,16,18,20,22,24,26,28,30,32,35,40,45,50,55,60,65,70,75,80,85,90,95,100,120,140,160,180,200											

附表 14 圆锥销 (GB/T 117—2000)

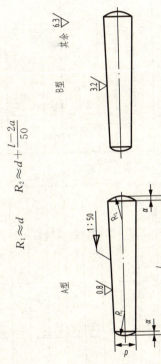

$R_1 \approx d \qquad R_2 \approx d + \dfrac{l-2a}{50}$

标记示例

公称直径 $d=10$mm, 长度 $l=60$mm, 材料 35 钢, 热处理硬度 28~38HRC, 表面氧化处理的 A 型圆锥销: 销 GB/T 117—2000 A10×60

mm

d 公称	2	3	4	5	6	8	10	12	16	20
$a \approx$	0.25	0.4	0.5	0.63	0.8	1	1.2	1.6	2	2.5
l(商品范围)	10~35	12~45	14~65	18~60	22~90	22~120	26~160	32~180	40~200	45~200
l 系列	10,12,14,16,18,20,22,24,26,28,30,32,35,40,45,50,55,60,65,70,75,80,85,90,95,100,120,140,160,180,200									

附表 15 深沟球轴承（GB/T 276—1994）

类型代号 6

标记示例
尺寸系列代号为（02）、内径代号为 06 的深沟球轴承：
滚动轴承 6206 GB/T 276—1994

mm

轴承代号	外形尺寸			轴承代号	外形尺寸		
	d	D	B		d	D	B
6004	20	42	12	6304	20	52	15
6005	25	47	12	6305	25	62	17
6006	30	55	13	6306	30	72	19
6007	35	62	14	6307	35	80	21
6008	40	68	15	6308	40	90	23
6009	45	75	16	6309	45	100	25
6010	50	80	16	6310	50	110	27
6011	55	90	18	6311	55	120	29
6012	60	95	18	6312	60	130	31
6013	65	100	18	6313	65	140	33
6014	70	110	20	6314	70	150	35
6015	75	115	20	6315	75	160	37
6016	80	125	22	6316	80	170	39
6017	85	130	22	6317	85	180	41
6018	90	140	24	6318	90	190	43
6019	95	145	24	6319	95	200	45
6020	100	150	24	6320	100	215	47
01 系列				03 系列			

(续表)

轴承代号	外形尺寸 d	外形尺寸 D	外形尺寸 B	轴承代号	外形尺寸 d	外形尺寸 D	外形尺寸 B
6204	20	47	14	6404	20	72	19
6205	25	52	15	6405	25	80	21
6206	30	62	16	6406	30	90	23
6207	35	72	17	6407	35	100	25
6208	40	80	18	6408	40	110	27
6209	45	85	19	6409	45	120	29
6210	50	90	20	6410	50	130	31
6211	55	100	21	6411	55	140	33
6212	60	110	22	6412	60	150	35
6213	65	120	23	6413	65	160	37
6214	70	125	24	6414	70	180	42
6215	75	130	25	6415	75	190	45
6216	80	140	26	6416	80	200	48
6217	85	150	28	6417	85	210	52
6218	90	160	30	6418	90	225	54
6219	95	170	32	6419	95	240	55
6220	100	180	34	6420	100	250	58

02 系列   04 系列

附表 16 圆锥滚子轴承（GB/T 297—1994）

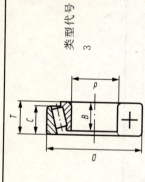

标记示例

类型代号 3

尺寸系列代号为 03、内径代号为 12 的圆锥滚子轴承：
滚动轴承 30312 GB/T 297—1994

轴承代号	d	D	外形尺寸 T	B	C	轴承代号	d	D	外形尺寸 T	B	C
30204	20	47	15.25	14	12	32204	20	47	19.25	18	15
30205	25	52	16.25	15	13	32205	25	52	19.25	18	16
30206	30	62	17.25	16	14	32206	30	62	21.25	20	17
30207	35	72	18.25	17	15	32207	35	72	24.25	23	19
30208	40	80	19.75	18	16	32208	40	80	24.75	23	19
30209	45	85	20.75	19	16	32209	45	85	24.75	23	19
30210	50	90	21.75	20	17	32210	50	90	24.75	23	19
30211	55	100	22.75	21	18	32211	55	100	26.75	25	21
30212	60	110	23.75	22	19	32212	60	110	29.75	28	24
30213	65	120	24.75	23	20	32213	65	120	32.75	31	27
30214	70	125	26.25	24	21	32214	70	125	33.25	31	27
30215	75	130	27.25	25	22	32215	75	130	33.25	31	27
30216	80	140	28.25	26	22	32216	80	140	35.25	33	28
30217	85	150	30.50	28	24	32217	85	150	38.50	36	30
30218	90	160	32.50	30	26	32218	90	160	42.50	40	34
30219	95	170	34.50	32	27	32219	95	170	45.50	43	37
30220	100	180	37	34	29	32220	100	180	49	46	39

02 系列 / 22 系列

mm

(续表)

轴承代号	外形尺寸						轴承代号	外形尺寸					
	d	D	T	B	C			d	D	T	B	C	
30304	20	52	16.25	15	13		32304	20	52	22.25	21	18	
30305	25	62	18.25	17	15		32305	25	62	25.25	24	20	
30306	30	72	20.75	19	16		32306	30	72	28.75	27	23	
30307	35	80	22.75	21	18		32307	35	80	32.75	31	25	
30308	40	90	25.25	23	20		32308	40	90	35.25	33	27	
30309	45	100	27.25	25	22		32309	45	100	38.25	36	30	
30310	50	110	29.25	27	23		32310	50	110	42.25	40	33	
30311	55	120	31.50	29	25		32311	55	120	45.50	43	35	
30312	60	130	33.50	31	26		32312	60	130	48.50	46	37	
30313	65	140	36	33	28		32313	65	140	51	48	39	
30314	70	150	38	35	30		32314	70	150	54	51	42	
30315	75	160	40	37	31		32315	75	160	58	55	45	
30316	80	170	42.50	39	33		32316	80	170	61.50	58	48	
30317	85	180	44.50	41	34		32317	85	180	63.50	60	49	
30318	90	190	46.50	43	36		32318	90	190	67.50	64	53	
30319	95	200	49.50	45	38		32319	95	200	71.50	67	55	
30320	100	215	51.50	47	39		32320	100	215	77.50	73	60	

03 系列　　　　　　　　　　　23 系列

附表 17 推力球轴承（GB/T 301—1995）

类型代号 5

标记示例：
尺寸系列代号为 13，内径代号为 10 的推力轴承：
滚动轴承 51310 GB/T 301—1995

单位：mm

轴承代号	外形尺寸 d	D	T	d_{1min}	轴承代号	外形尺寸 d	D	T	d_{1min}
51104	20	35	10	21	51304	20	47	18	22
51105	25	42	11	26	51305	25	52	18	27
51106	30	47	11	32	51306	30	60	21	32
51107	35	52	12	37	51307	35	68	24	37
51108	40	60	13	42	51308	40	78	26	42
51109	45	65	14	47	51309	45	85	28	47
51110	50	70	14	52	51310	50	95	31	52
51111	55	78	16	57	51311	55	105	35	57
51112	60	85	17	62	51312	60	110	35	62
51113	65	90	18	67	51313	65	115	36	67
51114	70	95	18	72	51314	70	125	40	72
51115	75	100	19	77	51315	75	135	44	77
51116	80	105	19	82	51316	80	140	44	82
51117	85	110	19	87	51317	85	150	49	88
51118	90	120	22	92	51318	90	155	50	93
51120	100	135	25	102	51320	100	170	55	103
11 系列					13 系列				

(续表)

轴承代号	外形尺寸				轴承代号	外形尺寸			
	d	D	T	$d_{1\min}$		d	D	T	$d_{1\min}$
51204	20	40	14	22	51405	25	60	24	27
51205	25	47	15	27	51406	30	70	28	32
51206	30	52	16	32	51407	35	80	32	37
51207	35	62	18	37	51408	40	90	36	42
51208	40	68	19	42	51409	45	100	39	47
51209	45	73	20	47	51410	50	110	43	52
51210	50	78	22	52	51411	55	120	48	57
51211	55	90	25	57	51412	60	130	51	62
51212	60	95	26	62	51413	65	140	56	68
51213	65	100	27	67	51414	70	150	60	73
51214	70	105	27	72	51415	75	160	65	78
51215	75	110	27	77	51416	80	170	68	83
51216	80	115	28	82	51417	85	180	72	88
51217	85	125	31	88	51418	90	190	77	93
51218	90	135	35	93	51420	100	210	85	103
51220	100	150	38	103	51422	110	230	95	113

12 系列

14 系列

附表 18 紧固件通孔及沉头座尺寸（GB/T 152.2～152.4—1988 GB/T 5277—1985）(mm)

螺纹规格 d			4	5	6	8	10	12	14	16	20	24
通孔直径 d_1 GB/T 5277—1985	精装配		4.3	5.3	6.4	8.4	10.5	13	15	17	21	25
	中等装配		4.5	5.5	6.6	9	11	13.5	15.5	17.5	22	26
	粗装配		4.8	5.8	7	10	12	14.5	16.5	18.5	24	28
六角螺栓和螺母用沉孔 GB/T 152.4—1988	用于六角螺栓及六角螺母	d_2 (H15)	10	11	13	18	22	26	30	33	40	48
		d_3	—	—	—	—	—	16	18	20	24	28
		t	锪平为止									
圆柱头用沉孔 GB/T 152.3—1988	用于内六角圆柱螺钉	d_2 (H13)	8	10	11	15	18	20	24	26	33	40
		d_3	—	—	—	—	—	16	18	20	24	28
		t (H13)	4.6	5.7	6.8	9	11	13	15	17.5	21.5	25.5
	用于开槽圆柱头及内六角圆柱头螺钉	d_2 (H13)	8	10	11	15	18	20	24	26	33	—
		d_3	—	—	—	—	—	16	18	20	24	—
		t (H13)	3.2	4	4.7	6	7	8	9	10.5	12.5	—

(续表)

螺纹规格 d		4	5	6	8	10	12	14	16	20	24
沉头用沉孔 GB/T 152.2—1988	用于沉头及半沉头螺钉 d_2 (H13)	9.6	10.6	12.8	17.6	20.3	24.4	28.4	32.4	40.4	—
	$t\approx$	2.7	2.7	3.3	4.6	5	6	7	8	10	—

注：尺寸下带括号的为其公差带。

附表 19　倒角和倒圆（GB/T 6403.4—1986）

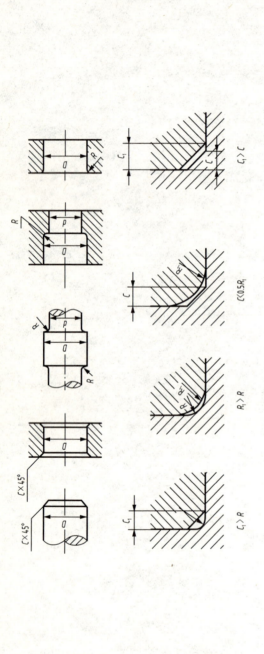

直径 D	>3~6	>6~10	>10~18	>18~30	>30~50	>50~80	>80~120	>120~180
R 或 C	0.4	0.6	0.8	1	1.6	2	2.5	3
R_1 或 C_1	0.8	1.2	1.6	2	3	4	5	6

注：倒角一般采用 45°，也可采用 30° 或 60°。

附表 20 砂轮越程槽 (GB/T 6403.5—1986)

mm

d	~10		>10~15		>50~100		>100	
b_1	0.6	1.0	1.6	2.0	3.0	4.0	5.0	8.0	10
b_2	2.0	3.0		4.0		5.0		8.0	10
h	0.1	0.2		0.3		0.4		0.6	0.8	1.2
r	0.2	0.5		0.8		1.0		1.6	2.0	3.0

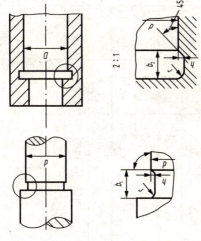

附表 21 普通螺纹退刀槽和刀槽和倒角 (GB/T 3—1997)

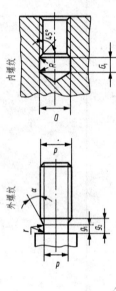

mm

	螺距 P	0.5	0.6	0.7	0.75	0.8	1	1.25	1.5	1.75	2	2.5	3
外螺纹	g_{2max}	1.5	1.8	2.1	2.25	2.4	3	3.75	4.5	5.25	6	7.5	9
	g_{1min}	0.8	0.9	1.1	1.2	1.3	1.6	2	2.5	3	3.4	4.4	5.2
	d_g	d−0.8	d−1	d−1.1	d−1.2	d−1.3	d−1.6	d−2	d−2.3	d−2.6	d−3	d−3.6	d−4.4
	$r \approx$	0.2	0.4	0.4	0.4	0.4	0.6	0.6	0.8	1	1	1.2	1.6
	始端端面倒角一般为 45°，也可采用 60°或 30°；深度应大于或等于螺纹牙型高度；过渡角 α 不应小于 30°												
内螺纹	G_1	2	2.4	2.8	3	3.2	4	5	6	7	8	10	12
	D_g	D+0.3								D+0.5			
	$R \approx$	0.2	0.3	0.4	0.4	0.4	0.5	0.6	0.8	0.9	1	1.2	1.5
	入口端端面倒角一般为 120°，也可采用 90°；端面倒角直径为 (1.05～1)D。其中 D 为螺纹公称直径代号。												

表22 基本尺寸小于500mm的标准公差

(μm)

基本尺寸 (mm)	公差等级																		
	IT01	IT0	IT1	IT2	IT3	IT4	IT5	IT6	IT7	IT8	IT9	IT10	IT11	IT12	IT13	IT14	IT15	IT16	IT17	IT18
≤3	0.3	0.5	0.8	1.2	2	3	4	6	10	14	25	40	60	100	140	250	400	600	1000	1400
>3~6	0.4	0.6	1	1.5	2.5	4	5	8	12	18	30	48	75	120	180	300	480	750	1200	1800
>6~10	0.4	0.6	1	1.5	2.5	4	6	9	15	22	36	58	90	150	220	360	580	900	1500	2200
>10~18	0.5	0.8	1.2	2	3	5	8	11	18	27	43	70	110	180	270	430	700	1100	1800	2700
>18~30	0.6	1	1.5	2.5	4	6	9	13	21	33	52	84	130	210	330	520	840	1300	2100	3300
>30~50	0.7	1	1.5	2.5	4	7	11	16	25	39	62	100	160	250	390	620	1000	1600	2500	3900
>50~80	0.8	1.2	2	3	5	8	13	19	30	46	74	120	190	300	460	740	1200	1900	3000	4600
>80~120	1	1.5	2.5	4	6	10	15	22	35	54	87	140	220	350	540	870	1400	2200	3500	5400
>120~180	1.2	2	3.5	5	8	12	18	25	40	63	100	160	250	400	630	1000	1600	2500	4000	6300
>180~250	2	3	4.5	7	10	14	20	29	46	72	115	185	290	460	720	1150	1850	2900	4600	7200
>250~315	2.5	4	6	8	12	16	23	32	52	81	130	210	320	520	810	1300	2100	3200	5200	8100
>315~400	3	5	7	9	13	18	25	36	57	89	140	230	360	570	890	1400	2300	3600	5700	8900
>400~500	4	6	8	10	15	20	27	40	63	97	155	250	400	630	970	1550	2500	4000	6300	9700

附表 23 基本尺寸至 500mm 优先常用配合轴的极限偏差表 (μm)

代号	c	d			e			f			g			公　差　等　级 h						js
基本尺寸/mm	11	8	9		7	8		7	8		6	7	5	6	7	8	9	10	11	6
≤3	−60 −120	−20 −34	−20 −45		−14 −24	−14 −28		−6 −16	−6 −20		−2 −8	−2 −12	0 −4	0 −6	0 −10	0 −14	0 −25	0 −40	0 −60	±3
>3～6	−70 −145	−30 −48	−30 −60		−20 −32	−20 −38		−10 −22	−10 −28		−4 −12	−4 −16	0 −5	0 −8	0 −12	0 −18	0 −30	0 −48	0 −75	±4
>6～10	−80 −170	−40 −62	−40 −76		−25 −40	−25 −47		−13 −28	−13 −35		−5 −14	−5 −20	0 −6	0 −9	0 −15	0 −22	0 −36	0 −58	0 −90	±4.5
>10～14 >14～18	−95 −205	−50 −77	−50 −93		−32 −50	−32 −59		−16 −34	−16 −43		−6 −17	−6 −24	0 −8	0 −11	0 −18	0 −27	0 −43	0 −70	0 −110	±5.5
>18～24 >24～30	−110 −240	−65 −98	−65 −117		−40 −61	−40 −73		−20 −41	−20 −53		−7 −20	−7 −28	0 −9	0 −13	0 −21	0 −33	0 −52	0 −84	0 −130	±6.5
>30～40 >40～50	−120 −280 −130 −290	−80 −119	−80 −142		−50 −75	−50 −89		−25 −50	−25 −64		−9 −25	−9 −34	0 −11	0 −16	0 −25	0 −39	0 −62	0 −100	0 −160	±8
>50～65 >65～80	−140 −330 −150 −340	−100 −146	−100 −174		−60 −90	−60 −106		−30 −60	−30 −76		−10 −29	−10 −40	0 −13	0 −19	0 −30	0 −46	0 −74	0 −120	0 −190	±9.5

（续表）

尺寸																	
>80~100	-170 -390	-120 -174	-120 -207	-72 -107	-72 -126	-36 -71	-36 -90	-12 -34	-12 -47	0 -15	0 -22	0 -35	0 -54	0 -87	0 -140	0 -220	±11
>100~120	-180 -400																
>120~140	-200 -450	-145 -208	-145 -245	-85 -125	-85 -148	-43 -83	-43 -106	-14 -39	-14 -54	0 -18	0 -25	0 -40	0 -63	- -100	0 -160	0 -250	±12.5
>140~160	-210 -460																
>160~180	-230 -480																
>180~200	-240 -530	-170 -242	-170 -285	-100 -146	-100 -172	-50 -96	-50 -122	-15 -44	-15 -61	0 -20	0 -29	0 -46	0 -72	0 -115	0 -185	0 -290	±14.5
>200~225	-260 -550																
>225~250	-280 -570																
>250~280	-300 -620	-190 -271	-190 -320	-110 -162	-110 -191	-56 -108	-56 -137	-17 -49	-17 -69	0 -23	0 -32	0 -52	0 -81	0- -130	0 -210	0 -320	±16
>280~315	-330 -650																
>315~355	-360 -720	-210 -290	-210 -350	-125 -182	-125 -214	-62 -119	-62 -151	-18 -54	-18 -75	0 -25	0 -36	0 -57	0 -89	0 -140	0 -230	0 -360	±18
>355~400	-400 -760																
>400~450	-440 -840	-230 -327	-230 -385	-135 -198	-135 -232	-68 -131	-68 -165	-20 -60	-20 -83	0 -27	0 -40	0 -63	0 -97	0 -155	0 -250	0 -400	±20
>450~500	-480 -880																

（续表）

机 械 制 图

	k		m		n		p		r		s		t		u	v	x	y	z
公差等级	6	7	6	7	5	6	6	7	6	7	5	6	6	7	6	6	6	6	6
	+6 / 0	+10 / 0	+8 / +2	+12 / +2	+8 / +4	+10 / +4	+12 / +6	+16 / +6	+16 / +10	+20 / +10	+18 / +14	+20 / +14	—	—	+24 / +18	—	+26 / +20	—	+32 / +26
	+9 / +1	+13 / +1	+12 / +4	+16 / +4	+13 / +8	+16 / +8	+20 / +12	+24 / +12	+23 / +15	+27 / +15	+24 / +19	+27 / +19	—	—	+31 / +23	—	+36 / +28	—	+43 / +35
	+10 / +1	+16 / +1	+15 / +6	+21 / +6	+16 / +10	+19 / +10	+24 / +15	+30 / +15	+28 / +19	+34 / +19	+29 / +23	+32 / +23	—	—	+37 / +28	—	+43 / +34	—	+51 / +42
	+12 / +1	+19 / +1	+18 / +7	+25 / +7	+20 / +12	+23 / +12	+29 / +18	+36 / +18	+34 / +23	+41 / +23	+36 / +28	+39 / +28	—	—	+44 / +33	—	+51 / +40	—	+61 / +50
	+15 / +2	+23 / +2	+21 / +8	+29 / +8	+24 / +15	+28 / +15	+35 / +22	+43 / +22	+41 / +28	+49 / +28	+44 / +35	+48 / +35	—	—	+54 / +41	+55 / +39	+67 / +54	+76 / +63	+86 / +73
													+54 / +41	+62 / +41		+60 / +47	+56 / +45		+71 / +60
	+18 / +2	+27 / +2	+25 / +9	+34 / +9	+28 / +17	+33 / +17	+42 / +26	+51 / +26	+50 / +34	+59 / +34	+54 / +43	+59 / +43	+64 / +48	+73 / +48	+61 / +48	+68 / +55	+77 / +64	+88 / +75	+101 / +88
													+70 / +54	+79 / +54	+76 / +60	+84 / +68	+96 / +80	+110 / +94	+128 / +112
	+21 / +2	+32 / +2	+30 / +11	+41 / +11	+33 / +20	+39 / +20	+51 / +32	+62 / +32	+60 / +41	+71 / +41	+66 / +53	+72 / +53	+85 / +66	+96 / +66	+86 / +70	+97 / +81	+113 / +97	+130 / +114	+152 / +136
									+62 / +43	+73 / +43	+72 / +59	+78 / +59	+94 / +75	+105 / +75	+106 / +87	+121 / +102	+141 / +122	+163 / +144	+191 / +172
															+121 / +102	+139 / +120	+165 / +146	+193 / +174	+229 / +210

（续表）

+280	+258	+332	+310	+390	+365	+440	+415	+490	+465	+549	+520	+604	+575	+669	+640	+742	+710	+822	+790	+936	+900	+1036	+1000	+1140	+1100	+1290	+1250
+236	+214	+276	+254	+325	+300	+365	+340	+405	+380	+454	+425	+499	+470	+549	+520	+612	+580	+682	+650	+766	+730	+856	+820	+960	+920	+1040	+1000
+200	+178	+232	+210	+273	+248	+305	+280	+335	+310	+379	+350	+414	+385	+455	+425	+507	+475	+557	+525	+626	+590	+696	+660	+780	+740	+860	+820
+168	+146	+194	+172	+227	+202	+253	+228	+277	+252	+313	+284	+339	+310	+369	+340	+417	+385	+457	+425	+511	+475	+566	+530	+635	+595	+700	+660
+146	+124	+166	+144	+195	+170	+215	+190	+235	+210	+265	+236	+287	+258	+313	+284	+347	+315	+382	+350	+426	+390	+471	+435	+530	+490	+580	+540
+126	+91	+139	+104	+162	+122	+174	+134	+186	+146	+212	+166	+226	+180	+242	+196	+270	+218	+292	+240	+325	+268	+351	+294	+393	+330	+423	+360
+113	+91	+126	+104	+147	+122	+159	+134	+171	+146	+195	+166	+209	+180	+221	+196	+250	+218	+272	+240	+304	+268	+330	+294	+370	+330	+400	+360
+93	+71	+101	+79	+117	+92	+125	+100	+133	+108	+151	+122	+159	+130	+169	+140	+190	+158	+202	+170	+226	+190	+244	+208	+272	+232	+292	+252
+86	+71	+94	+79	+110	+92	+118	+100	+126	+108	+142	+122	+150	+130	+160	+140	+181	+158	+193	+170	+215	+190	+233	+208	+259	+232	+279	+252
+86	+51	+89	+54	+103	+63	+105	+65	+108	+68	+123	+77	+126	+80	+130	+84	+146	+94	+150	+98	+165	+108	+171	+114	+189	+126	+195	+132
+73	+51	+76	+54	+88	+63	+90	+65	+93	+68	+106	+77	+109	+80	+113	+84	+126	+94	+130	+98	+144	+108	+150	+114	+166	+126	+172	+132
		+72	+37			+83	+43			+96	+50			+108	+56			+119	+62			+131	+68				
		+59	+37			+68	+43			+79	50			+88	+56			+98	+62			+108	+68				
		+45	+23			+52	+27			+60	+31			+66	+34			+73	+37			+80	+40				
		+38	+23			+45	+27			+51	+31			+57	+34			+62	+37			+67	+40				
		+48	+13			+55	+15			+63	+17			+72	+20			+78	+21			+86	+23				
		+35	+13			+40	+15			+46	+17			+52	+20			+57	+21			+63	+23				
		+38	+3			+43	+3			+50	+4			+56	+4			+61	+4			+68	+5				
		+25	+3			+28	+3			+33	+4			+36	+4			+40	+4			+45	+5				

附表 24　基本尺寸至 500mm 优先常用配合孔的极限偏差表

(μm)

代号 基本尺寸/mm	C 11	D 9	D 10	E 8	E 9	公　差　等　级 F 8	F 9	G 6	G 7	H 6	H 7	H 8	H 9	H 10	H 11	H 12
≤3	+120 +60	+45 +20	+60 +20	+28 +14	+39 +14	+20 +6	+31 +6	+8 +2	+12 +2	+6 0	+10 0	+14 0	+25 0	+40 0	+60 0	+100 0
>3～6	+145 +70	+60 +30	+78 +30	+38 +20	+50 +20	+28 +10	+40 +10	+12 +4	+16 +4	+8 0	+12 0	+18 0	+30 0	+48 0	+75 0	+120 0
>6～10	+170 +80	+76 +40	+98 +40	+47 +25	+61 +25	+35 +13	+49 +13	+14 +5	+20 +5	+9 0	+15 0	+22 0	+36 0	+58 0	+90 0	+150 0
>10～14	+205 +95	+93 +50	+120 +50	+59 +32	+75 +32	+43 +16	+59 +16	+17 +6	+24 +6	+11 0	+18 0	+27 0	+43 0	+70 0	+110 0	+180 0
>14～18	+205 +95	+93 +50	+120 +50	+59 +32	+75 +32	+43 +16	+59 +16	+17 +6	+24 +6	+11 0	+18 0	+27 0	+43 0	+70 0	+110 0	+180 0
>18～24	+240 +110	+117 +65	+149 +65	+73 +40	+92 +40	+53 +20	+72 +20	+20 +7	+28 +7	+13 0	+21 0	+33 0	+52 0	+84 0	+130 0	+210 0
>24～30	+240 +110	+117 +65	+149 +65	+73 +40	+92 +40	+53 +20	+72 +20	+20 +7	+28 +7	+13 0	+21 0	+33 0	+52 0	+84 0	+130 0	+210 0
>30～40	+280 +120	+142 +80	+180 +80	+89 +50	+112 +50	+64 +25	+87 +25	+25 +9	+34 +9	+16 0	+25 0	+39 0	+62 0	+100 0	+160 0	+250 0
>40～50	+290 +130	+142 +80	+180 +80	+89 +50	+112 +50	+64 +25	+87 +25	+25 +9	+34 +9	+16 0	+25 0	+39 0	+62 0	+100 0	+160 0	+250 0
>50～65	+330 +140	+174 +100	+220 +100	+106 +60	+134 +60	+76 +30	+104 +30	+29 +10	+40 +10	+19 0	+30 0	+46 0	+74 0	+120 0	+190 0	+300 0
>65～80	+340 +150	+174 +100	+220 +100	+106 +60	+134 +60	+76 +30	+104 +30	+29 +10	+40 +10	+19 0	+30 0	+46 0	+74 0	+120 0	+190 0	+300 0

（续表）

尺寸范围 (mm)															
>80~100	+390/+170	+207/+120	+159/+72	+126/+72	+90/+36	+123/+36	+34/+12	+47/+12	+22/0	+35/0	+54/0	+87/0	+140/0	+220/0	+350/0
>100~120	+400/+180	+207/+120	+159/+72	+126/+72	+90/+36	+123/+36	+34/+12	+47/+12	+22/0	+35/0	+54/0	+87/0	+140/0	+220/0	+350/0
>120~140	+450/+200	+245/+145	+185/+85	+148/+85	+106/+43	+143/+43	+39/+14	+54/+14	+25/0	+40/0	+63/0	+100/0	+160/0	+250/0	+400/0
>140~160	+460/+210	+245/+145	+185/+85	+148/+85	+106/+43	+143/+43	+39/+14	+54/+14	+25/0	+40/0	+63/0	+100/0	+160/0	+250/0	+400/0
>160~180	+480/+230	+245/+145	+185/+85	+148/+85	+106/+43	+143/+43	+39/+14	+54/+14	+25/0	+40/0	+63/0	+100/0	+160/0	+250/0	+400/0
>180~200	+530/+240	+285/+170	+215/+100	+172/+100	+122/+50	+165/+50	+44/+15	+61/+15	+29/0	+46/0	+72/0	+115/0	+185/0	+290/0	+460/0
>200~225	+550/+260	+285/+170	+215/+100	+172/+100	+122/+50	+165/+50	+44/+15	+61/+15	+29/0	+46/0	+72/0	+115/0	+185/0	+290/0	+460/0
>225~250	+570/+280	+285/+170	+215/+100	+172/+100	+122/+50	+165/+50	+44/+15	+61/+15	+29/0	+46/0	+72/0	+115/0	+185/0	+290/0	+460/0
>250~280	+620/+300	+320/+190	+240/+110	+191/+110	+137/+56	+186/+56	+49/+17	+69/+17	+32/0	+52/0	+81/0	+130/0	+210/0	+320/0	+520/0
>280~315	+650/+330	+320/+190	+240/+110	+191/+110	+137/+56	+186/+56	+49/+17	+69/+17	+32/0	+52/0	+81/0	+130/0	+210/0	+320/0	+520/0
>315~355	+720/+360	+350/+210	+265/+125	+214/+125	+151/+62	+202/+62	+54/+18	+75/+18	+36/0	+57/0	+89/0	+140/0	+230/0	+360/0	+570/0
>355~400	+760/+400	+350/+210	+265/+125	+214/+125	+151/+62	+202/+62	+54/+18	+75/+18	+36/0	+57/0	+89/0	+140/0	+230/0	+360/0	+570/0
>400~450	+840/+440	+385/+230	+290/+135	+232/+135	+165/+68	+223/+68	+60/+20	+83/+20	+40/0	+63/0	+97/0	+155/0	+250/0	+400/0	+630/0
>450~500	+880/+480	+385/+230	+290/+135	+232/+135	+165/+68	+223/+68	+60/+20	+83/+20	+40/0	+63/0	+97/0	+155/0	+250/0	+400/0	+630/0

（续表）

Js		K		M		N		P		R		S		T		U
7	8	6	7	7	8	6	7	6	7	6	7	6	7	6	7	6
±5	±7	0/−6	0/−10	−2/−12	−2/−16	−4/−10	−4/−14	−6/−12	−6/−16	−10/−16	−10/−20	−14/−20	−14/−24	—	—	−18/−24
±6	±9	+2/−6	+3/−9	0/−12	+2/−16	−5/−13	−4/−16	−9/−17	−8/−20	−12/−20	−11/−23	−16/−24	−15/−27	—	—	−20/−28
±7	±11	+2/−7	+5/−10	0/−15	+1/−21	−7/−16	−4/−19	−12/−21	−9/−24	−16/−25	−13/−28	−20/−29	−17/−32	—	—	−25/−34
±9	±13	+2/−9	+6/−12	0/−18	+2/−25	−9/−20	−9/−23	−15/−26	−11/−29	−20/−31	−16/−34	−25/−36	−21/−39	—	—	−30/−41
±10	±16	+2/−11	+6/−15	0/−21	+4/−29	−11/−24	−7/−28	−18/−31	−14/−35	−24/−37	−20/−41	−31/−44	−27/−48	—	—	−37/−50
														−37/−50	−33/−54	−44/−57
±12	±19	+3/−13	+7/−18	0/−25	+5/−34	−12/−28	−8/−33	−21/−37	−17/−42	−29/−45	−25/−50	−38/−54	−34/−59	−43/−59	−39/−64	−55/−71
														−49/−65	−45/−70	−65/−81
±15	±23	+4/−15	+9/−21	0/−30	+5/−41	−14/−33	−9/−39	−26/−45	−21/−51	−35/−54	−30/−60	−47/−66	−42/−72	−60/−79	−55/−85	−81/−100
										−37/−56	−32/−62	−53/−72	−48/−72	−69/−88	−64/−94	−96/−115
±17	±27	+4/−18	+10/−25	0/−35	+6/−48	−16/−38	−10/−45	−30/−52	−24/−59	−44/−66	−38/−73	−64/−86	−58/−93	−84/−106	−78/−113	−117/−139
										−47/−69	−41/−76	−72/−94	−66/−101	−97/−119	−91/−126	−137/−159

(续表)

−163 −188	−183 −208	−227 −256	−249 −278	−275 −304	−306 −338	−341 −373	−379 −415	−424 −460	−477 −517	−527 −567
−107 −147	−119 −159	−149 −195	−163 −209	−179 −225	−198 −250	−220 −272	−247 −304	−273 −330	−307 −370	−337 −400
−115 −140	−127 −152	−157 −186	−171 −200	−187 −216	−209 −241	−231 −263	−257 −293	−283 −319	−317 −357	−247 −287
−77 −117	−85 −125	−105 −151	−113 −159	−123 −169	−138 −190	−150 −202	−169 −226	−187 −244	−209 −272	−229 −292
−85 −110	−93 −118	−113 −142	−121 −150	−131 −160	−149 −181	−131 −193	−179 −215	−197 −233	−219 −259	−239 −279
−48 −88	−50 −90	−60 −106	−63 −109	−67 −113	−74 −126	−78 −130	−87 −144	−93 −150	−103 −166	−109 −172
−56 −81	−58 −83	−68 −97	−71 −100	−75 −104	−85 −117	−89 −121	−97 −133	−103 −139	−113 −153	−119 −159
−28 −68		−33 −79			−36 −88		−14 −98		−45 −108	
−36 −61		−41 −70			−47 −79		−51 −87		−55 −95	
−12 −52		−14 −60			−14 −66		−16 −73		−17 −80	
−20 −45		−22 −51			−25 −57		−26 −62		−27 −67	
+8 −55		+9 −63			+9 −72		+11 −78		+11 −86	
0 −40		0 −46			0 −52		0 −57		0 −63	
+12 −28		+13 −33			+16 −36		+17 −40		+18 −45	
+4 −21		+5 −24			+5 −27		+7 −29		+8 −32	
±31		±36			±40		±44		±48	
±20		±23			±26		±28		±31	

附表 25 常用金属材料

标准、名称	牌 号	应用举例	说 明
GB/T700—1988 碳素结构钢	Q215A Q214A—F	金属结构构件，拉杆，套圈，铆钉，螺栓，短轴，心轴，凸轮（载荷不大的），吊钩，垫圈；渗碳零件及焊接件	Q 为钢材屈服点"屈"字汉语拼音首位字母，数字表示屈服强度（Mpa），A、B、C、D 为质量等级，F 表示沸腾钢
	Q235	金属结构构件，心部强度要求不高的渗碳或氰化零件：吊钩、拉杆、车钩、套圈、气缸、齿轮、螺栓、螺母、连杆、轮轴、楔、盖及焊接件	
	Q275	轴、心轴、销轴、刹车杆、链轮、凸轮、轮轴、齿轮、键以及其它强度较高的零件。这种钢焊接性尚可	
GB/T 699—1999 优质碳素结构钢	15	塑性、韧性、焊接性和冷冲性均良好，但强度较低。用于制造受力不大、韧性要求较高的零件，冲模锻件及不要热处理的低负荷零件，如螺栓、螺钉、起重钩等	牌号的两位数字表示碳的平均质量分数。45 钢即表示碳的平均质量分数为 0.45% 含锰量较高的钢，须加注化学元素符号"Mn"
	20	用于不受很大应力而要求很大韧性的各种机械零件，如杠杆、轴套、螺钉，拉杆，夹具；也用于制造压力 <6Mpa、温度 <450℃的、非腐蚀介质中使用的零件，如管子、导管等	
	35	性能与 20 钢相似，用于制造曲轴、转轴、轴销、杠杆、连杆、横梁、飞轮、圆盘、套筒、钩环、垫圈、螺钉、螺母等。一般不作焊接用	
	45	用于强度要求较高的零件，如汽轮机的叶轮、压缩机、泵的零件等	
	60	这种钢的强度和弹性相当高，用于制造轧辊、轴、弹簧圈、弹簧、离合器、凸轮、钢绳等	
	75	用于板弹簧、螺旋弹簧以及受磨损的零件	
	15Mn	性能与 15 钢相似，但淬透性及强度和塑性比 15 钢都高些。用于制造中心部分的机械性能要求较高，且须渗碳的零件	
	45Mn	用于受磨损的零件，如转轴、心轴、花键轴、齿轮、叉等。焊接性差。还可做受载荷较大的离合器盘、凸轮、曲轴等	
	65Mn	强度高，淬透性较小，脱碳倾向小，但有过热敏感性，易生淬火裂纹，并有回火脆性。适用于较大尺寸的各种扁、圆弹簧，以及其他经受磨擦的农机具零件	

(续表)

标准、名称	牌 号	应用举例	说 明
GB/T11352—1989 工程铸钢	ZG200—400	用于制造受力不大韧性要求高的零件，如机座、变速箱体等	"ZG"表示铸钢，是汉语拼音铸钢两字首位字母。ZG后两组数字是屈服强度(MPa)和抗拉强度(MPa)的最低值
	ZG270—500	用于制造各种形状的零件，如飞轮、机架、水压机工作缸、横梁等	
	ZG310—570	用于制造重负荷零件，如联轴器、大齿轮、缸体、机架、轴架等	
GB/T9439—1988 灰铸铁	HT100	低强度铸铁，用于制造把手、盖、罩、手轮等一般铸件	"HT"是灰铁两字汉语拼音的首位字母。数字表示最低抗拉强度(MPa)
	HT150	中等强度铸铁，用于制造一般铸件，如机床床身、工作台、轴承座、齿轮、箱体、阀体、泵体等	
	HT200 HT250	较高强度铸铁，用于较重要铸件，如齿轮、齿轮箱体、机床床身、阀体、汽缸、联轴器盘、轴承座、凸轮、带轮等	
	HT300 HT350	高强度铸铁，制造床身、床身导轨、机座、主轴、曲轴、液压泵体、齿轮、凸轮、带轮等	
GB/T1438—1988 球墨铸铁	QT400—15 QT450—10 QT500—7	具有中等强度和韧性，用于制造油泵齿轮、轴瓦、壳体、阀体、气缸、轮毂等	"QT"表示球黑铸铁，它后面的第一组数值表示抗拉强度(MPa)，"—"后面的数值为最小伸长率(%)
	QT600—3 QT700—2 QT800—2	具有较高的强度，用于制造曲轴、缸体、滚轮、凸轮、气缸套、连杆、小齿轮等	
		具有高的强度，用于制造受冲击及扭转负荷的汽车、机床零件等	
GB/T9440—1988 可锻铸铁	KTH300—06	具有较高强度、耐磨性好、韧性较差，用于制造轴承座、轮毂、箱体、履带、齿轮、连杆、活塞环等	"KTH"、"KTZ"、"KTB"分别表示黑心、珠光体和白心可锻铸铁，第一组数字表示抗拉强度(MPa)，"—"后面的值为最小伸长率(%)
	KTZ550—04 KTB350—04		

(续表)

标准、名称	牌号	应用举例	说明
GB/T 1176—1987 黄铜	ZCuZn38	一般用于制造耐蚀零件，如阀座、手柄、螺钉、螺母、垫圈等	铸黄铜，w_{Zn} 38%
GB/T 1176—1987 锡青铜	ZCuSn5Pb5Zn5	耐磨性和耐蚀性能好，用于制造在中等和高速滑动速度下工作的零件，如轴瓦、衬套、缸套、齿轮、蜗轮等	铸锡青铜，锡、铅、锌质量分数各为5%
	ZCuSn10Pb1		铸锡青铜，w_{Sn} 10%，w_{Pb} 1%
GB/T 1176—1987 铝青铜	ZCuAl9Mn2	强度高，耐蚀性好，用于制造衬套、齿轮、蜗轮和气密性要求高的铸件	铸铝青铜，w_{Al} 9%，w_{Mn} 2%
GB/T 1173—1995 铸造铝合金	ZAlSi7Mg	适用于制造承受中等负荷，形状复杂的零件，如水泵体、汽缸体、抽水机电器、仪表的壳体等	铸造铝合金，w_{Si} 约 7%，w_{Mg} 约 0.35%
	ZAlSi5Cu1Mg	用于风冷发动机的气缸头，机闸，油泵体等225℃以下工作的零件	
	ZAlCu4	用于中等载荷，形状较简单的200℃以下工作的小零件	

附表 26　常用热处理方法及应用

名　称	说　　明	目的与适用范围
退火（焖火）	将钢件加热到临界温度以上 30~50℃，保温一段时间，然后缓慢地冷却下来（例如在炉中冷却）	用来消除铸、锻、焊零件的内应力，降低硬度，改善加工性能，细化金属晶粒，使组织均匀。适用于 w_c 在 0.83% 以下的铸、锻、焊零件
正火（正常化）	将钢件加热到临界温度以上，保温一段时间，然后在空气中冷却，冷却速度比退火快	用来处理低碳和中碳结构钢及渗碳零件，使其晶粒细化，增强韧性与塑性，改善切削加工性能
淬火	将钢件加热到临界温度以上，保温一段时间，然后在水、盐水或油中（个别材料在空气中）急速冷却下来，使其增加硬度和耐磨性	用来提高钢的硬度、强度及耐磨性。但淬火后会引起内应力及脆性，因此淬火后的钢铁必须回火
回火	将淬火后的钢件，加热到临界温度以下的某一温度，保温一段时间，然后在空气中或油中冷却下来	用来消除淬火时产生的脆性和内应力，以提高钢件的韧性和强度
调质	淬火后进行高温回火（450℃~650℃）	可以完全消除内应力，并获得较高的综合力学性能。一些重要零件淬火后都要经过调质处理，如轴、齿轮等
表面淬火	用火焰或高频电流将零件表面迅速加热至临界温度以上，急速冷却	使零件表层有较高的硬度和耐磨性，而内部保持一定的韧性，使零件既耐磨又能承受冲击，如重要的齿轮、曲轴、活塞销等
渗碳	将低、中碳（w_c<0.4%）钢件，在渗碳剂中加热到 900℃~950℃，保温一段时间，使零件表面渗碳层达 0.4~0.6mm，然后淬火	增加零件表面硬度、耐磨性、疲劳极限及抗拉强度。适用于低碳、中碳结构钢的中小型零件及大型受重负荷、受冲击、耐磨的零件
渗氮	使零件表面增氮，氮化层为 0.025~0.8mm。氮化层硬度极高（达 1200HV）	增加零件的表面硬度、耐磨性、疲劳极限及抗蚀能力。适用于合金钢、钼、锰等合金钢，如要求耐磨的主轴、水泵轴、排气门等零件
时效处理	天然时效：在空气中长期存放半年到一年以上人工时效：加热到 200℃左右，保温 10~20h 或更长时间	使铸件或淬火后的钢件慢慢消除其内应力，而达到稳定其形状和尺寸，如机床身等大型铸件
发蓝发黑	用加热方法使零件工作表面形成一层氧化铁组成的保护性薄膜	防锈蚀，美观，用于一般紧固件

参 考 文 献

[1] 李爱军主编.画法几何及机械制图[M].徐州:中国矿业大学出版社,2002
[2] 张绍群,孙晓娟主编.机械制图[M].北京:北京大学出版社,2007
[3] 胡建生主编.机械制图[M].北京:化学工业出版社,2006
[4] 殷小清.组合体尺寸标注规律探讨.《机械工业标准化与质量》,2007年第03期
[5] 全国技术产品文件标准化技术委员会.机械制图卷[S].北京:中国标准出版社,2007
[6] 全国技术产品文件标准化技术委员会.技术制图卷[S].北京:中国标准出版社,2007
[7] 聂林水、王南燕主编.机械制图[M].长春:吉林大学出版社,2008
[8] 文学红、宋金虎主编.机械制图[M].北京:人民邮电出版社,2009
[9] 金大鹰主编.机械制图[M](第6版).北京:机械工业出版社,2005
[10] 夏华生,王其昌等主编.机械制图[M].北京:高等教育出版社,2004
[11] 虞洪述,徐伯康主编.机械制图[M].西安:西安交通大学出版社,2000
[12] 郭纪林,余桂英主编.机械制图[M](应用本科).大连:大连理工大学出版社,2005
[13] 王冰编著.机械制图测绘及学习与训练指导[M].北京:高等教育出版社,2003
[14] 寇世瑶主编.机械制图[M].北京:高等教育出版社,2007
[15] 刘小年主编.机械制图[M].北京:机械工业出版社,2005
[16] 王其昌,翁民玲主编.机械制图[M].北京:人民邮电出版社,2009